U0222758

神奇的数学

李永乐 著

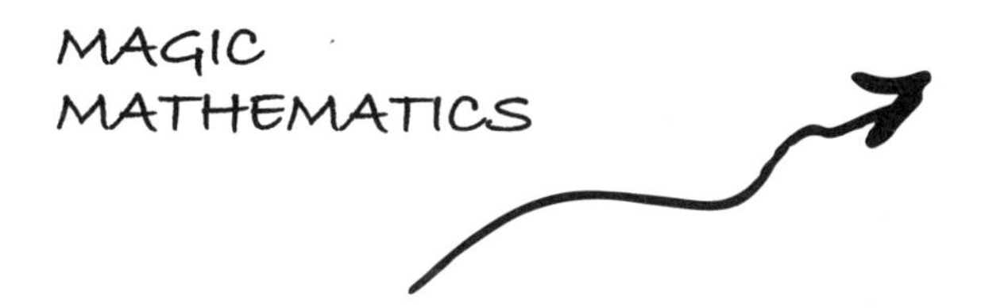

CNS 湖南科学技术出版社 博集天卷 CS-BOOKY

·长沙·

目录

统计问题

第二章 概率问题

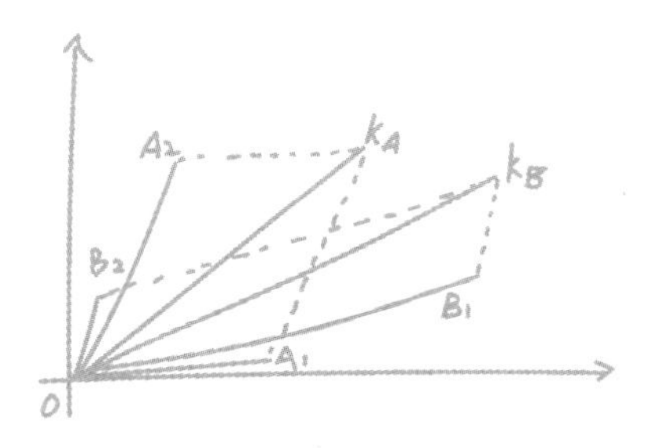

函数问题

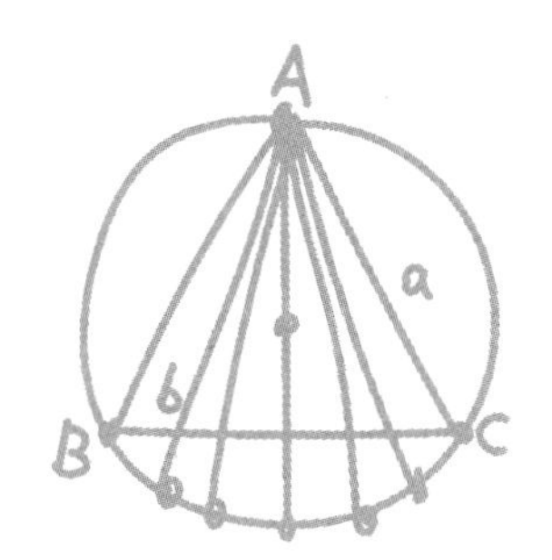
A
a
b
B
C

逻辑问题

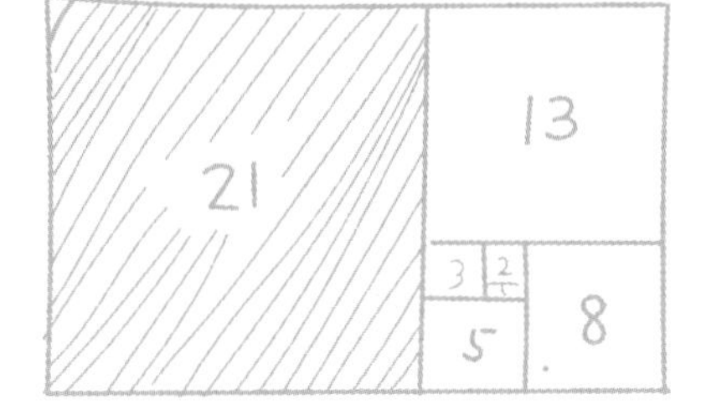

第五章 博弈论问题

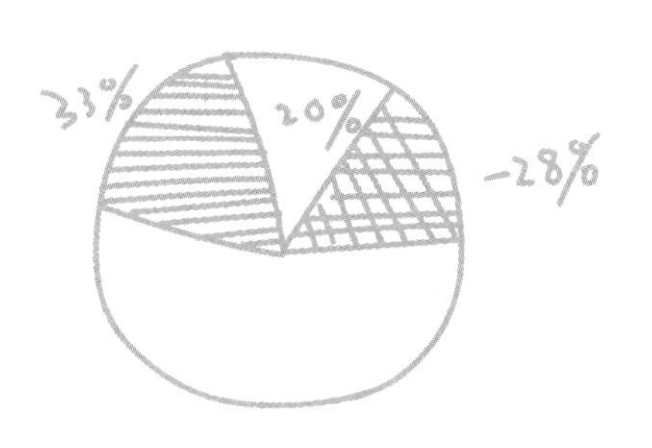

第六章

图形问题

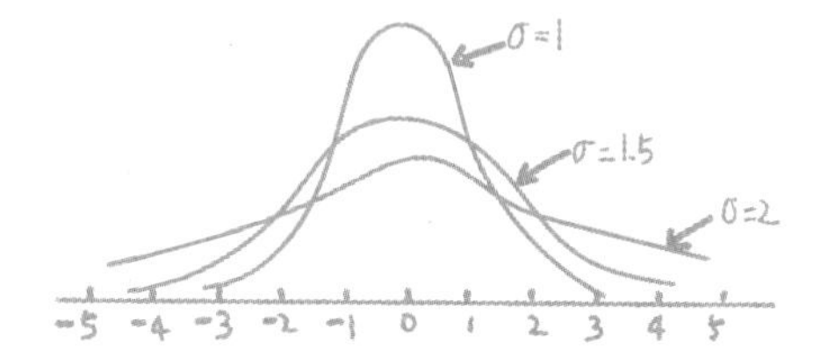
σ=1
σ=1.5
σ=2
-5 -4 -3 -2 -1 0 1 2 3 4 5

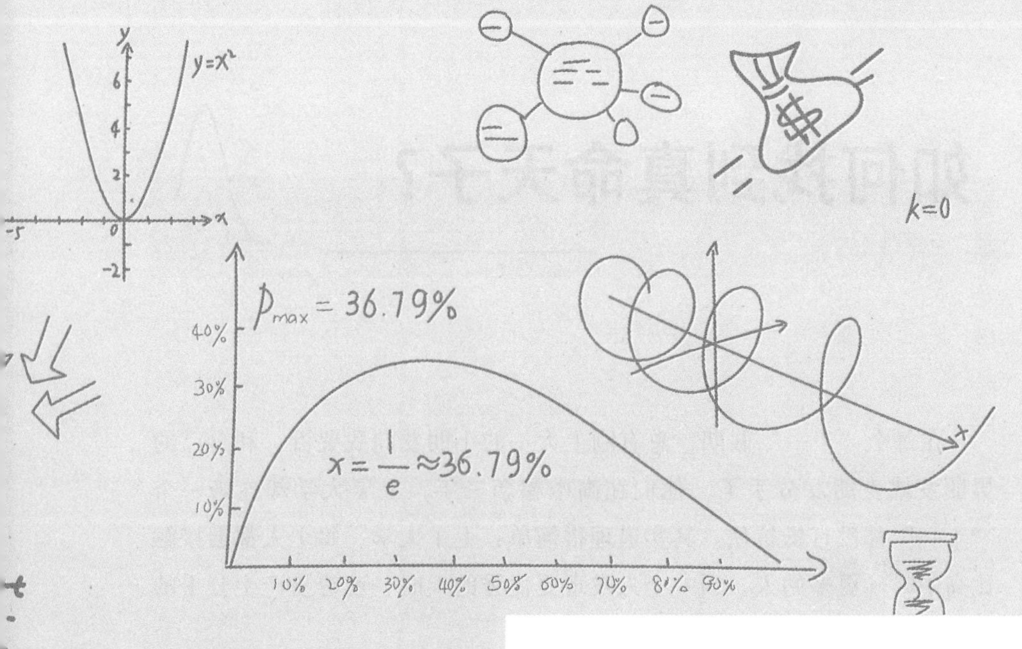

第一章 统计问题

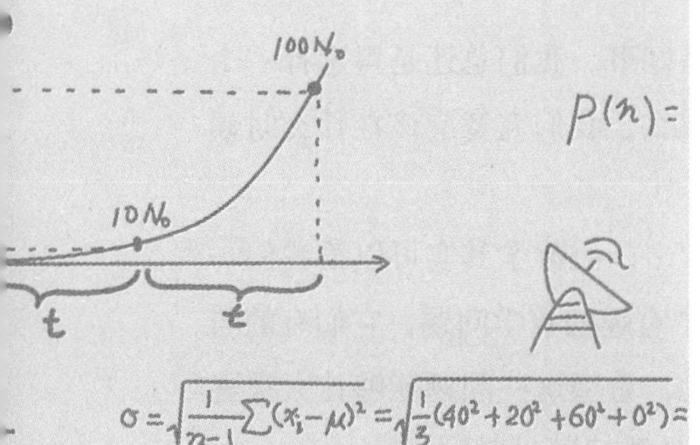

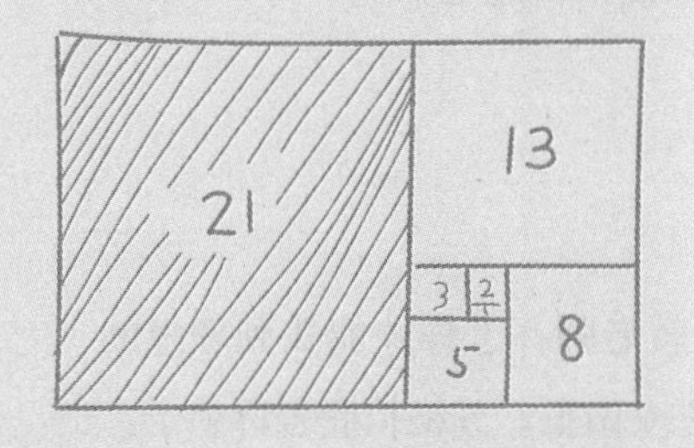

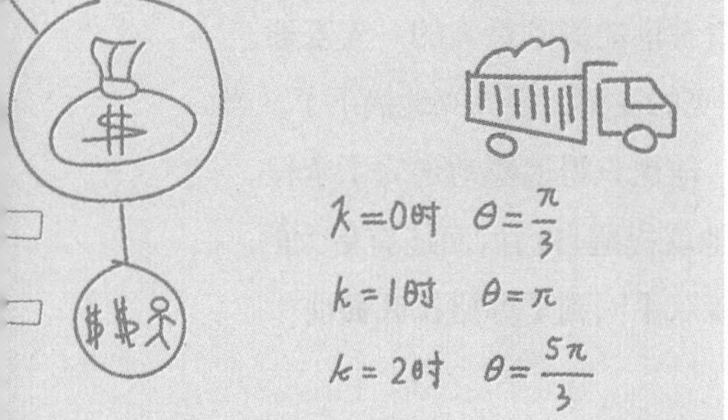

· 如何找到真命天子？

· 如何判断数据造假？

· 考清华和中 500 万元哪个难？

· 街头游戏：摸珠子

· 公交车为啥总不来？

· 詹姆斯和马龙谁的投篮命中率更高？

· 寒门为啥总出贵子？

如何找到真命天子？

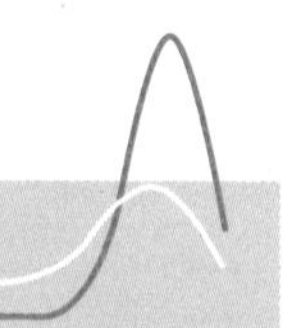

在每个“十一”假期，总有刚上大一的小朋友向我哭诉：和自己的男朋友或女朋友分手了。他们在高中相恋三年，上了大学却连第一个“十一”都没有抵抗住。其实道理很简单：上了大学，每个人都会接触比高中时候更多的人。当一个人发现更优秀的人时，就容易产生分手的冲动。

可是，身边优秀的人太多了也不见得是好事。我们总还是得选择一个人作为终身伴侣，否则就得孤独终老了。那么，我们究竟应该在什么时候做出这个决定呢？

其实，类似这样的问题，在生活中非常多，而数学其实可以给我们一些建议。在这本小册子中，我整理了20多个有趣的数学问题，它们有的与生活密切相关，有的是数学史上的经典问题，希望这些问题能够让大家喜欢上数学。作为本书的第一个问题，我们就从爱情讲起吧！

一、苏格拉底的麦穗

传说，希腊哲学家苏格拉底的弟子曾求教老师：怎样才能找到理想的伴侣？苏格拉底没有直接回答，却让他们走进麦田里。苏格拉底告诉弟子：只许前进，不许后退，并且只有一次机会，看看谁能摘到最大的一支麦穗。

第一个弟子没走几步就看见一支又大又漂亮的麦穗，便高兴地摘下了。当他继续前进，发现前面有许多更大的麦穗时，他也只得遗憾地走完了全程。

第二个弟子吸取了教训。每当要摘时，他就提醒自己后面还有更大的。当快到终点时，他才发现机会全错过了，空着双手回到了苏格拉底面前。

苏格拉底说：这就是爱情。

传说苏格拉底的老婆是个悍妇，所以他经常对人说：如果你有一个好老婆，你会幸福一辈子；如果你有一个坏老婆，你会成为一个哲学家。

在寻找伴侣的过程中，我们每个人都会面临这样的情况：过早选定一个人结婚，就好像为了一棵树放弃了整片森林；但是如果一直不选择，随着时间的流逝，我们就变成了剩男剩女。当我们经历了许多次爱情，终于明白谁才是自己的最佳伴侣时，那个人很可能已经结婚了。我们究竟应该采用一个什么策略，才能找到合适的伴侣呢？

二、秘书问题

我们准备用数学来解决这个问题。

在近代，这个问题称为“秘书问题”，或者“最优停止问题”，它是在 1950 年左右由密歇根大学的梅里尔·弗拉德提出的。1960 年美国著名的科普数学家马丁·加德纳在《美国科学人》杂志自己的专栏“趣味数学”中刊登了这个问题。

“假设一堆人申请一个秘书岗位，而你是面试官，你的目标是从这堆申请人中遴选出最佳人选。你可以轻松地判断哪一名申请人更加优秀。按照随机顺序，每次面试一名申请人。你随时可以决定将这份工作交给他，而对方也一定会接受，于是面试工作就此结束，后面的人就没有机会了。但是，一旦你否决了其中一名申请人，就再也不能改变主意，回头选择他

了。如果所有人都筛选完毕了，为了避免职位空缺，你只能选定最后一个面试者，无论他优秀与否。那么，究竟采取一个什么策略才能使我们有最大的可能找到最佳人选呢？”

举个例子吧！比如有 100 个人应聘秘书，我们作为面试官，自然不会一上来就把工作给第一个面试者，无论他有多优秀。因为从概率上讲，他在 100 个人中最优秀的概率只有 1%。我们会考察第一个人，但是依然会拒绝他，并把他的水平作为参考。

如果我们考察了 30 个人，找到最优秀的人的概率为 30%，但是走到这一步的前提是这 30% 的人都被你拒绝了。我们考察的人越多，就越了解应聘者，但是可供我们选择的人也越来越少了。

如果我们考察完全部 100 个人，我们就有 100% 的概率知道哪一个人是最优秀的，但是这样做的代价就是放弃了所有人，我们一无所得（图 1.1–1）。

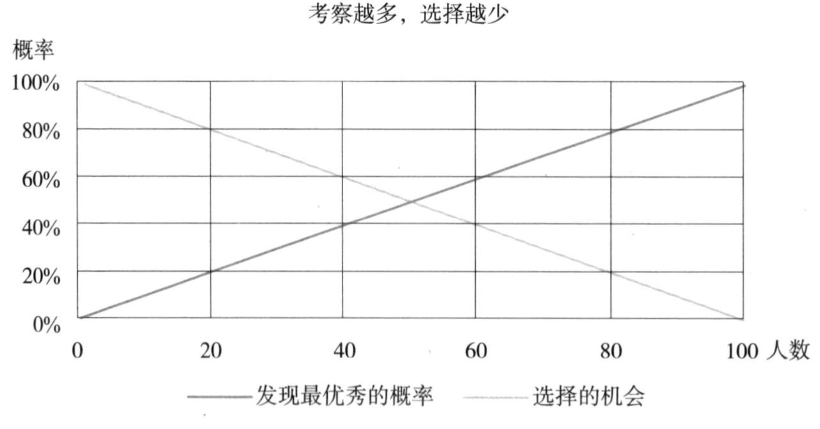

图 1.1-1

三、寻找最佳伴侣

无论是苏格拉底的麦穗，还是秘书问题，它们的本质都是相同的。我们要在有限个对象中找到最优的一个，但是一旦放弃就不能回头。我们究竟应该怎么办?

马丁·加德纳提出，我们应该而且也只能选择这样的策略:

1. 在考察最初的几个人时，无论他们多优秀，都拒绝他们，他们就构成了样本区。我们拒绝了样本区里的人，但是并非一无所获——我们已经了解了备选者的大体水平。
2. 从样本区后面的第一个人开始，假如这个人比样本里所有的人都优秀，我们就接受他；如果他没有样本里最优秀的人优秀，我们就拒绝他，继续考察下一个人。
3. 假如所有的人都考察完了，那么我们被迫选择最后一个。

紧接着的问题就是：考察的样本应该要多少，我们才有最大的可能找到最优秀的那个人呢?

我们回到恋爱的问题上。假如有一个女神，她面临着许多追求者，她会与追求者谈恋爱以观察这个追求者是否足够优秀。女神是非常有原则的，不会同时和多个人恋爱，而且一旦和某个人分手了，就绝不会再回头。那么，女神应该和第几个人结婚呢?

让我们从最简单的情况开始讨论。假如女神一生中只会谈1次恋爱，那么情况就非常简单了，和这个恋爱对象结婚，否则女神将一无所获。此时，女神找到真命天子的概率是100%。

如果女神一生可以谈两次恋爱,那么她面临两个选择:与第1个人结婚;或者与第1个人分手，与第2个人结婚。因为这两个人谁更优秀是随机的，因此无论采用哪种策略，女神获得真命天子的概率都是50%，这种情况下只能拼运气了。

如果女神一生会恋爱3次，那么情况就变得有趣了。如果这3个恋爱者按顺序分别是A，B，C，三个人的优秀指数用1，2，3表示，指数越高越优秀。但是，在恋爱之前，女神并不清楚 3 个人中谁是指数为 3 的人，她该怎么办呢？

我们首先把 3 个人的优秀指数可能的情况列出来，一共有 6 种可能（表 1.1–1）。

表 1.1-1　3 个男孩的优秀指数

A	B	C
1	2	3
1	3	2
2	1	3
2	3	1
3	1	2
3	2	1

按照前面所说的策略，女神应该划定几个人作为样本区，考察他们，并从样本后面的备选区选择终身伴侣。

如果女神的样本个数是 0，表示女神完全不做考察和对比，直接和第一个男朋友 A 结婚。在全部 6 种可能中，第 1 个人最优秀的可能有 2 种，因此女神找到真命天子的概率是 $\frac{2}{6}$，即约 33%（表 1.1–2）。

表 1.1-2　没有样本时女神的选择

A	B	C
1	2	3
1	3	2
2	1	3
2	3	1
3	1	2
3	2	1

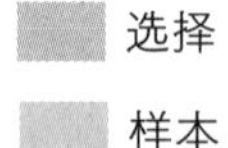

如果女神的样本个数是 1，表示女神会把男朋友 A 作为样本，考察并拒绝他，然后在 B 和 C 中选择自己的终身伴侣，前提是 B 和 C 要比 A 优秀。在

这种情况下，女神有 3 次机会找到最优秀的，找到最优秀的人概率为 $\frac{3}{6}$，即 50%（表 1.1–3）。注意最后两种情况，由于最优秀的人落在了样本区间，女神被迫选择最后一个人。

表 1.1-3　把第一个人作为样本时女神的选择

A	B	C
1	2	3
1	3	2
2	1	3
2	3	1
3	1	2
3	2	1

选择
样本

如果女神的样本个数为 2，也就是将前两个人 A 和 B 作为样本，女神便只能选择第 3 个人 C。此时女神有两种可能选到最优秀的人，找到最优解的概率为 $\frac{2}{6}$，即约 33%（表 1.1–4）。

表 1.1-4　把前两个人作为样本时女神的选择

A	B	C
1	2	3
1	3	2
2	1	3
2	3	1
3	1	2
3	2	1

选择
样本

综上所述，当女神预计自己会谈 3 次恋爱时，选择第 1 个人作为样本是最好的方法，她会有 50% 的概率找到自己的真命天子——那个最优秀的人。

如果女神会谈 5 次、6 次或者 7 次恋爱，情况又是如何呢？我们可以利用类似的办法求出样本个数的最优解，以及在这样的策略下找到真命天子的概率（表 1.1–5）。

表 1.1-5

预计恋爱次数	最优样本个数	最优策略下找到真命天子的概率
2	0或1	50%
3	1	50%
4	1	45.83%
5	2	43.33%
6	2	42.78%
7	2	41.43%
8	3	40.98%
9	3	40.60%
10	3	39.87%
15	5	38.94%
20	7	38.42%
30	11	37.87%
40	15	37.57%
50	18	37.42%
100	37	37.10%
1 000	368	36.82%

我们会发现，如果女神预计恋爱 10 次，就应该把前面 3 个人当作样本，这样她有 39.87% 的概率找到最优秀的伴侣；如果女神预计恋爱 100 次，就应该把前 37 个人当作样本，这样她找到最佳伴侣的概率为 37.1%；如果女神预计恋爱 1 000 次，就应该把前面 368 个人当作样本，这样她有 36.82% 的概率找到最好的人。在 1 000 个人中找到最优秀的，居然还有 $\frac{1}{3}$ 以上的

概率，这个方法简直逆天了！

更为复杂的计算表明：如果将女神的全部恋爱次数设为单位 1，女神取其中前 x 的部分作为样本，那么女神获得最优解的概率 P 为

$$P = -x\ln x.$$

如果我们把这个函数画出来，那么它大概长这个样子（图 1.1–2）：

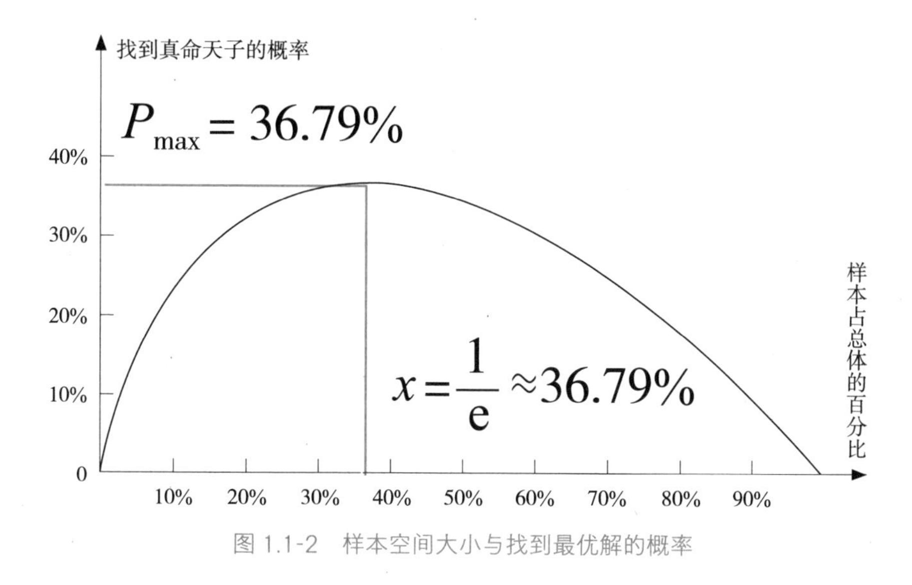

图 1.1-2 样本空间大小与找到最优解的概率

图中横坐标是样本占总体的百分比，纵坐标为在该种情况下找到真命天子的概率。我们会发现：如果样本少于 5%，因为我们考察的人不够多，因此贸然选择一个人结婚，找到真命天子的概率不高；如果我们的样本超过了 90%，那么因为可供我们选择的余地已经不大了，获得真命天子的概率也会不到十分之一。

最优解是在样本大约占总体恋爱次数的 36.79% 时（这个数其实等于 $\frac{1}{e}$，其中 e 是欧拉数，或者叫自然对数的底，大约等于 2.718 28，是数学上一个非常重要的常数），然后执行选择策略：比样本空间的任何一个都优秀，就接受他，否则就拒绝他。这样我们获得真命天子的概率最大，大约 36.79%，无论总人数有多少。

四、规律真的有用吗?

我们怎样才能在生活中应用这个策略呢?

从女神的角度，首先应该预估自己能够谈的恋爱次数。例如从 18 岁上大学开始谈第 1 次恋爱，半年一次，再有半年的空窗期，在 28 岁之前结婚，那么大约可以谈 10 次恋爱。从死理性派的角度看，我们应该把前 3 次作为样本，考察并拒绝他们。从第 4 次开始，只要有人比前 3 个人优秀，就嫁给他。

从男生的角度，应该如何选择自己出现在女神身边的时机呢？最重要的就是：绝对不要出现在样本区间，而是应该出现在样本区间后第 1 个人的位置，这样你只要比样本区间的人优秀，获得成功的概率就是最大的。如果很不幸被女神拒绝了，也不要难过，可能只是因为你出现在她的样本区间了。

显然，这个模型与实际的恋爱并不完全相同，因为爱情这东西，是没道理的。如果最佳伴侣出现在样本区间，被我们放弃掉，我们就再也找不到比他优秀的人了，那将让我们遗憾终身。再有，我们假设等待是没有成本的。但是实际上，随着年龄的增长，我们选择伴侣的区间可能会发生变化：优秀的人会接触更多优秀的人，从而让自己有更大的可能找到更好的伴侣，而普通人的圈子固化了，只能眼看着自己的选择余地越来越小。毕竟爱情不是考试，没有标准答案，遇到一个人快乐地走一生就够了。

尽管如此，这个模型依然有它的意义。例如，我们在买房子的时候，经常会考虑出手的时机。一旦我们买了一套房子，就再也没钱买其他房子了；而我们放弃这套房子，它又可能会被其他人买走。此时，我们可以采用这样的策略。再比如我们在二手车市场卖车，我们不知道哪个买家出价最高，同样可以采用这样的策略。

在这本小册子中，你将会看到许多这样有趣且烧脑的数学问题，让我们继续我们的数学之旅吧!

如何判断数据造假？

仅 2019 年的“双十一”当天，天猫的销售额就达到了 2 684 亿元！不过，网络上有很多人质疑：天猫的数据是造假的。面对质疑，阿里巴巴高层纷纷回应：我们绝对没有也毫无必要造假。

在生活中，我们经常要接触各种各样的数据，有没有一种方法，可以方便地检验数据到底是真实的，还是经过人为窜改的呢？这回，再给大家介绍一个有趣的定律：本福特定律。

一、首位数字是1的概率有多大？

我们每天都会面对成千上万的数据，其中有些数据是非人为规定、杂乱无章的。例如世界上所有国家的人口数量、GDP、国土面积，一张报纸上的经济数据，彩票在各个城市的销售额，等等。

如果我问：这些数的首位数字是 1 的概率有多大，你会如何回答呢？

注意，125 千克、1.76 米、1 024 平方公里，都算首位数字是 1。

也许许多人会回答：概率是$\frac{1}{9}$。因为首位数字可以是 1，2，3，4，5，6，7，8，9，既然这些数毫无规律，是自然产生的，那么每一个数字充当首位的概率都相等，各占$\frac{1}{9}$。

或者你还会用一个表格印证自己的想法：你可以数出在一位数、两位数、三位数……中，首位数字是 1 的数，你会发现它们都只占$\frac{1}{9}$（表 1.2–1）。

表 1.2-1

	首位数字是1 的数	所有的数	比例
一位数	1	1，2，…，9，共9个	$\frac{1}{9}$
两位数	10，11，…，19，共10个	10，11，…，99，共90个	$\frac{1}{9}$
三位数	100，101，…，199，共100个	100，101，…，999，共900个	$\frac{1}{9}$
……	……	……	……

事实真的如此吗？如果你真的拿出一张报纸进行统计，除掉电话号码、邮政编码、日期等特定规律的数以外，剩下城市的经济数据、人口规模、土地面积等，你会发现你大错特错了！首位数字是 1 的数大约占到 30%，而首位数字是 9 的数大约只有 5%，这是怎么回事？

二、本福特定律

19 世纪，在还没有计算机的时代，科学家们经常要查找对数表进行计算。1881 年，天文学家纽康在查找对数表时发现：对数表的前几页总是被人翻得比较烂，而后面的页面几乎是全新的。他隐约地感觉到：自然界中的数好像不是均匀分布的，许多数都以 1 开头，所以对数表的前几页才经常被人查阅到。

1938 年，物理学家本福特也发现了这个规律，现在，这个规律就被我们称为本福特定律：

从自然、生活中产生的数据，在十进制中以数字 n 开头的概率为

$$P(n)=\lg\frac{n+1}{n}.$$

按照这个公式，不同的首位数字的概率如图 1.2–1 所示：

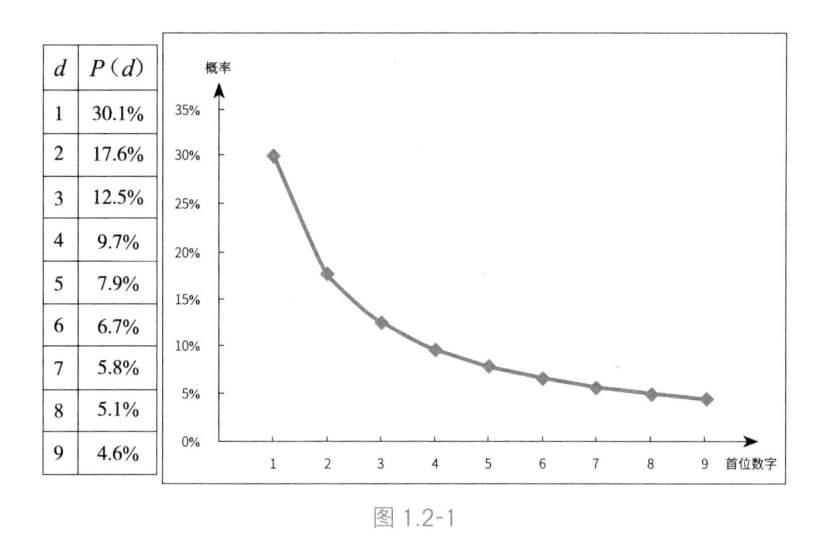

d	$P(d)$
1	30.1%
2	17.6%
3	12.5%
4	9.7%
5	7.9%
6	6.7%
7	5.8%
8	5.1%
9	4.6%

图 1.2-1

首位数字是 1 的数据居然比首位数字是 9 的数据多出近 6 倍？真的是这样吗？

三、本福特定律的验证

我们需要使用一些数据来验证本福特定律，这些数据必须具有一些特点。

第一是产生于生活或者自然中的，而不能是人为规定的。例如新生儿数量、死亡人数就满足这个条件，而电话号码、邮政编码、彩票开奖号码，都不满足这个条件。

第二是数据量要足够大，并且跨越几个数量级。例如不同国家的人口

数量从几百人到十几亿人，跨越了 7 个数量级，就符合条件；而成年人的身高基本都在 1 米到 2 米之间，跨度太小，就不满足这个条件。

好了，现在我们可以进行验证了。

首先，我选择我的视频播放量数据来验证本福特定律。在我写本文时，我在某个视频平台上上传了 266 个科普视频，有些视频比较受欢迎，播放量比较高，比如《芯片是怎么回事》有 200 多万次播放；也有一些视频播放情况不太好，只有一两万次播放。我把所有视频的播放次数统计了出来，找到其中播放量首位数字为 1，2，3，…，9 的视频的个数，并且计算了它们各自所占的比例，最后的结果如表 1.2–2 所示：

表 1.2-2

播放量首位数字	视频个数	所占比例（约）	本福特定律
1	78	29.32%	30.10%
2	46	17.29%	17.60%
3	29	10.90%	12.50%
4	35	13.16%	9.70%
5	19	7.14%	7.80%
6	10	3.76%	6.70%
7	22	8.27%	5.80%
8	17	6.39%	5.10%
9	10	3.76%	4.60%

如图 1.2–2 所示，如果我们把视频播放量首位数字的比例和本福特定律预言的比例放在一起，就会发现视频播放量基本符合本福特定律。

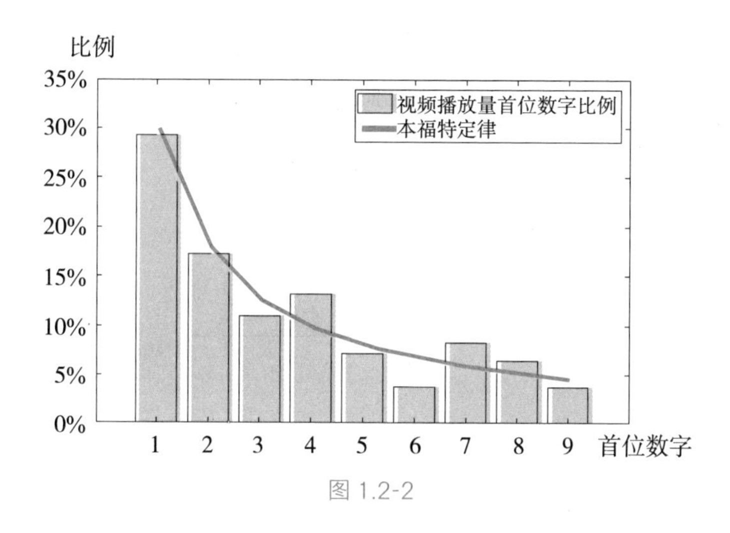

图 1.2-2

我们再来用国家人口验证一下。我查找了 2000 年世界上 235 个国家和地区的人口情况，人口数首位数字是 1 的国家有 67 个，占比约 28.51%。具体的首位数字比例如表 1.2–3 所示：

表 1.2-3

人口首位数字	国家或地区数	所占比例（约）
1	67	28.51%
2	38	16.17%
3	30	12.77%
4	25	10.64%
5	21	8.94%
6	19	8.09%
7	12	5.11%
8	14	5.96%
9	9	3.83%

把实际的比例和本福特定律的预言放在一起，就得到了图 1.2–3，它们是不是更加接近了？

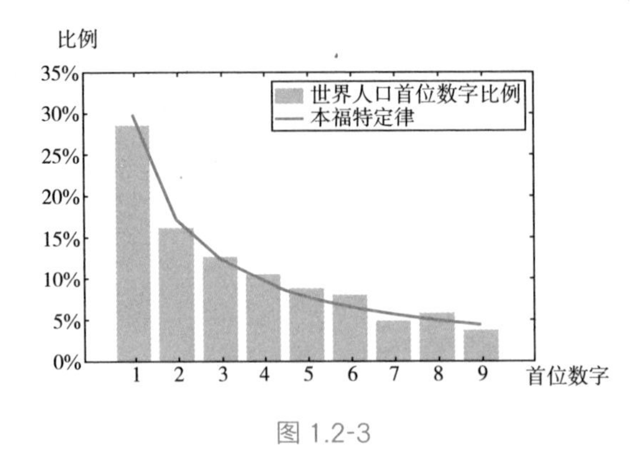

图 1.2-3

如图 1.2-4、图 1.2-5 所示，我们还可以用类似的方法统计世界上所有国家的 GDP、领土面积等，也会得出类似的结果。

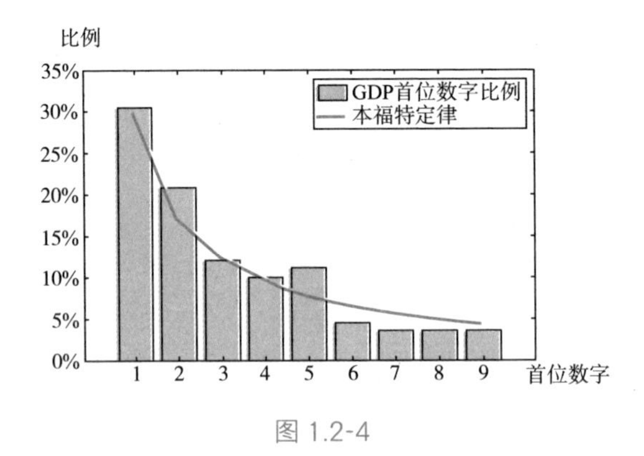

图 1.2-4

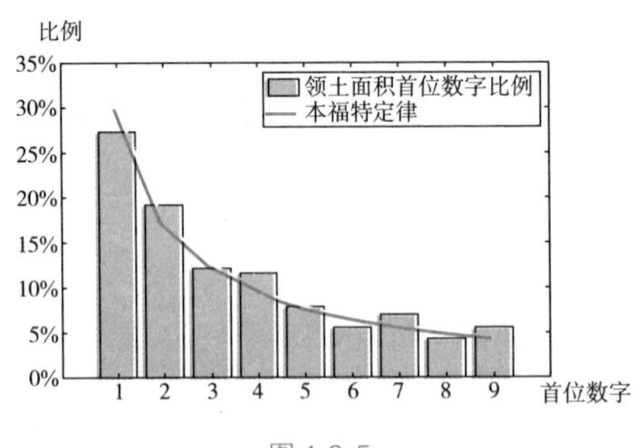

图 1.2-5

如果我们认为：无论是视频播放量，还是国家人口、领土面积、GDP 等，都或多或少是人的因素造成的，那我们是否能找到与人无关的数据呢？

当然可以！我们再举一例：斐波那契数列（图 1.2–6）。

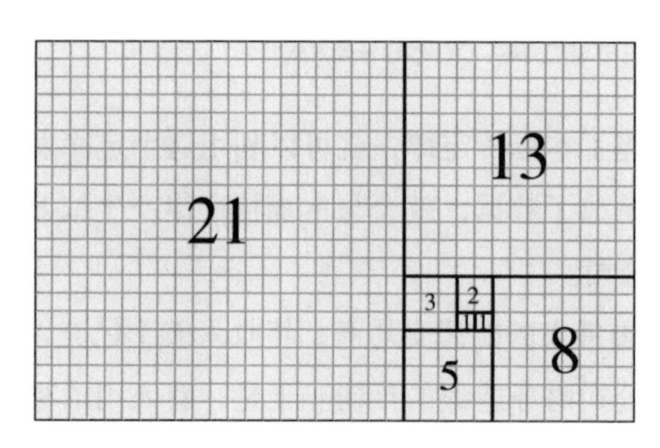

图 1.2-6 斐波那契数列组成的正方形

斐波那契数列也叫作兔子数列，因为它最初是用一个兔子的故事描述的。如果有一对小兔子，第二个月长成大兔子，从第三个月起每个月都生下一对小兔子。而小兔子也会再花一个月长大，两个月后开始生下小兔子。如果兔子永远都不死，那么在 N 个月后，兔子有多少对？

我相信本书的读者可以自己解决这个问题，最后的结论是：斐波那契数列前两个数都是 1，后面每个数都等于前两个数之和，即

1，1，2，3，5，8，13，21，34，55，89，…

我统计了前 154 个斐波那契数，它们的大小已经从 1 增长到 10^{31}，其中首位数字是 1 的数有 45 个，占比约 29.22%。其余首位数字的比例如图 1.2–7 所示：

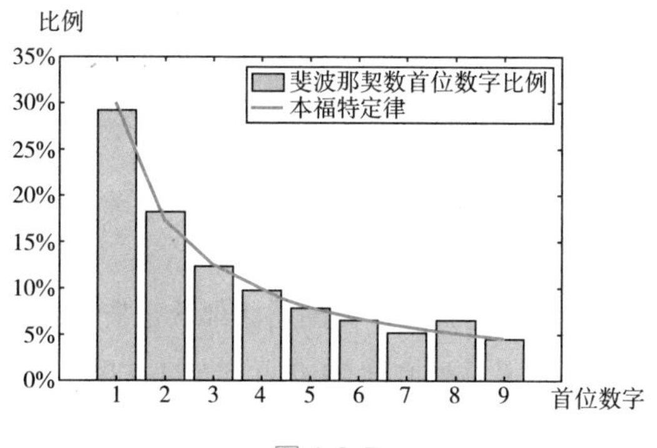

图 1.2-7

实在是太神奇了！不是吗？除了斐波那契数列，许多物理、化学常数（例如放射性元素的半衰期）都符合本福特定律的预言。

四、用本福特定律发现假账

如果我们掌握了本福特定律，就可以利用这个定律发现财务造假了。因为造假者人为窜改了数据，就会与本福特定律产生偏差。这里最典型的例子是美国安然公司。

2001 年，美国最大的能源交易商、年收入破千亿美元的安然公司宣布破产，同时传出公司财务造假的传闻。于是，有人用本福特定律对安然公司公布的财务报表进行了检验：图 1.2–8 左侧是所有上市公司 2000 ～ 2001 年的财务数据与本福特定律的符合情况——简直可以用“精准”二字形容；而右侧是安然公司在 2000 ～ 2001 年的财务数据与本福特定律的偏离情况，我们会发现首位数字 1，8，9 出现的频率相比本福特定律明显偏高，而首位数字 2，3，4，5，7 出现的频率又明显偏低。这说明，安然公司的确有造假嫌疑。

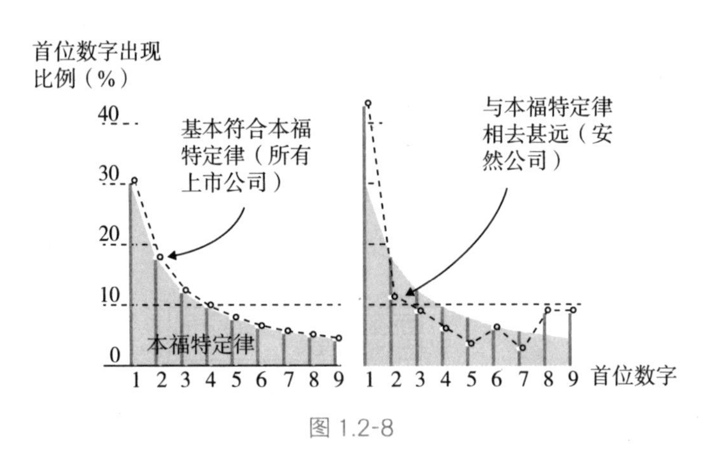

图 1.2-8

最终，经过深入细致地调查，美国司法部认定安然公司财务造假，安然公司 CEO 杰弗里 · 斯基林被判刑 24 年并罚款 4 500 万美元；财务欺诈策划者费斯托被判 6 年徒刑并罚款 2 380 万美元。有 89 年历史且位列全球五大会计师事务所的安达信会计师事务所因帮助安然公司造假，被判妨碍司法公正罪后宣告破产，从此全球五大会计师事务所变成了“四大”。

现在，本福特定律已经成为会计师们判断销售数据、财务报表等数据是否造假的依据之一，甚至还有人使用本福特定律来检验选举中是否存在舞弊现象。

五、如何证明本福特定律?

那么，自然界中为什么会有这条神奇的定律呢？我们如何才能证明它?

本福特定律并非严格定律，只在特定条件下成立，所以并不存在一般意义上的证明。或许，我们应该说，我们可以研究：究竟什么样的数据更加符合本福特定律。

在生活中，有许多数据满足这样的特点：单位时间内的增长量正比于存量。

比如，我有 100 元，存到银行里，年利息 3%，明年就会变成 103 元。如果我有 100 万元，存到银行里，明年就会变成 103 万元，这就是典型的增量正比于存量的情况。

再比如，在相似的经济环境下，人口的自然增长率是比较固定的，所以一个国家的人口越多，每年新增的人口也会越多，这也符合增量正比于存量。

视频播放量又如何呢？许多视频网站都采用数据流推送的方式，一个视频有越多的人观看、点赞、评论、转发，系统就会把这个视频推送给更多的人，于是新增的观看次数也会越多。

如果用数学语言来描述，增量 ΔN 与存量 N 和时间 Δt 之间满足下面的关系：

$$\frac{\Delta N}{N\Delta t}=C. \tag{1}$$

这表示：在单位时间内，增量与存量之比是一个常数。如果最初数据

量为 N_0，经过时间 t，数据量就会变为

$$N = N_0 e^{Ct}. \tag{2}$$

从（1）式到（2）式，需要使用微积分，我们暂时不做详细的介绍，大家相信我，这一步骤是没问题的。而且，（2）式是一个指数型函数，随着时间的推移，数据量会按指数规律增长。指数型函数有一个特点：数据量从 N_1 增长到 N_2 的时间 t 与数据量扩大的倍数的对数成正比，也就是

$$t \propto \lg \frac{N_2}{N_1}. \tag{3}$$

比如数据量从1增长到10所需要花费的时间，与从10增长到100，从100增长到1 000所花费的时间是相同的，因为它们都是扩大至10倍（图1.2-9）。

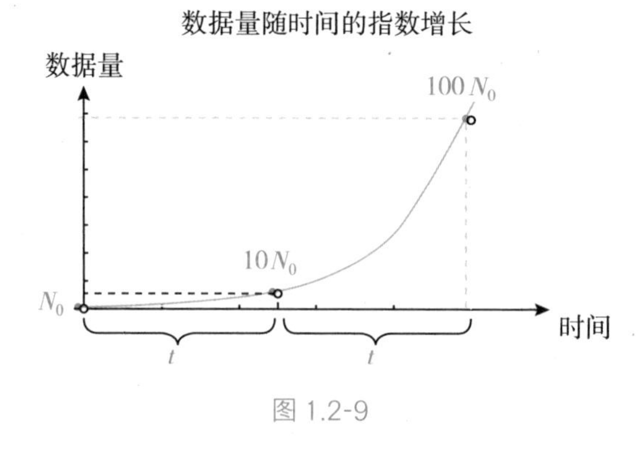

图 1.2-9

如果数据满足我们刚才所说的假设，那么在大样本的情况下，它就会满足本福特定律。具体来说：假设数据量是一位数，那么它从 1 增长到 2 的过程中，数据量首位数字都是 1，这段增长所需要花的时间 t 正比于 $\lg 2$，即

$$t_1 \propto \lg \frac{2}{1}.$$

同样，数据量从 2 增长到 3 的阶段，首位数字是 2，时间正比于 $\lg \frac{3}{2}$。

依此类推：

$$t_2 \propto \lg\frac{3}{2},$$

$$t_3 \propto \lg\frac{4}{3},$$

$$\cdots$$

$$t_9 \propto \lg\frac{10}{9}.$$

按照这个规律，数据量在首位数字是 n 的情况下增长时间为

$$t_n \propto \lg\frac{n+1}{n}.$$

数据量从 1 增长到 10 所需要的总时间又是多少呢？这相当于扩大了 10 倍，而 lg 10=1，所以数据量从 1 增长到 10，所需要的总时间刚好是 1 份，即

$$t \propto \lg\frac{10}{1}=1.$$

我们已经知道这个增长数据量保持一位数的时间是 1 份，还知道在增长过程中，不同首位数字的时间。我们用首位数字为 n 的增长时间占总增长时间的比例代表了首位数字为 n 的概率，于是就会得到公式

$$P_n=\frac{t_n}{t}=\lg\frac{n+1}{n}.$$

这就是本福特定律。

我们会发现，首位数字是 1 的概率最大，是因为数据增长时，从首位数字为 1 增长为首位数字为 2 所花费的时间最长；而首位数字为 9 的概率最小，因为数据量从 9 增长到 10，所花费的时间最短。

一位数是这样，二位数、三位数、四位数……同样如此。每一个数据量首位数字的概率情况如此，那么当大量数据堆积到一起时，首位数字的频率情况满足本福特定律，就不足为奇了。

考清华和中500万元哪个难？

有人说他一生有两大理想：考上清华大学，中500万元大奖。对大多数人来说，这两件事都不容易。但是大家有没有想过这两件事哪件更难呢？

一、中500万元大奖的概率有多大？

我们不妨首先计算一下：买一注双色球，中500万元大奖的概率有多大？

双色球有1～33共33个红球，还有1～16共16个蓝球。下注的时候，在33个红球中选6个，在16个蓝球中选1个。开奖时，如果开出的6个红球和1个蓝球号码与下注完全相同，即可中得大奖500万元！

为了计算中奖概率，我们要首先讨论一个简单问题：如果我们要从1，2，3，4，5，6这6个数字中选3个，但是不计次序，一共有多少种方法？

首先，选择第一个数字，有6种选择方法；然后，在余下的5个数字中再选一个，有5种方法；再之后，在余下的4个数字中再选一个，有4种方法；所以，按照这样的方法，一共有$6\times5\times4=120$种选择。

但是，刚刚计算出的 120 种可能，包含了大量重复的情况。例如 123、132、213、231、312、321 这 6 种情况，都是同一种组合。其实，对于任意 3 个数字，都有 6 种排列。我们必须将 120 除以 6，才能得到不计次序的组合方式——20 种。所以我们得出结论：从 6 个数字中选出 3 个，一共有 20 种不同的组合。

类似地，从 n 个数中选择 m 个数，不计次序，叫作从 n 中选 m 的组合数，用 C_n^m 表示。按照和例子一样的思路，我们可以得到组合数的公式

$$C_n^m=\frac{n(n-1)(n-2)\cdots(n-m+1)}{1\times2\times3\times\cdots\times m}.$$

明白了组合数的含义，我们就可以计算双色球中大奖的概率了。

首先，我们要从 33 个红球中选 6 个，可能的组合数有

$$C_{33}^6=\frac{33\times32\times31\times30\times29\times28}{1\times2\times3\times4\times5\times6}=1\ 107\ 568.$$

然后，我们还要从 16 个蓝色球中选 1 个，显然有 16 种可能结果。

因此，红球和蓝球一共的可能组合数为 $1\ 107\ 568\times16=17\ 721\ 088$。

也就是说，当我买双色球的时候，大约有 1 772 万种可能的结果。而且，每一种开奖结果可能的概率都是相同的。如果我们花两块钱买一注，中大奖的概率大约为 $\frac{1}{17\ 720\ 000}$。

这个概率是什么概念呢？有数据说，全球每年约有 24 万次雷劈人事件。如果平均到全球 80 亿人，每个人在一年中被雷劈中的概率大约是 $\frac{1}{30\ 000}$。也就是说，如果一个人要中大奖，比一个人被雷劈中还要难上 600 倍。

二、考清华有多大可能？

那么考清华呢？

2023 年，全国高考考生 1 291 万，清华大学大约招收 4 000 名本科生，录取的比例大约是

$$P=\frac{4\ 000}{12\ 910\ 000}\approx0.031\%.$$

也就是说，每1万名考生中大约只有3名同学能够被录取，真是万里挑一！

然而，考上清华的概率还是远远超过双色球中500万元的概率，前者大约是后者的5 000倍！也就是说，考上清华比中500万元大奖要容易5 000倍！

有位同学对我说：你算错了，因为清华大学并不是抽签决定录取的，而是要看考试成绩。我从小学习就不好，就算清华招100万人，我也考不上啊！

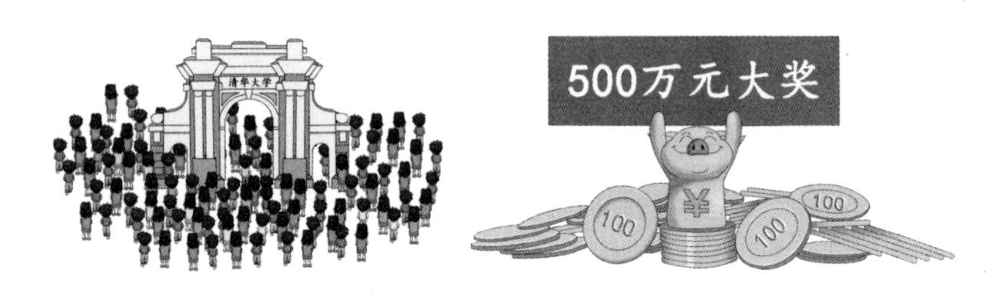

我想，这位同学一定没有学过统计学。如果他了解一点正态分布的知识，就会知道所有人其实都有可能考上清华。

三、高尔顿钉板

英国生物统计学家高尔顿提出了高尔顿钉板实验，模型如图1.3–1所示。在一个漏斗中装有一些小球，漏斗下方有一些水平钉子，小球碰到钉子就会随机反弹——50%的可能向左落下，50%的可能向右落下。经过一次次碰撞，小球最终掉落到下方的竖直槽中。

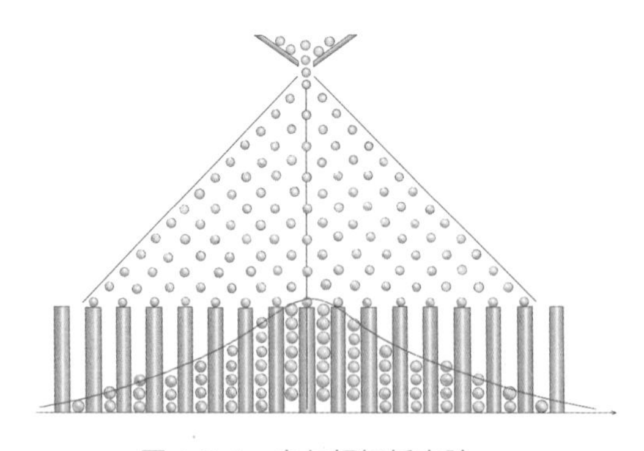

图1.3-1　高尔顿钉板实验

如果只下落一个小球，那么小球掉落在哪个槽中是随机的。但是如果一次次让小球下落，当小球足够多的时候，你就会发现：这些小球落入中央部位的数量多，落到两端的数量少。球的数量分布满足一定的统计规律。

不仅仅是高尔顿钉板，只要一个数量受到许多随机量影响，那么它的分布就很有可能会满足这种“中间多，两头少”的规律。例如一个年龄段某地区男性的身高分布（图 1.3–2）、居民寿命分布、某个班级的考试分数分布等，都近似满足正态分布。

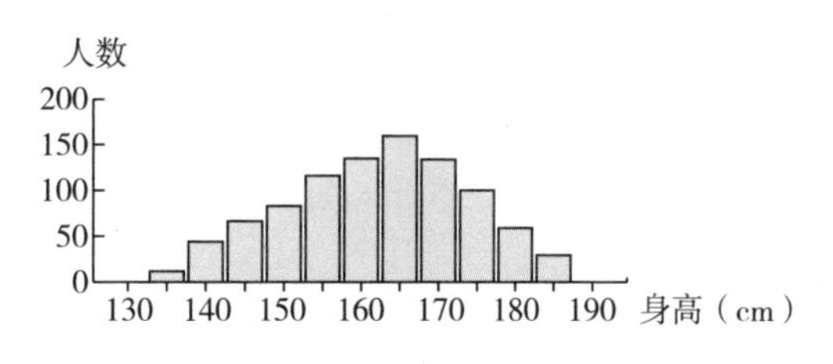

图 1.3-2　某地区男性的身高分布

被誉为“数学王子”的德国数学家高斯对正态分布理论有重大贡献，因此人们也把正态分布称为“高斯分布”。以前的德国 10 马克纸币上就印有高斯头像和他的正态分布曲线。

10 马克纸币

标准的正态分布曲线，最高的部位刚好在曲线中间，称为期望 μ ，它表示随机量的平均值。比如某次考试中，一个班级的平均分是 90 分，并且成绩满足正态分布，那么成绩的期望 μ 就是 90；曲线的宽窄用标准差 σ 表示。σ 越大，则曲线越“矮胖”，表示数据分布范围越广；σ 越小，则曲线越“瘦高”，表示数据越集中（图 1.3–3）。如果这个班级的学生成绩都集中在 90 分附近，那么标准差 σ 就小；如果有的同学成绩好，有的同学成绩差，分散得很厉害，那么标准差 σ 就大。

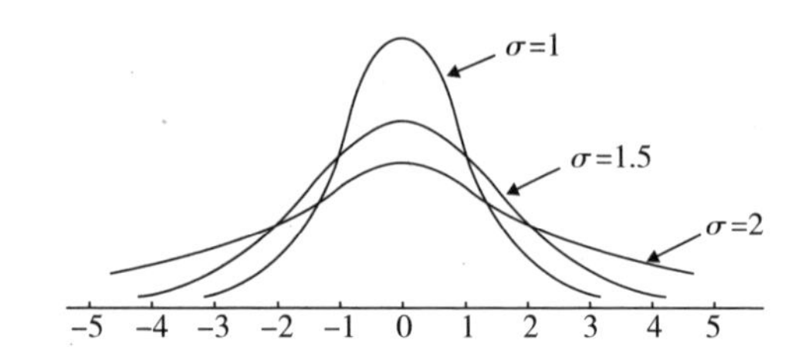

图 1.3-3　平均数相同（μ=0）、标准差不同（σ=1，σ=1.5，σ=2）的三条正态分布曲线

而且，如图 1.3–4，一个满足正态分布的随机量，取值是有规律的：越接近期望，出现的可能性越大。取值在 $\mu-\sigma$ 到 $\mu+\sigma$ 之间，概率大约是 68.27%；在 $\mu-2\sigma$ 到 $\mu+2\sigma$ 之间，概率大约是 95.44%。如果随机量的大小超过 $\mu+\sigma$，概率只有约 15.87%；超过 $\mu+2\sigma$，概率只有约 2.28%。这说明：大部分同学考试成绩在平均分附近，考得特别好的同学和考得特别不好的同学都是少数。

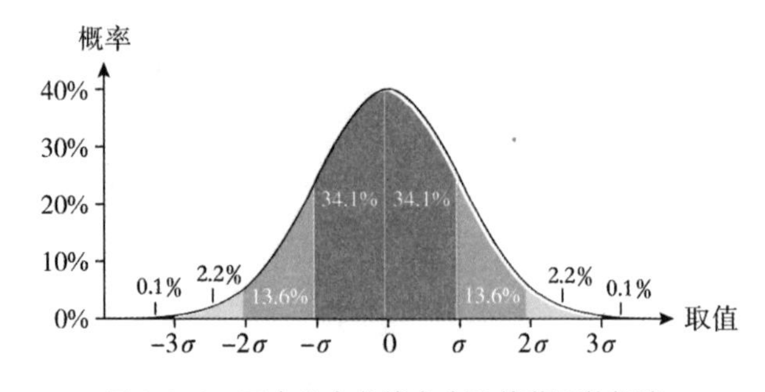

图 1.3-4　正态分布曲线各个取值范围的概率

一个班级里的学生，考试成绩满足正态分布。同样，一个人多次考试

的成绩也会受到各种因素的影响，比如学习态度、学习方法、考试那天的身体状态、题目的难易程度，甚至是考场上的风吹草动，所以一个人的考试成绩也不是一定的，会有波动和起伏。学习好的同学期望μ比较高，成绩稳定的同学σ比较小。虽然我们不知道自己最终的高考成绩如何，但是可以通过正态分布假设计算出自己高考成绩在各个区间的概率，从而推测自己是不是能考上清华。

例如：小明同学在高三参加了四次模拟考试，成绩分别是580、600、680和620，而清华的分数线为690分。请问：小明同学有多大的概率考上清华呢？

乍一看，好像完全不可能，他的最高分数与清华的录取线还有10分之差。可是，当我们考虑了正态分布时，结论就不一样了。

假设小明的每次考试的成绩满足正态分布，根据他几次模拟考试的成绩，我们就能估算出小明成绩的期望和标准差。

首先，小明几次考试的成绩平均分就是成绩的期望，按照公式为

$$\mu=\frac{1}{n}\sum x_i=\frac{1}{4}(580+600+680+620)=620,$$

而通过样本估计标准差的公式是

$$\sigma=\sqrt{\frac{1}{n-1}\sum(x_i-\mu)^2}=\sqrt{\frac{1}{3}(40^2+20^2+60^2+0^2)}\approx 43.2,$$

所以，清华的分数线690分比这位同学的平均分高了70分，相当于1.62个标准差，即

$$\Delta x=690-620=70=1.62\sigma.$$

那么，小明同学考试成绩超过$\mu+1.62\sigma$的概率有多大呢？画出正态分布曲线，在$\mu+1.62\sigma$右侧部分的面积就是他考上清华的概率。这个概率可以通过查表1.3–1获得。

表 1.3-1　正态分布概率表

x	0	0.01	0.02	0.03	0.04	0.05	0.06	0.07	0.08	0.09
0	0.500 0	0.504 0	0.508 0	0.512 0	0.516 0	0.519 9	0.523 9	0.527 9	0.531 9	0.535 9
0.1	0.539 8	0.543 8	0.547 8	0.551 7	0.555 7	0.559 6	0.563 6	0.567 5	0.571 4	0.575 3
0.2	0.579 3	0.583 2	0.587 1	0.591 0	0.594 8	0.598 7	0.602 6	0.606 4	0.610 3	0.614 1
0.3	0.617 9	0.621 7	0.625 5	0.629 3	0.633 1	0.636 8	0.640 4	0.644 3	0.648 0	0.651 7
0.4	0.655 4	0.659 1	0.662 8	0.666 4	0.670 0	0.673 6	0.677 2	0.680 8	0.684 4	0.687 9
0.5	0.691 5	0.695 0	0.698 5	0.701 9	0.705 4	0.708 8	0.712 3	0.715 7	0.719 0	0.722 4
0.6	0.725 7	0.729 1	0.732 4	0.735 7	0.738 9	0.742 2	0.745 4	0.748 6	0.751 7	0.754 9
0.7	0.758 0	0.761 1	0.764 2	0.767 3	0.770 3	0.773 4	0.776 4	0.779 4	0.782 3	0.785 2
0.8	0.788 1	0.791 0	0.793 9	0.796 7	0.799 5	0.802 3	0.805 1	0.807 8	0.810 6	0.813 3
0.9	0.815 9	0.818 6	0.821 2	0.823 8	0.826 4	0.828 9	0.835 5	0.834 0	0.836 5	0.838 9
1	0.841 3	0.843 8	0.846 1	0.848 5	0.850 8	0.853 1	0.855 4	0.857 7	0.859 9	0.862 1
1.1	0.864 3	0.866 5	0.868 6	0.870 8	0.872 9	0.874 9	0.877 0	0.879 0	0.881 0	0.883 0
1.2	0.884 9	0.886 9	0.888 8	0.890 7	0.892 5	0.894 4	0.896 2	0.898 0	0.899 7	0.901 5
1.3	0.903 2	0.904 9	0.906 6	0.908 2	0.909 9	0.911 5	0.913 1	0.914 7	0.916 2	0.917 7
1.4	0.919 2	0.920 7	0.922 2	0.923 6	0.925 1	0.926 5	0.927 9	0.929 2	0.930 6	0.931 9
1.5	0.933 2	0.934 5	0.935 7	0.937 0	0.938 2	0.939 4	0.940 6	0.941 8	0.943 0	0.944 1
1.6	0.945 2	0.946 3	0.947 4	0.948 4	0.949 5	0.950 5	0.951 5	0.952 5	0.953 5	0.953 5
1.7	0.955 4	0.956 4	0.957 3	0.958 2	0.959 1	0.959 9	0.960 8	0.961 6	0.962 5	0.963 3
1.8	0.964 1	0.964 8	0.965 6	0.966 4	0.967 2	0.967 8	0.968 6	0.969 3	0.970 0	0.970 6
1.9	0.971 3	0.971 9	0.972 6	0.973 2	0.973 8	0.974 4	0.975 0	0.975 6	0.976 2	0.976 7
2	0.977 2	0.977 8	0.978 3	0.978 8	0.979 3	0.979 8	0.980 3	0.980 8	0.981 2	0.981 7
2.1	0.982 1	0.982 6	0.983 0	0.983 4	0.983 8	0.984 2	0.984 6	0.985 0	0.985 4	0.985 7
2.2	0.986 1	0.986 4	0.986 8	0.987 1	0.987 4	0.987 8	0.988 1	0.988 4	0.988 7	0.989 0
2.3	0.989 3	0.989 6	0.989 8	0.990 1	0.990 4	0.990 6	0.990 9	0.991 1	0.991 3	0.991 6
2.4	0.991 8	0.992 0	0.992 2	0.992 5	0.992 7	0.992 9	0.993 1	0.993 2	0.993 4	0.993 6
2.5	0.993 8	0.994 0	0.994 1	0.994 3	0.994 5	0.994 6	0.994 8	0.994 9	0.995 1	0.995 2
2.6	0.995 3	0.995 5	0.995 6	0.995 7	0.995 9	0.996 0	0.996 1	0.996 2	0.996 3	0.996 4
2.7	0.996 5	0.996 6	0.996 7	0.996 8	0.996 9	0.997 0	0.997 1	0.997 2	0.997 3	0.997 4
2.8	0.997 4	0.997 5	0.997 6	0.997 7	0.997 7	0.997 8	0.997 9	0.997 9	0.998 0	0.998 1
2.9	0.998 1	0.998 2	0.998 2	0.998 3	0.998 4	0.998 4	0.998 5	0.998 6	0.998 6	0.998 6
3	0.998 7	0.999 0	0.999 3	0.999 5	0.999 7	0.999 8	0.999 8	0.999 9	0.999 9	1.000 0

这是一张正态分布概率表，找到 1.6 这一行与 0.02 这一列，交叉点的数是 0.947 4，这表示在正态分布中，数据小于 $\mu+1.62\sigma$ 的可能占到了 94.74%，那么，小明考试成绩超过 $\mu+1.62\sigma$ 的可能性就有 1–94.74%=5.26%。

你看，小明在模拟考试中一次都没有达到清华的录取分数线，但是按照正态分布规律，依然有 5.25% 的可能性可以考上清华。实际上，即便一个同学每次考试都在 600 分以下，他也有一定概率在高考时考到清华的录取分数线——690 分，只不过概率可能只有万分之几。而即便是这样，考上清华的概率还是远远超过双色球中 500 万元的概率——$\frac{1}{17\,720\,000}$。

街头游戏：摸珠子

我曾经在抖音上看到一个视频：一个大爷在街上摆摊，用一个袋子装了红、绿、蓝各 8 个珠子。玩家把手伸进口袋摸出 12 个珠子，数出不同颜色珠子的个数，就能够获得相应的奖金。

比如摸出的 12 个珠子里，颜色最多的珠子有 8 个，颜色次多的珠子有 4 个，还有一种颜色没有，就叫 840，玩家会获得 100 元！如果珠子个数是 831，就能获得 10 元；如果是 444，就能获得 1 元；等等（图 1.4–1）。

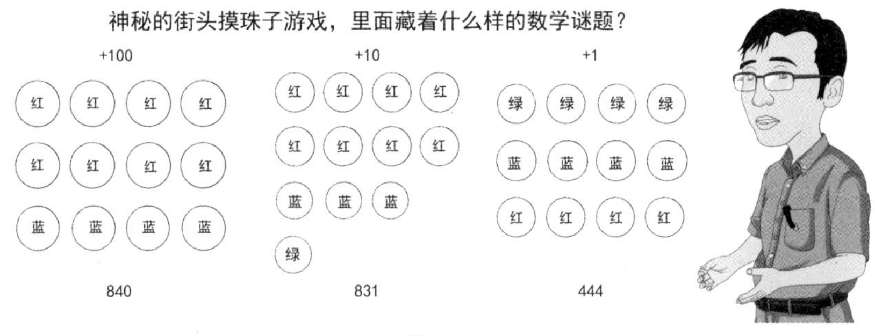

图 1.4-1

但是还有一种情况：如果三种颜色珠子的个数是 543，玩家得给老板 10 元（图 1.4–2）。

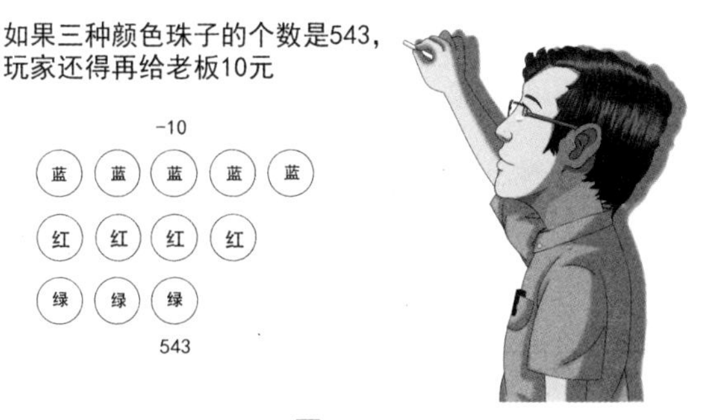

图 1.4-2

全部的情况和中奖金额如表 1.4–1 所示：

表 1.4-1

情况	中奖金额	情况	中奖金额
840	100元	651	1元
831	10元	642	1元
822	10元	633	1元
750	20元	552	1元
741	2元	444	1元
732	2元	543	–10元
660	20元		

这个游戏看起来赢面很大——13 种情况中有 12 种挣钱，只有 1 种输钱。可是这个小朋友玩了好几次，还把自己的亲戚朋友都叫来玩，结果一直输钱，这是为什么呢？

很显然，这是一个概率统计游戏。我们计算摸出每种情况的概率，再乘那种情况下对应的赢输金额，就能求出玩一把平均能够赢或者输多少钱了。

一、总共的情况数

我们知道，从 n 个元素里取出 m 个元素的方法数叫作组合数，数学告诉我们，组合数公式为

$$C_n^m=\frac{n(n-1)(n-2)\cdots(n-m+1)}{1\times2\times3\times\cdots\times m}.$$

袋子中一共有 24 个球，取出 12 个，按照组合数公式结果为

$$C_{24}^{12}=\frac{24!}{12!\times12!}=2\ 704\ 156.$$

即从袋子中取出的球，不计算先后次序，一共有 2 704 156 种情况。

二、中奖的情况数

我们需要把中奖的情况分为三类：三个数字不同、两个数字相同、三个数字都相同。

1. 三个数字不同

如果取出三种颜色的球数量彼此不同（比如 840 这样的情况），首先要区分红、绿、蓝三种颜色的球，谁最多，谁其次，谁最少。对颜色进行排序有 6 种可能，分别是红绿蓝、红蓝绿、绿红蓝、绿蓝红、蓝红绿、蓝绿红。

然后，在第一种颜色的 8 个球中取 8 个，第二种颜色的 8 个球中取 4 个，第三种颜色的 8 个球中取 0 个，所以摸出 840 的情况总数是

$$6C_8^8C_8^4C_8^0=420.$$

类似地，我们可以计算出其他几种结果的情况数（表 1.4–2）：

表 1.4-2

摸球结果	情况数
840	420
831	2 688
750	2 688
741	26 880
732	75 264
651	75 264
642	329 280
543	1 317 120

2. 两个数字相同

如果取出的球，有两种球个数一样多，比如 822，又该怎么计算呢？

这时，首先要在三种颜色中选出一种，让它的个数与另外两种不同，比如红色、绿色、蓝色哪种颜色有 8 个球？有三种情况。确定了个数不同

的球的颜色，另外两个颜色的球个数相同，就不用区分了。你应该能计算出 822 这种结果对应的情况数为

$$3C_8^8C_8^2C_8^2 = 2\,352.$$

类似地，我们可以计算出其他几种情况（表 1.4–3）：

表 1.4-3

摸球结果	情况数
822	2 352
660	2 352
633	263 424
552	263 424

3. 三个数字相同

如果摸出 12 个球，每种颜色各有 4 个，就属于第三种情况。如表 1.4–4 所示，这时我们不需要再对颜色排序，只需要从每种颜色的 8 个球中取出 4 个即可，情况数有

$$C_8^4C_8^4C_8^4 = 343\,000.$$

表 1.4-4

摸球结果	情况数
444	343 000

三、概率和期望

从 24 个球中摸出 12 个，共有 2 704 156 种方法。13 种中奖的可能，每一种对应的情况数从 420 种到 1 317 120 种不等。某种结果的情况数越多，出现的概率越大，概率等于这种结果的情况数除以总的情况数，即

$$P = \frac{\text{每一种摸球结果的情况数}}{\text{24个球摸出12个总的情况数}} \times 100\%\,.$$

如此，我们就能计算出每一种结果出现的概率（表 1.4–5）：

表 1.4-5

摸球结果	组合数	概率
840	420	0.02%
831	2 688	0.10%
822	2 352	0.09%
750	2 688	0.10%
741	26 880	0.99%
732	75 264	2.78%
660	2 352	0.09%
651	75 264	2.78%
642	329 280	12.18%
633	263 424	9.74%
552	263 424	9.74%
543	1 317 120	48.71%
444	343 000	12.68%

你会发现：概率最大的结果是 543，概率达 48.71%；概率最小的结果是 840，只有 0.02% 的可能。几乎玩两把就有一把是 543，玩 5 000 把才会出现一把 840。

不同的情况，获得的奖金不同。用概率乘对应情况的奖金，再把结果加和，就得到了期望，即期望 $E=\Sigma$（概率 $P\times$ 对应奖金）。所谓期望，就是在这种获奖规则下，每次游戏平均能够给玩家的回报。

我们把表格补充完整，如表 1.4–6 所示：

表 1.4-6

摸球结果	组合数	概率	获奖奖金	概率 × 奖金
840	420	0.02%	100	0.02

续表

摸球结果	组合数	概率	获奖奖金	概率 × 奖金
831	2 688	0.10%	10	0.01
822	2 352	0.09%	10	0.01
750	2 688	0.10%	20	0.02
741	26 880	0.99%	2	0.02
732	75 264	2.78%	2	0.06
660	2 352	0.09%	20	0.02
651	75 264	2.78%	1	0.03
642	329 280	12.18%	1	0.12
633	263 424	9.74%	1	0.10
552	263 424	9.74%	1	0.10
543	1 317 120	48.71%	−10	−4.87
444	343 000	12.68%	1	0.13

你发现了什么吗？赢钱的结果有 12 种，但是每一种情况下赢钱的平均值都是几分钱到一毛多。输钱的结果只有 543 一种，但是这一种情况输钱的平均值却是 4.87 元！把所有赢钱、输钱的结果相加，就会得到这个游戏的总期望值：−4.25 元！每次玩游戏，玩家平均就会输掉 4.25 元！

敢开饭店就不怕大肚汉，敢街头摆摊就不怕你来玩。想从大爷手里挣钱，你还是太天真了！

公交车为啥总不来？

我上小学的时候，学校和家离得比较远，大约有 10 千米，中间还要翻越一座小山。从小学三年级开始，我就自己一个人背着书包坐公交车上学和放学。记得有一回，我在公交站等了半小时，站台上挤满了等车的乘客，公交车才姗姗来迟。

上车之后，一个大妈问售票员：你们这个车多久来一辆啊？售票员说：10 分钟一辆。一句话激起所有乘客的愤怒，大家伙儿纷纷指责售票员说谎。当时售票员阿姨委屈地哭了。

这件事我一直记在心里。现在回想起来，也许售票员并没有说假话，大家只是陷入了一个悖论之中。

一、公交车等待时间的悖论

为了解释这个悖论，我们首先建立一个数学模型：假如公交车在一个环线上顺时针行进，到了起点后立刻开始下一圈，如此周而复始（图 1.5–1）。每辆车运行一圈的时间是 60 分钟，公交公司在线路上一共安排了 6 辆车，所以平均 2 辆车的时间间隔就是 10 分钟。

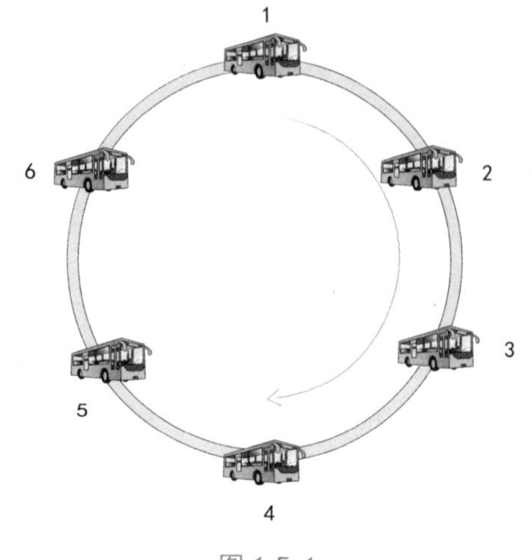

图 1.5-1

如果公交车严格按照 10 分钟的间隔到达车站，那么乘客需要等待的时间就在 0 ～ 10 分钟之间，于是，乘客的平均候车时间就是 5 分钟。

不过，同样的问题在乘客看来，似乎并非如此。由于交通的不确定性，很难保证任意两辆车的时间间隔都是相同的。我们假设 1，2，3，4，5，6 号车的时间间隔都是 5 分钟，而 6 和 1 两辆车的时间间隔是 35 分钟，如图 1.5-2 所示。乘客到来时，既可能落入 5 分钟时间间隔，也可能落入 35 分钟时间间隔。

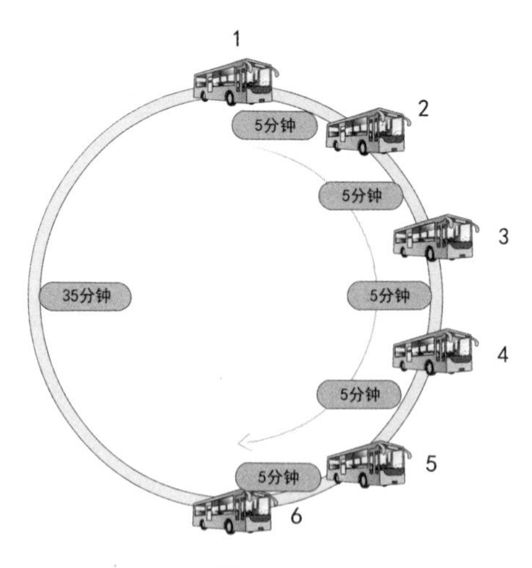

图 1.5-2

如果乘客来到公交车站时，落入了 5 分钟的时间间隔，他的平均候车时间就是 2.5 分钟。在一个周期 60 分钟的时间里，这样的时间间隔共占有 25 分钟，所以发生这件事的概率为

$$P_1 = \frac{25}{60} \approx 41.7\%.$$

如果乘客落入了 35 分钟的时间间隔，他的平均候车时间就是 17.5 分钟。在一个周期 60 分钟的时间里，35 分钟的发车间隔有 1 个，所以发生这件事的概率就是

$$P_2 = \frac{35}{60} \approx 58.3\%.$$

如表 1.5–1 所示，我们把平均等候时间和发生的概率列出来。

表 1.5-1

车辆间隔时间	5分钟	35分钟
乘客平均候车时间	2.5分钟	17.5分钟
概率	41.7%	58.3%

你会发现：乘客落入 35 分钟时间间隔的概率更大一些，相应地，乘客遇到更长等候时间的概率也比较大。我们用每种情况下乘客的等候时间乘相应概率，再把它们求和，就是乘客等候时间的数学期望，即

$$E = 2.5 \times 41.7\% + 17.5 \times 58.3\% \approx 11.25(\text{分钟}).$$

如果我们随机对乘客进行采访，让他们说出自己平常候车的时间，再将这些时间求平均，就能得到乘客的平均候车时间。这个平均候车时间其实就是 11.25 分钟，比公交公司给出的平均候车时间 5 分钟的两倍还要多！

刚才我们的假设比较极端化，再让我们做一个更加一般的计算：假如公交车之间的时间间隔是随机的，乘客也是随机到达站台，乘客的平均候车时间是多少呢？我用计算机做了一万次模拟，得出了图 1.5–3 中的统计结果。最终，乘客的平均候车时间是 8.8 分钟，依然远超公交公司估计的 5

分钟。

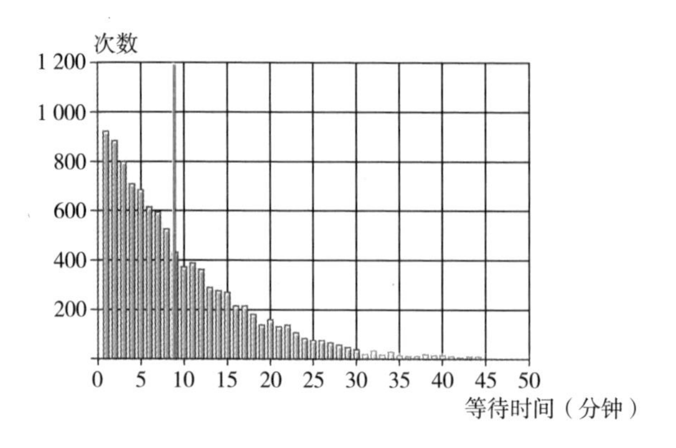

图 1.5-3　10 000 名乘客等待时间的频率分布

究竟是谁错了？其实谁也没有错，只是双方使用了不同的统计方法。公交司机用全部的车辆求出平均发车间隔，再用发车时间间隔求出平均等待时间，他是站在车站的角度，看着车一辆辆驶过，求出平均等待时间。

而乘客会怎么做呢？他会用每一名乘客的等待时间加和再求平均，得到平均等待时间。因为乘客会有更大的概率落入较长的时间间隔——前面 5 分钟一辆的时候，每辆车都载不了多少乘客；后面 35 分钟的时间间隔，站台上却挤满了愤怒的人群。所以，乘客统计出的平均等待时间会更长。

双方都没有错，只是角度不一样，这就是公交车等待时间悖论。

二、检查悖论

美国计算机学家艾伦·唐尼提出了一种数学理论——检查悖论，他说：检查悖论在生活中无处不在。

比如，调查一个大学中班级平均人数是多少，教务和学生可能会给出完全不同的数据。唐尼获得了普渡大学的调查数据，得出了令人惊讶的差别：教务给出的班级平均人数是 35 人，而通过学生调查统计出的班级平均人数是 90 人（表 1.5-2）。

表 1.5-2

	教务数据	学生统计
平均班级人数	35	90

这是因为教务处是用学生的总人数除以班级总数，得到的班级平均人数。而对学生进行抽样调查的过程中，人数多的班级的学生更有可能被抽取；人数少的班级的学生被抽中的概率较小，造成统计的结果差别更大（图 1.5–4）。

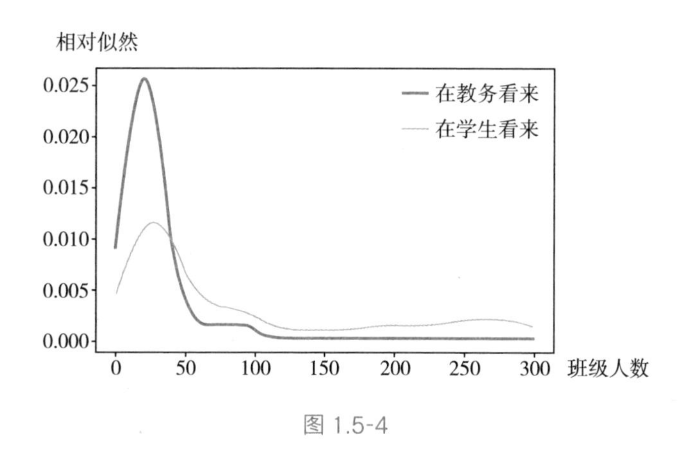

图 1.5-4

唐尼还举了另一个例子：我为什么没有我的朋友受欢迎？唐尼在社交网络上抽取了 4 000 名用户，检查了他们的好友数量，以及他们好友的好友数量，结果发现：平均每名用户拥有 44 名好友，而每名用户的好友平均拥有 104 名好友（表 1.5–3）。

表 1.5-3

	随机抽取的用户	抽取用户的好友
平均好友人数	44	104

为什么我们朋友的朋友，比我们的朋友更多呢？因为我们的朋友更有可能是那些热爱交际的人——一个人的朋友越多，就越容易处于我们的朋

友列表中；相反，沉默寡言、不善交际的人，往往不会进入我们的朋友列表。在社交平台上，我们关注列表中的人，他们的粉丝数量往往比我们自己的粉丝多，这是因为那些粉丝众多的大 V 更容易获得我们的关注（图 1.5-5）。

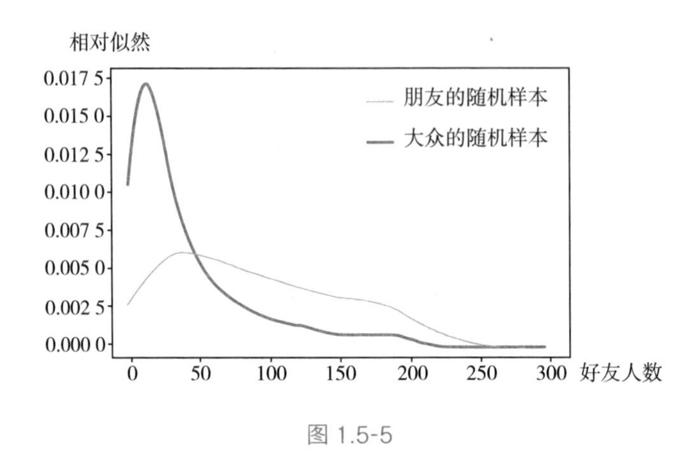

图 1.5-5

再比如：艾伦·唐尼读到一本书，书的作者克尔曼由于某些原因在联邦监狱服刑了 13 个月。在这 13 个月中，作者接触了许多囚徒，发现他们的刑期非常长（在某些国家，刑期可以长达数百年），这又是为什么呢？

如果从检察官的角度审视所有的卷宗，找到每名囚犯的服刑时间，再求出的平均服刑年限是 3.6 年。可一个好事的记者进入联邦监狱，统计出正在服刑的所有囚犯的服刑时间，再加和求出的平均数却是 13 年（表 1.5-4）。

表 1.5-4

	检察官统计	记者统计
平均服刑年限	3.6年	13年

艾伦·唐尼解释说：这是因为记者在某个时刻进入监狱进行统计的时候，更容易遇到那些服刑时间很长的囚犯。服刑时间短的囚犯要么已经出狱，要么还未入狱，造成了统计结果的不同。如果记者在监狱中常驻，并

统计在此期间所有曾进入监狱的囚犯的平均服刑时间，二者的差别就会缩小（图 1.5–6）。

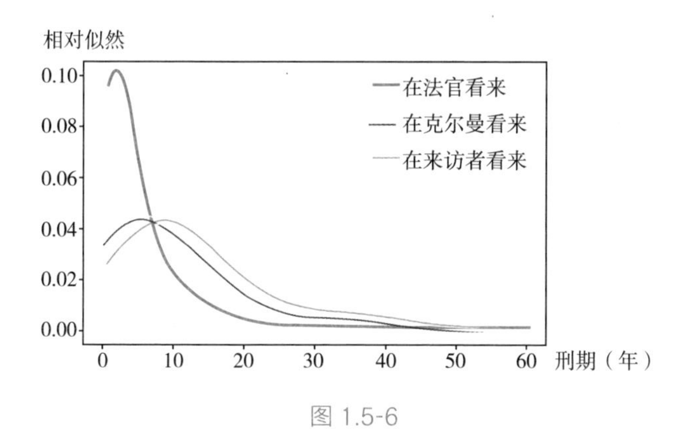

图 1.5-6

三、为什么我们的观点不同?

从检查悖论的几个例子我们会看出：对于同一个问题，站在不同的角度，通过不同的方法进行统计，会得出不同的结果。如果我们不明白其中的数学原理，就很容易认为对方在撒谎。20 多年前，我乘坐的那辆公交车的乘客都以为售票员在撒谎，可是售票员却认为自己很无辜，乘客蛮不讲理。

我们坐飞机的时候，经常感觉飞机非常拥挤。可是航空公司却说航班上座率不够，公司亏损。谁在说谎呢？这可能也是检查悖论。我们经常乘坐的飞机都是非常拥挤的，那些空载率高的运椅子航班我们很少乘坐。航空公司会用所有的乘客数量除以航班数量得出平均上座率，而乘客会根据自己乘坐的航班情况估计上座率。二者有所不同，并不难理解。

如果我们开车，就有另一种感觉：自己总是遇到红灯。实际上如果站在一个红绿灯下统计，你就会发现红灯和绿灯其实都是按规律出现的。不过从司机的角度来说，如果遇到绿灯，我们很快就开过去了；遇到红灯，我们却会停下来焦急地等待，所以我们在红灯下停留的时间远远超过绿灯。回忆起来，好像我们总是遇到红灯。

对于同样一个问题，从不同的角度进行统计，会得出不同的结果。当我们的看法与别人不一致的时候，不一定是一对一错，很有可能双方只是从不同的角度看待这个问题，从而出现了一个检查悖论。

詹姆斯和马龙谁的投篮命中率更高？

有个小朋友跟我说，他特别喜欢看篮球比赛，最喜欢的球星是湖人队的勒布朗·詹姆斯。他曾经把詹姆斯和历史上的著名球员卡尔·马龙做过比较，结果发现了一个神奇的现象：在整个生涯中，无论是二分球的命中率还是三分球的命中率，詹姆斯都比马龙高。但是如果把二分球和三分球加到一块儿，詹姆斯的进球率反而比马龙要低了。这是怎么回事呢？

实际上，这是统计学上的一个著名悖论——辛普森悖论。最早由爱德华·辛普森在 1951 年发表的论文中进行了详细阐述。辛普森悖论是指：当我们进行统计比较的时候，如果对数据进行分层，统计结果与总体数据可能是不同的。

勒布朗·詹姆斯

卡尔·马龙

一、录取比例问题

历史上一个比较典型的辛普森悖论的例子，是美国加州大学伯克利分校的录取比例问题。伯克利是美国的著名大学，截至 2021 年 10 月，建校 100 多年来，一共诞生了 111 位诺贝尔奖得主、14 位菲尔兹奖得主、25 位图灵奖得主。“原子弹之父”奥本海默、著名华人物理学家朱棣文、华裔物理学家吴健雄，还有数学家丘成桐、陈省身，都在伯克利学习和工作过。

可是 1973 年的秋天，伯克利公布的研究生招生名单却引起了一场风波。那一年，许多女同学向学校表达了强烈抗议，因为从招生名单来看，男生申请者中有 44% 被录取， 而女生申请者只有 35% 被录取，男生录取率是女生的 1.25 倍（表 1.6–1）！这简直是赤裸裸的性别歧视！

表 1.6-1

所有申请者录取比例	男生申请者录取比例	女生申请者录取比例
41%	44%	35%

压力之下，伯克利被迫展开调查，结果发现：许多学院招收学生时，反而是女生录取比例更高。

我们用一些虚拟的数据来说明一下这个问题。假设有 100 个男同学和 100 个女同学申请伯克利的研究生，他们分别申请了物理学院和文学院。

男生中有 80 人申请物理学院，录取 38 人；20 人申请文学院，录取 2 人；

女生中有 20 人申请物理学院，录取 14 人；80 人申请文学院，录取 16 人。

录取结果和比例如表 1.6–2 所示：

表 1.6-2

	男生			女生		
	申请人数	录取人数	录取比例	申请人数	录取人数	录取比例
物理学院	80	38	47.5%	20	14	70%
文学院	20	2	10%	80	16	20%
总计	100	40	40%	100	30	30%

先看分组比较数据：男生申请物理学院的通过率是 47.5%，女生申请物理学院的通过率有 70%，女生的通过率要比男生高很多。男生申请文学院的录取率为 10%，女生的录取率是 20%，女生的通过率是男生的 2 倍。单独从两个学院的数据来看，好像不是女生受到了歧视，反而是男生受到

了歧视。

但从总体录取数据来看，提交申请的男生和女生都是 100 人，男生有 40 人被录取，女生只有 30 人被录取，男生的录取比例比女生多出 $\frac{1}{3}$，这样看来好像又变成了歧视女性。

为什么同一份数据，却能得出两种不同的结论呢？这就是辛普森悖论。

阴谋家们往往会利用辛普森悖论煽动大众：如果我想批评伯克利歧视男性，就可以隐藏总体录取数据，只让你看到每个学院的录取数据——每个学院的女生录取比例都比男生要高，这样就可以呼吁男生起来对抗学校了。反过来，如果我想批评伯克利歧视女性，就可以避开每个学院的录取数据，只给出总体录取数据——同样的人数申请同一所学校，凭什么男生录取比例比女生高 $\frac{1}{3}$？这难道不是涉嫌歧视女性吗？

二、肾结石的治愈率

辛普森悖论还有另一个典型案例——肾结石的治疗方法。

肾结石患者往往需要通过手术的方法治疗，手术方式有两种：一种方法是开放式手术，它可能对人造成较大创伤；另一种方法是封闭式手术，用内窥镜把结石取出来，手术创伤较小。患者的结石情况也可分为小结石和大结石两种，医生会按照结石大小选择不同的治疗方案。

某位医生对两种治疗方法的治愈率进行了统计。开放式手术案例共 350 例，其中 273 例有效。封闭式手术共 350 例，其中 289 例有效。具体数据如表 1.6-3 所示：

表 1.6-3

	开放式手术方法			封闭式手术方法		
	有效/例	治疗/例	治愈率	有效/例	治疗/例	治愈率
小结石治愈率	81	87	93%	234	270	87%
大结石治愈率	192	263	73%	55	80	69%
总计	273	350	78%	289	350	83%

大家看：小结石患者中 87 人使用开放式手术治疗，治愈率约为 93%；有 270 人选择了封闭式手术，治愈率约为 87%。这样来看，对于小结石患者，似乎开放式治疗的效果更好一点。

再看大结石患者：有 263 人选择了开放式手术，治愈率约为 73%；有 80 人选择了封闭式手术，治愈率约为 69%。大结石患者，依然应该选用开放式手术，因为它的治愈比例更高。

既然不管是大结石还是小结石，都是开放式手术的治愈率更高，那我们是否应该只给病人推荐开放式手术呢？先别急，假如我们看一下总体数据，就会发现开放式手术的平均治愈率为 78%，而封闭式手术的平均治愈率约为 83%，这样一来，反而是封闭式手术的效果更好。这又构成了辛普森悖论。

假如医生想推荐开放式手术，就可以只向患者展示分层数据。患者发现：不管大小结石，开放式手术的治愈率都更高，肯定会倾向于开放式疗法。反过来，如果医生想推荐封闭式手术，就会隐去分层数据，只给患者展示总体数据：同样是 350 名患者，封闭式手术的治愈率更高，患者自然希望采用封闭式手术。同样的数据，用不同的表述方式得出了不同的结论。

三、篮球的命中率

现在，我们来看看詹姆斯和马龙的投篮命中率问题。詹姆斯和马龙都是著名的“长寿球员”，马龙退役时 40 岁，詹姆斯生于 1984 年，依然活跃在篮球场上。

如果除去罚球数据，统计在整个职业生涯（截至 2021 年）中詹姆斯和马龙的投篮数据，会得到表 1.6–4：

表 1.6-4

	勒布朗·詹姆斯			卡尔·马龙		
	命中次数	出手次数	命中率	命中次数	出手次数	命中率
二分球	10 564	19 245	54.9%	13 443	25 900	51.9%

续表

	勒布朗·詹姆斯			卡尔·马龙		
	命中次数	出手次数	命中率	命中次数	出手次数	命中率
三分球	1 860	5 409	34.4%	85	310	27.4%
总计	12 424	24 654	50.4%	13 528	26 210	51.6%

我们可以发现：单独看二分球，詹姆斯投出了 19 245 个，命中 10 564 个，命中率约为 54.9%，高于马龙 3 个百分点；单独看三分球，詹姆斯投出了 5 409 个，命中了 1 860 个，命中率约为 34.4%，高出马龙 7 个百分点！既然二分球和三分球，詹姆斯的命中率都更高，那么整体命中率应该也是詹姆斯更高才对。

可是事实并非如此。 如果把二分球和三分球加到一起，詹姆斯的平均命中率约为 50.4%，居然低于马龙的 51.6%。这也是辛普森悖论。

因个人的喜好不同，同样的数据也可能会被赋予不同的解读方式，如果一个人更喜欢詹姆斯，就可以用二分球和三分球的分层数据支持自己；同样，如果另一个人喜欢马龙，则可以只讨论整体命中率。

四、为什么会出现悖论？

为什么会出现这种奇怪的现象呢？一般而言，辛普森悖论的产生有两个条件。

首先，分层数据中每一层的成功率有显著不同。例如，伯克利的物理学院录取率在男女生中分别是 47.5% 和 70%，相对于文学院的 10% 和 20% 高得多。用两种不同方式治疗小结石，治愈率在 90% 左右；而大结石不好治，两种方式的治愈率都在 70% 左右。二分球更好命中，詹姆斯和马龙的命中率都超过 50%；三分球不好进，他们的命中率都在 30% 左右。

其次，做比较的两者在分层数据中的分配比例不同。例如，伯克利的男同学更多地申请了比较容易通过的物理学院，而女同学则更多地申请了比较难通过的文学院。所以，虽然分层看，男同学在两个学院的录取比例都低，但是整体来讲，男同学通过的比例反而会高一些。

再来看治疗肾结石的例子：大结石本身治愈率就低，很多患者都选择了难度较大的开放式疗法；小结石容易被治愈，大部分患者则选择了创伤较小的封闭式疗法。所以，封闭式疗法的整体治愈率会高一些——它治疗了更多的轻症患者。

同样的道理，詹姆斯虽然二分球和三分球的命中率都更高，但是他投了 5 409 个三分球，拉低了自己的平均命中率。而马龙整个职业生涯只投了 310 个三分球，于是他的整体命中率就会接近二分球的命中率，这就使得他的平均命中率比詹姆斯高了。

如果一个人多去干那些成功率高的事，就会让他的整体成功率变高，这就是辛普森悖论的本质。

五、辛普森悖论的几何解释

我们还可以通过几何的方法来研究这个问题。

我们把投篮次数和命中次数画在直角坐标系中，横坐标是出手次数，纵坐标是命中次数，詹姆斯的二分球和三分球矢量图如图 1.6–1 所示：

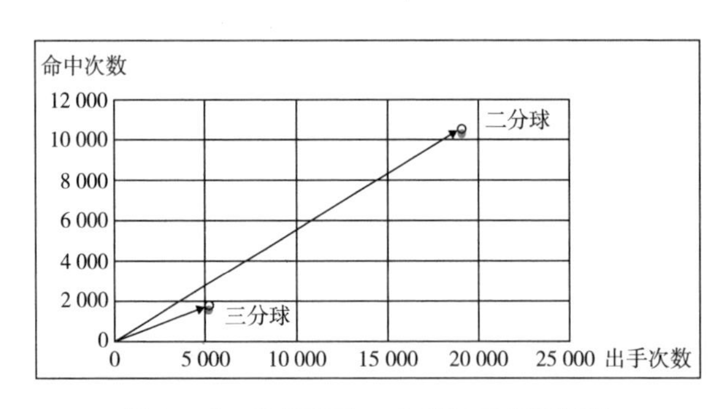

图 1.6-1　詹姆斯的二分球和三分球情况

我们知道：一条直线的斜率 k 等于纵坐标与横坐标之比，在本例中就表示投篮命中率——直线越陡，命中率就越高；直线越平缓，命中率就越低。图中表示出了二分球的命中率高于三分球。

整体投篮命中率怎么计算呢？ 数学上可以证明：只要我们用二分球矢

量和三分球矢量为邻边作一个平行四边形，这个平行四边形的对角线就表示整体投篮情况，它的斜率就表示整体命中率（图 1.6–2）。

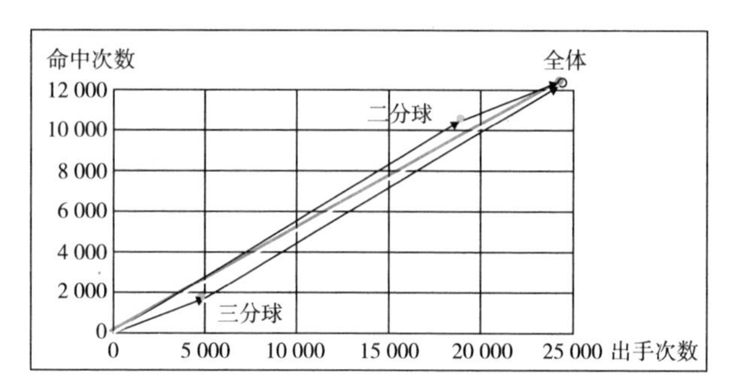

图 1.6-2　詹姆斯的二分球和三分球情况

再进一步：为什么马龙的二分球和三分球命中率都更低，但是整体命中率却更高呢？请看图 1.6–3：

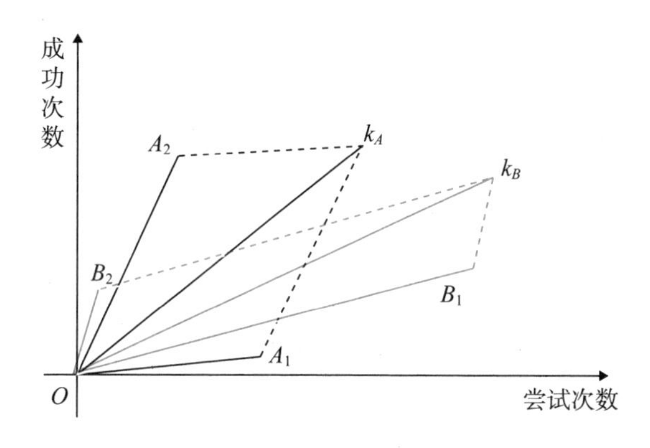

图 1.6-3

注：图表仅为斜率关系示意图，不表示真实出手次数与成功率。

用黑色线表示马龙的数据，蓝色线表示詹姆斯的数据。马龙的三分球命中率（OA_1 的斜率）低于詹姆斯（OB_1 的斜率），马龙的二分球命中率（OA_2 的斜率）也低于詹姆斯（OB_2 的斜率），但是，马龙的三分球出手少（OA_1 对应的横坐标小）而二分球出手多（OA_2 对应的横坐标大），詹姆斯的三分球出手多（OB_1 对应的横坐标大）而二分球出手少（OB_2 对应的横坐标小），利用平行四边形法则求出整体命中率后，马龙的就更高一些（Ok_A 斜率比 Ok_B 大）。

我们在生活当中，每时每刻都会接触到不同的数据。比如作为一个老师，要看学生们考试的平均分；作为一个销售，要看自己每个月的接单情况和成交率……虽然数据是客观和真实的，但是不同的人利用同样的数据却可以讲出不同的故事。真实的数据所直观展现的常常并不是全面的、最接近故事原貌的结果，所以大家一定要擦亮眼睛，甄别数据背后的意义。比如，图 1.6–4 与图 1.6–5 是我在网上找到的两个城市某年 6 个月内二手房成交均价走势图，你会得到什么结论呢？

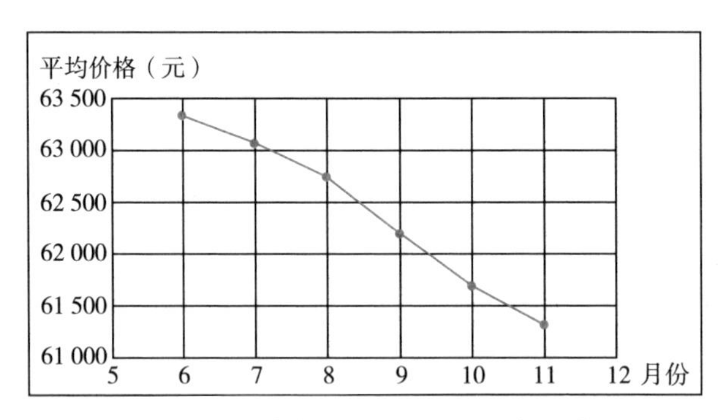

图 1.6-4　城市 A 二手房平均价格走势

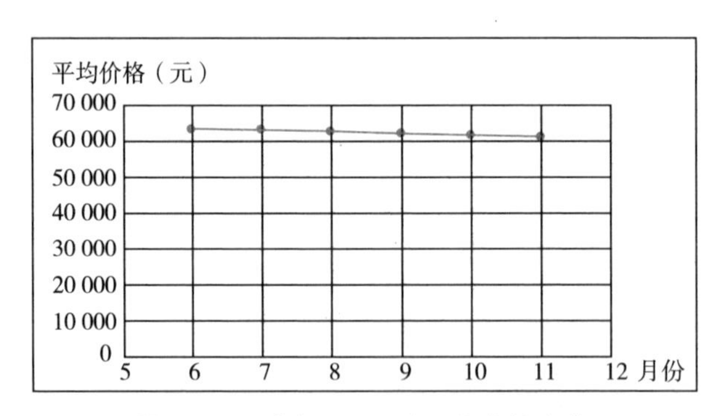

图 1.6-5　城市 B 二手房平均价格走势

你是否会认为：城市 A 房价暴跌，而城市 B 房价平稳呢？其实，A 和 B 都是北京市，只是在作图时，纵坐标（价格）的起始位置不同而已。

马克·吐温说：“世界上有三种谎言：谎言、该死的谎言和统计数字。”

寒门为啥总出贵子？

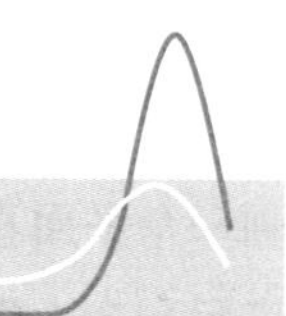

我们经常听到这样一句话：寒门才能出贵子，富裕家庭里的孩子都是纨绔子弟。事实真的是这样吗？

一、伯克森悖论

我们首先来讨论一个有趣的统计学悖论：伯克森悖论。这是美国医生和统计学家约瑟夫·伯克森在 1946 年提出的一个问题。

他研究了一个医院中患有糖尿病的病人和患有胆囊炎的病人，结果发现：患有糖尿病的人群中，患有胆囊炎的人数比例较低；而不患有糖尿病的人群中，患有胆囊炎的人数比例较高。这似乎说明：患有糖尿病可以保护病人不受到胆囊炎的折磨。但是从医学上讲，无法证明糖尿病能对胆囊炎起到任何保护作用，他将这个研究写成了论文《用四格表分析医院数据的局限性》，并发表在杂志《生物学公报》上，这个问题就称为伯克森悖论。

解释伯克森悖论其实并不难，悖论产生的最主要原因是：研究中统计的患者都是医院的病人，因此忽略了那些没有住院的人。

简单地说，我们假设一个人只患有两种疾病：糖尿病和胆囊炎。我们画一个平面直角坐标系：横坐标表示一个人患有糖尿病的严重程度，纵轴表示一个人患有胆囊炎的严重程度，再把每一个人按照两种疾病的轻重程度画在坐标系中（图 1.7–1）。

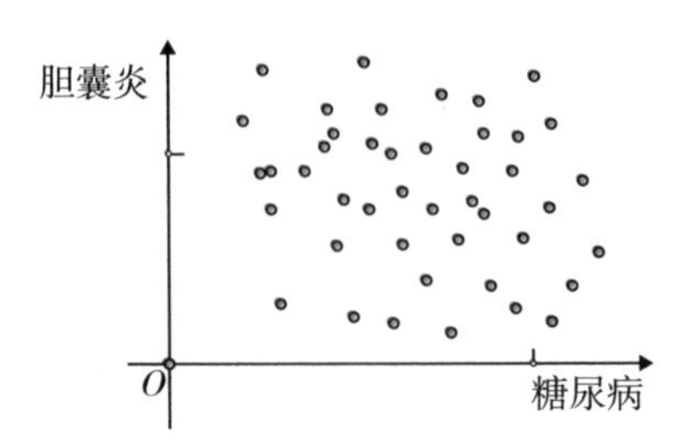

图 1.7-1　全体人群患糖尿病和胆囊炎的情况分布

如果我们对全体人群进行统计，就会发现：糖尿病和胆囊炎并没有相关性。但是，如果只对医院的患者进行统计，就会出问题：如果病人的糖尿病或者胆囊炎都比较轻，病人就不需要住院，所以也不会被统计到；来到医院的病人要么是糖尿病严重，要么是胆囊炎严重，要么二者兼有。

所以，如果我们统计住院的病人，那么图像左下角的人都会消失，因为这些人并不会在我们统计的范围内。大家再看，这回糖尿病和胆囊炎就表现出负相关了——未患糖尿病的人，更有可能患有胆囊炎；而患有糖尿病的人，患有胆囊炎的比例就下降了（图 1.7–2）。

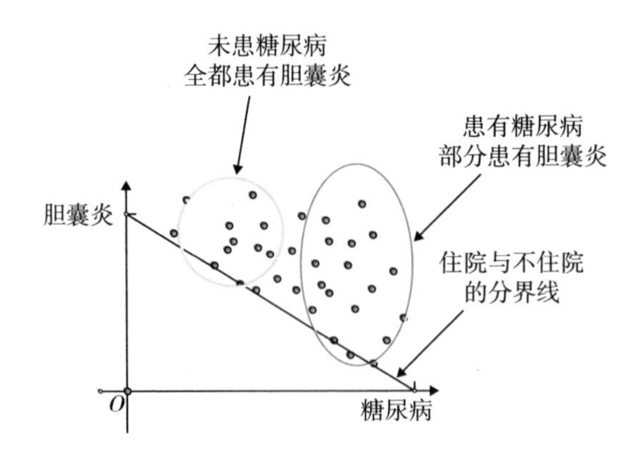

图 1.7-2

我们还可以用具体数据解释这个问题。例如有 100 人，糖尿病的患病率是 50%，胆囊炎的患病率也是 50%，二者都患有和都未患的各占 25%，如表 1.7–1 所示：

表 1.7-1

	未患糖尿病人数	患有糖尿病人数
患有胆囊炎人数	25	25
未患胆囊炎人数	25	25

身体健康的人不住院，所以我们在医院进行统计时，会忽略健康的 25 人，只统计患病的 75 人。在这 75 人中，患有糖尿病的有 50 人，其中 25 人患有胆囊炎，比例 50%，用数学表达式表示就是

$$P(\text{患糖尿病的条件下患胆囊炎})=\frac{25}{50}=50\%.$$

未患糖尿病的有 25 人，全都患有胆囊炎，比例 100%，用数学表达式表示就是

$$P(\text{未患糖尿病的条件下患胆囊炎})=\frac{25}{25}=100\%.$$

你看，原本糖尿病和胆囊炎没有任何关系，但是因为统计的偏差，造成了患有糖尿病的人患胆囊炎比例低的错误印象，由此形成了伯克森悖论。

二、学习越努力成绩越差?

其实，生活中随处可见伯克森悖论。比如曾经有一位重点中学的小朋友很苦恼地向我咨询：为什么自己无论如何努力成绩都不理想？为什么班里许多人不怎么学习，成绩还特别好？

我们来画一个平面直角坐标系，横轴代表刻苦程度，纵轴代表分数，每一名学生都对应了这个坐标平面上的一个点（图 1.7–3）。我们可以将学生分为四个区域，分别是：

· 学习刻苦分数又高的——学霸；
· 学习刻苦分数又不高的——学弱；
· 从不学习但是分数还是很高的——学神；
· 从不学习而且分数很低的——学渣。

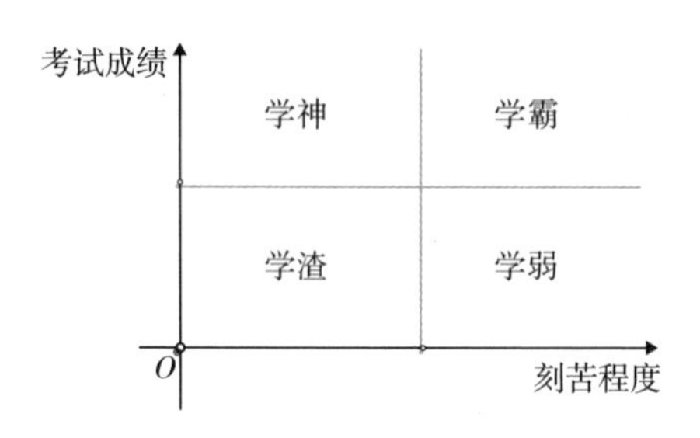

图 1.7-3

我们都知道：学习的刻苦程度和成绩好坏肯定是正相关的，也就是学霸和学渣比较多，而学神和学弱都是少数。这是一个符合逻辑的猜测。

我们假设有 100 名同学，其中学霸有 30 人，学渣有 30 人，学弱和学神各有 20 人（图 1.7–4）。现在我们关注左下角的学渣：这些人学习成绩不好，又不爱学习，很大一部分人勉强完成了义务教育，初中毕业就不愿意继续读书了。如果你在重点中学里，你周围的同学就很少有学渣，他们要么是成绩好的学霸、学神，要么是成绩不好却特别刻苦的学弱，通过校额到校或者其他方法进入优质高中。于是，当你环顾四周的时候，你总是看不到学渣。

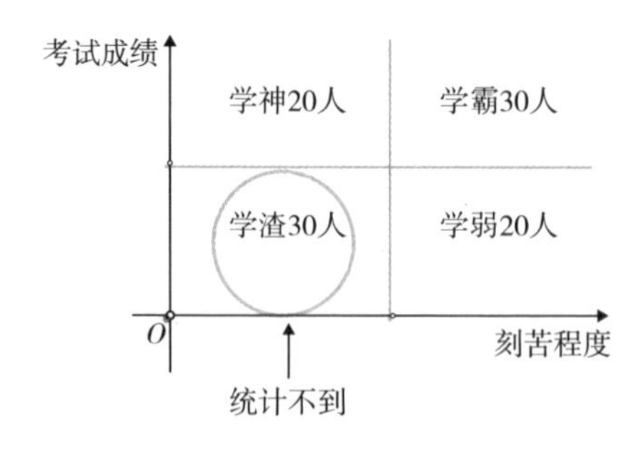

图 1.7-4

现在，这名同学周围还有三类人：学神 20 人、学霸 30 人、学弱 20 人。

在这些人中，刻苦学习的有 50 人，其中成绩好的有 30 人（学霸），比例为 60%，即

$$P(\text{努力学习的条件下成绩好})=\frac{30}{50}=60\%.$$

不刻苦学习的有 20 人，全都是学神，成绩好的比例 100%，即

$$P(\text{不努力学习的条件下成绩好})=\frac{20}{20}=100\%.$$

于是形成了伯克森悖论：越努力，成绩越不好；不努力，成绩反而好。

三、寒门才能出贵子？

我们再举一个伯克森悖论的例子——寒门贵子。

经常有人说：寒门子弟更容易升入著名学府成才，而富贵家庭的孩子因为缺少危机意识往往会沦为纨绔子弟。这是真的吗？

实际上，我们可以仿照刚才的做法，画出一个平面直角坐标系，横坐标代表家庭环境，纵坐标代表个人成就，把所有人分成四类，如图 1.7–5 所示：

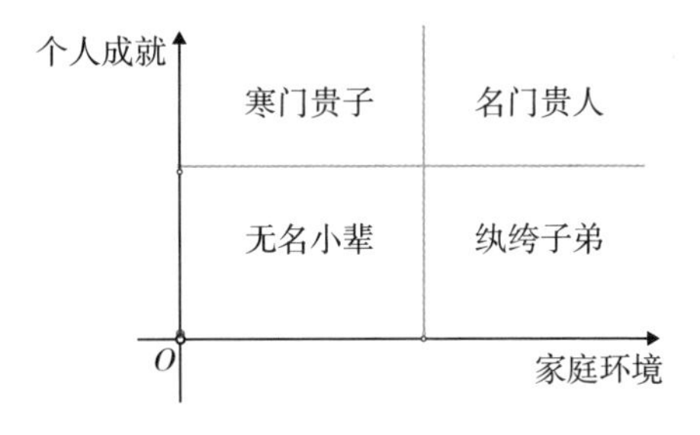

图 1.7-5

其实，优越的家庭，孩子能有机会受到更好的教育，更有可能成为一个杰出的人。比如著名建筑学家和文学家林徽因，父亲林长民是清末政治家、外交家、教育家、书法家，祖父林孝恂是光绪年间的进士。林徽因的丈夫梁思成是著名建筑学家，他的父亲梁启超就更不用说了，是清末著名

政治家、思想家和教育家。

而寒门子弟由于缺少物质条件，学习条件都没有富贵家庭好，想成为贵子必须克服一个又一个诱惑。像法拉第一样，只上两年小学最终能凭自己对科学的热爱成为伟大科学家的人其实并不多。

可是，如果一个寒门子弟一无所成，根本不会进入我们讨论的范围。所以在图中左下角的“无名小辈”被我们自动忽略了。我们在社交媒体甚至街头巷尾议论的富家子弟，有的有成就，有的没成就；而寒门子弟，100%都是有所成就的，这也是伯克森悖论。

四、长得帅的都是渣男吗?

我们再举一个例子，有些姑娘觉得：长得帅的男生都是渣男，长得丑的男生反而很安全。真的是这样吗?

我们还是把所有男生按照长相和性格分成四类，分别是高富帅、暖男、渣男和矮丑穷（图 1.7-6）。

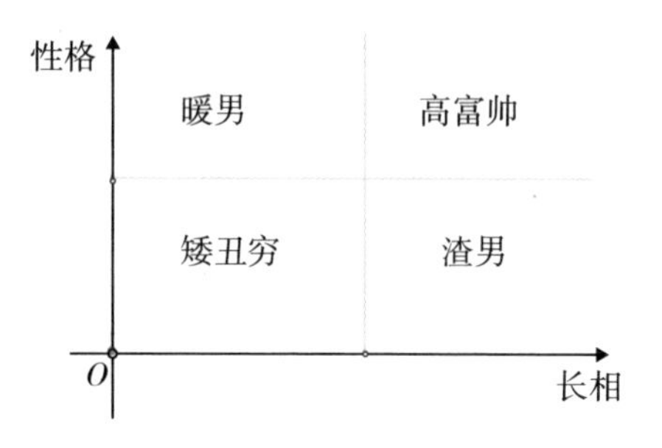

图 1.7-6

由于姑娘们相亲的时候，如果遇到长相和性格都不好的男生——矮丑穷，大部分都直接过滤掉了，他们压根就不在考虑的范围内。所以，在相亲的姑娘们眼中，通常只能看到三类人：暖男、高富帅和渣男。这三类人里，长得帅的人有一半是渣男，而长得不帅的人全都是暖男，形成了伯克森悖论。

你瞧：统计数字经常会欺骗我们!

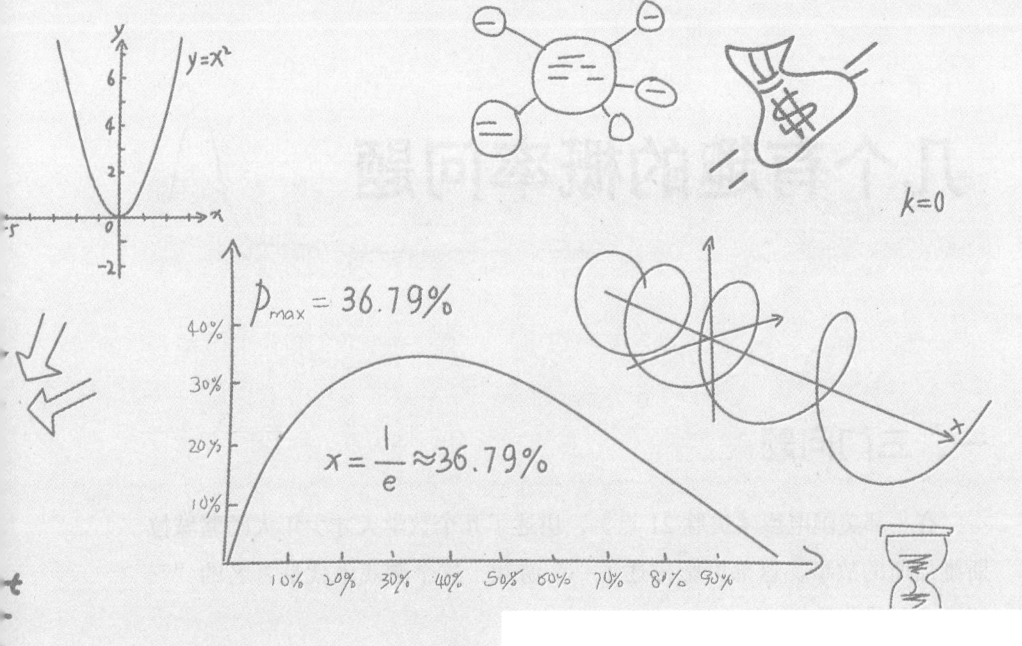

第二章
概率问题

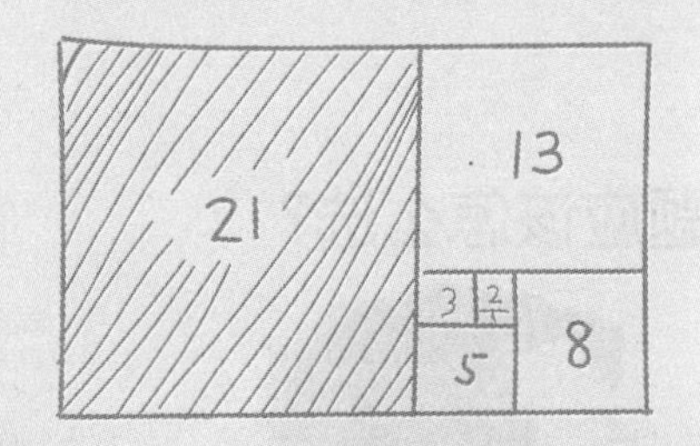

- 几个有趣的概率问题
- 四只鸭子的概率问题和伯特兰悖论
- 为啥我总是这么倒霉？
- 为什么久赌无赢家？
- 葫芦娃救爷爷，为啥一个一个上？

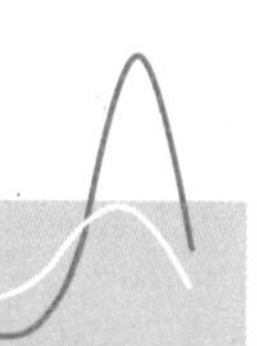

几个有趣的概率问题

一、三门问题

有一部美国电影《决胜 21 点》，讲述了几个数学天才少年大闹赌城拉斯维加斯的故事。这部电影描述了一个游戏，这个游戏也就是著名的“三门游戏”的背景。

游戏规则是：在玩家面前有三扇门，其中一扇门后面有汽车，另外两扇门后面有羊。玩家并不清楚每扇门后面有什么，他会随机选定一扇门，从而获得门后的奖品。当然，玩家更希望获得汽车。

为了让游戏更有乐趣，在玩家指定一扇门之后，会打开另外一扇玩家没有指定的门。因为主持人知道每扇门后面是什么，所以他会保证打开的这扇门背后一定不是汽车，而是一只羊。

然后，主持人会问玩家一个问题：“你是否要改变你的选择，去选择另一扇没有打开的门？”

《决胜21点》中的三门问题应该怎么选?

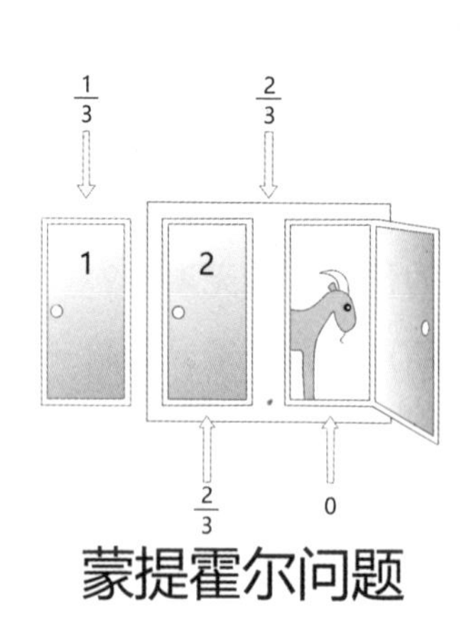

这是一个很有趣的游戏，很多人会觉得此时换门与不换门，中奖概率都是 50%。但是，数学家们却不这么认为。经过计算，此时玩家如果更换选定的门，拿到汽车的概率会提高一倍。

其实这并不难理解。

首先我们假定玩家不换门，而是自始至终认定一扇门，那么主持人开哪扇门都与玩家无关。在三扇门中选出中奖的那一扇门，概率为 $\frac{1}{3}$。

那么如果玩家换门呢？我们不妨假设汽车就在第一扇门后面，另外两扇门后面是山羊，然后分三种情况讨论。

第一，假如玩家最初选定的是 1 号门，此时主持人会随机打开 2 号门和 3 号门两扇门中的一扇，门后面是一只羊（图 2.1–1）。在这种情况下，玩家如果更换选择，就没办法中奖获得汽车了。

图 2.1-1

第二，假如玩家最初选定的是 2 号门，此时主持人会打开 3 号门给玩家看（图 2.1–2）。在这种情况下，如果玩家更换选择，就能中奖获得汽车。

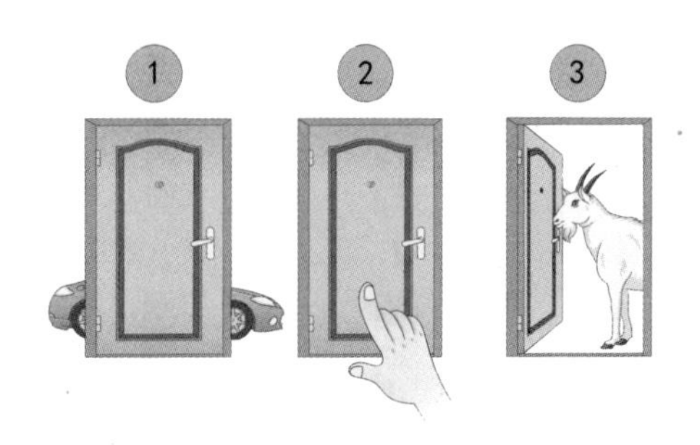

图 2.1-2

第三，如果玩家最初选定的是3号门，由于汽车在1号门后面，此时主持人会打开2号门给玩家看（图2.1–3）。在这种情况下，如果玩家更换选择，也能中奖获得汽车。

图 2.1-3

综上所述，如果玩家决定更换选择，那么在全部三种情况中，玩家有一种情况会错过汽车，有两种情况能获得汽车，决定换门的话，中奖概率为$\frac{2}{3}$。

如图2.1–4，我们也可以把全部情况列出来，你同样会发现：如果坚持不换门，三种情况中有一种可以获得汽车；如果决定换门，三种情况中有两种可以获得汽车。你瞧：不换门中奖概率是$\frac{1}{3}$，换门中奖概率是$\frac{2}{3}$，是不是换门更好一些？

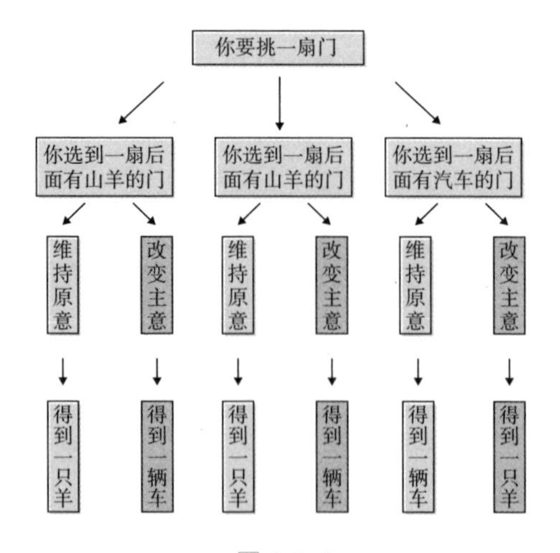

图 2.1-4

可是，为什么更换选择会造成中奖率的提高呢？

这是因为：在最初玩家选择的时候，三扇门中只有一扇能中奖，因此中奖的概率为$\frac{1}{3}$，不中奖的概率为$\frac{2}{3}$，或者说奖品在另外两扇门后的概率为$\frac{2}{3}$。现在主持人去掉了一个错误的答案，那么另外两扇门$\frac{2}{3}$的中奖概率就集中到其中一扇门上了（图 2.1–5）。如果我们更换了选择，中奖概率自然就提高了。

图 2.1-5

如图 2.1–6，我们可以把游戏改得更夸张一些：如果一共有 100 扇门，只有一扇门的后面有汽车。我们随机指定一扇门，那么中奖概率只有 1%，另外 99% 的可能是：奖品在其余的 99 扇门后。

然后，主持人打开了另外 98 扇没有奖品的门，相当于去掉了 98 个错误选项，这样 99% 的中奖概率就集中在余下的那一扇既没有被我们选定，也没有被主持人打开的门里了。此时我们肯定要更换选择，因为这样我们中奖的概率就从 1% 提高到 99% 了。所以，更换门能够提高中奖率，是因为好心的主持人帮我们去掉了错误的选项。

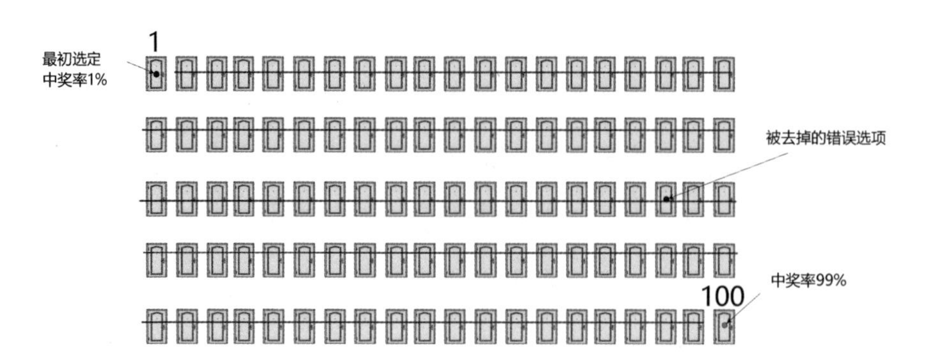

图 2.1-6

如果我们在生活中遇到了类似问题，没准也可以用到三门问题的思路。

二、红球蓝球问题

除了三门问题，还有一个在互联网上争论了很久的问题：红球蓝球问题。在好几个互联网论坛上，网友们各执一词，争论不休。这个问题是这样的：

如图 2.1–7，有三个不透明的盒子，一个盒子里装有两个红球，一个盒子里装有两个蓝球，一个盒子里装有一个红球和一个蓝球。现在有一个人，闭着眼睛从其中一个盒子中摸出一个球，睁眼一看这个球是红球。那么请问，他选择的这个盒子里另外一个球也是红球的概率有多大？

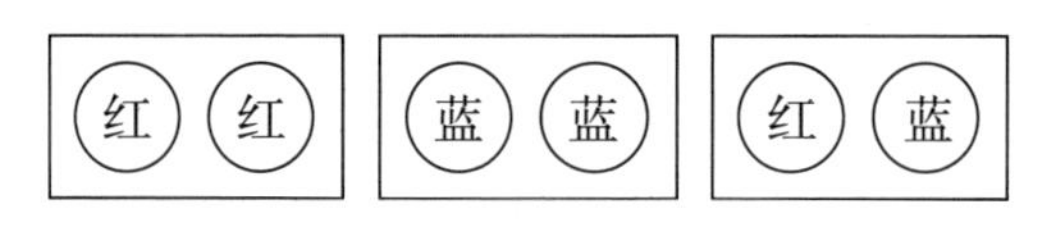

图 2.1-7

网友主要有两种观点，第一种观点认为答案是 $\frac{1}{2}$，原因如下：

有人从这个盒子里拿出了红球，就说明这个盒子不可能装两个蓝球，而只能是装了两个红球，或者一个红球一个蓝球（图 2.1–8）。

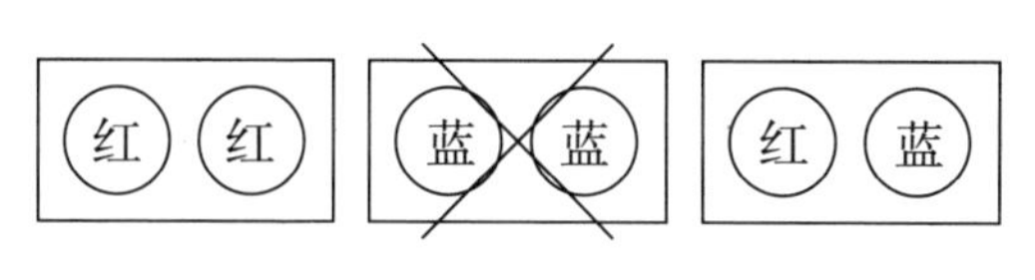

图 2.1-8

在这两种可能中，只有一种可能盒子里装了两个红球，才满足题目所说的“另一个球也是红球”，于是这种情况的概率就是$\frac{1}{2}$。

第二种观点认为答案是$\frac{2}{3}$，原因如下：

这个人随机选了一个盒子中的一个球，因此他有六种可能的选择。在这六种可能的选择中，只有三种选择能摸出红球，即他摸出的球可能是 A、B 或者 C（图 2.1-9）。

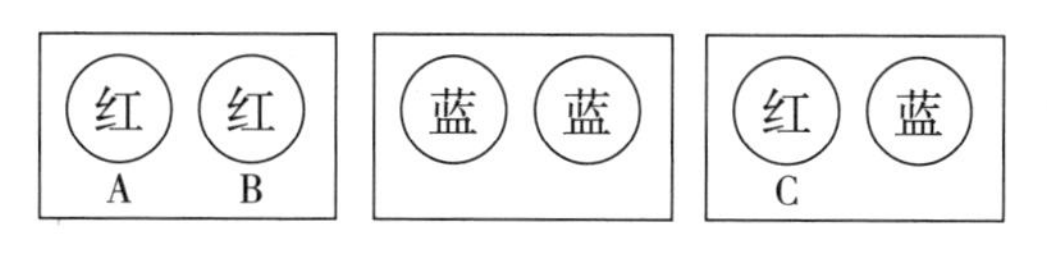

图 2.1-9

在这三种情况中，如果摸出的球是 A 或者 B，那么就满足题目所说“另一个球也是红球”的条件；如果摸出的球是 C，就不满足条件。在三种可能的情况下有两种情况满足条件，因此答案为$\frac{2}{3}$。

孰是孰非？

答案非常明确：$\frac{1}{2}$是错误的，$\frac{2}{3}$是正确的。

要说明第一种解法的错误其实并不难，我们来分析一下摸出红球的过程：首先，它说明这个盒子不可能装有两个蓝球。同时，它也暗示了这个盒子更可能装有两个红球。这是因为，如果这个人选择了装有两个红球的盒子，则他 100% 会在第一次摸出红球；但是如果他选的盒子装有一红一蓝，则只有 50% 的可能摸出红球。那么现在他的确摸出了红球，所以他选择的盒子是二红的概率就超过了一红一蓝。

我们打个比方， 我们想判断一个人是学霸还是学渣，可以出个题测一测。我们假定：学霸会做所有的题，学渣只会做一半的题。一个人站在我们面前，他有 50% 的可能是学霸，也有 50% 的可能是学渣。现在我们随机出一个题考他，他会做，那么他从概率意义上讲就更可能是学霸。在这种情况下，我们如果再出一个题，他能做出来的可能性也会增加。

第二种解法则十分明确：随机摸球共有 3 种可能摸出红球，所有情况的出现都是等概率的。其中有两种情况盒子中另一个球依然是红球，因此概率为 $\frac{2}{3}$ 准确无误。

这个问题还能说得更明确一点吗？其实，还可以使用条件概率的贝叶斯公式快速求出答案。

数学家贝叶斯提出了条件概率公式，这个公式讨论了两个相关事件之间的概率问题。比如：A 和 B 是两个相互关联的事件，$P(A)$ 和 $P(B)$ 分别表示“A 发生的概率”和“B 发生的概率”，$P(AB)$ 表示“A 和 B 都发生的概率”，表 $P(B|A)$ 示“在 A 发生的条件下 B 发生的概率”，那么就有公式

$$P(B|A)=\frac{P(AB)}{P(A)}.$$

公式表示：在 A 发生的条件下 B 发生的概率，等于 A 和 B 同时发生的概率与 A 发生的概率之比。

在我们这个问题中，事件 A 表示“第一次摸出红球”，事件 B 表示“两个球都是红球”，于是我们的问题——第一次摸出红球的情况下，第二个球也是红球的概率就是 $P(B|A)$。

先看事件 A：由于共有 6 个球，其中有 3 个红球，因此概率 $P(A)=\frac{3}{6}=\frac{1}{2}$。

再看事件 AB：只要事件 B 发生，事件 A 一定发生，所以事件 AB 和事件 B 的概率相同。由于三个盒子中只有一个盒子里的两个球是红球，所以 $P(AB)=P(B)=\frac{1}{3}$。

这样，代入贝叶斯公式得到

$$P(B|A)=\frac{P(AB)}{P(A)}=\frac{\frac{1}{3}}{\frac{1}{2}}=\frac{2}{3}.$$

三、三个囚犯问题

利用贝叶斯公式，很多概率问题都能迎刃而解。比如1959年，马丁·加德纳在“数学游戏”专栏中提出了“三个囚犯问题”：

有甲、乙、丙三个囚犯，都被判处了死刑。有一天，他们三个人中的一个被赦免了。典狱长吩咐狱卒不能告诉他们他们是被赦免了还是依然要被处决。但是甲忍不住了，他偷偷问狱卒自己的情况。狱卒说：“我不能告诉你你的结局，也不能告诉你谁被赦免，这是典狱长的规定。”甲实在好奇，于是他又问狱卒：“那你能不能在不违反规定的情况下透露一点信息给我呢？”狱卒思考了一会儿说：“好吧，我可以告诉你，乙将会被处决。”甲非常高兴，觉得自己被赦免的概率从$\frac{1}{3}$提高到了$\frac{1}{2}$。

事实真的如此吗？我们依然采用贝叶斯公式：

事件A表示“狱卒告诉甲，乙被处死”；事件B表示“甲被赦免”，那么题目中的问题就变成了求概率$P(B|A)$。

按照贝叶斯公式，首先计算$P(AB)$的概率，即甲被赦免，且狱卒告诉他乙被处死的概率：甲被赦免的概率只有$\frac{1}{3}$；当甲被赦免的时候，乙和丙都将被处死。当甲跑去问狱卒的时候，狱卒可以告诉他乙被处死，也可以告诉他丙被处死，最终狱卒说乙被处死，这个概率是$\frac{1}{2}$。所以，甲被赦免且狱卒告诉他乙被处死的概率为

$$P(AB)=\frac{1}{3}\times\frac{1}{2}=\frac{1}{6}.$$

我们再来计算$P(A)$的概率，即狱卒告诉甲乙被处死的概率。这要分三种情况讨论：

①甲被赦免，且狱卒告诉他乙被处死。这个概率刚才讨论过，是$\frac{1}{6}$。

②乙被赦免，且狱卒说乙被处死。显然这是矛盾的，概率为0。

③丙被赦免，且狱卒说乙被处死。丙被赦免的概率是$\frac{1}{3}$，甲去问狱卒时，狱卒不能说甲被处死，当然也不会说丙被处死，于是狱卒必须说乙被

处死才有一点悬念，所以丙被赦免的话，狱卒将别无选择，只能说乙被处死。这种情况的概率就是$\frac{1}{3}$。

综上，狱卒说乙被处死的概率为

$$P(A)=\frac{1}{6}+0+\frac{1}{3}=\frac{1}{2},$$

代入贝叶斯公式，在狱卒告诉甲“乙被处死”的前提下，甲被赦免的概率为

$$P(B \mid A)=\frac{P(AB)}{P(A)}=\frac{\frac{1}{6}}{\frac{1}{2}}=\frac{1}{3}.$$

你瞧：甲问了狱卒之后生存概率并没有提高。相反，一直沉默的丙获得赦免的概率提高到了$\frac{2}{3}$。

最后给大家留一个思考题吧！有一个酒鬼，每天都有 90% 的概率出门喝酒。如果他出去喝酒，只会去 A，B，C 三个酒吧之一，而且去每个酒吧的概率相等。有一天，警察想抓住这个酒鬼，去了 A，B 两个酒吧，都没有发现他。请问：警察在第三个酒吧抓住酒鬼的概率有多大?

四只鸭子的概率问题和伯特兰悖论

一、四只鸭子

有一个很古老的数学问题：

如图 2.2–1，四只鸭子在一个圆形的水池里，每只鸭子的位置都是随机的。请问这四只鸭子在同一个半圆里的概率有多大？

图 2.2-1

我看了网上不少人的解法，都太复杂了。其实，这个问题难度并不大，我们可以用下面的方法：

首先，把每只鸭子和圆心连线，如图 2.2–2，你会发现，连线的长度并不重要，我们关心的是连线的角度——只要夹角最大的两条线之间的夹角小于 180°，就能满足要求。既然如此，我们可以让鸭子分布在一个圆环上。这样我们就把问题从一个二维平面问题，变成一个一维圆环问题了。

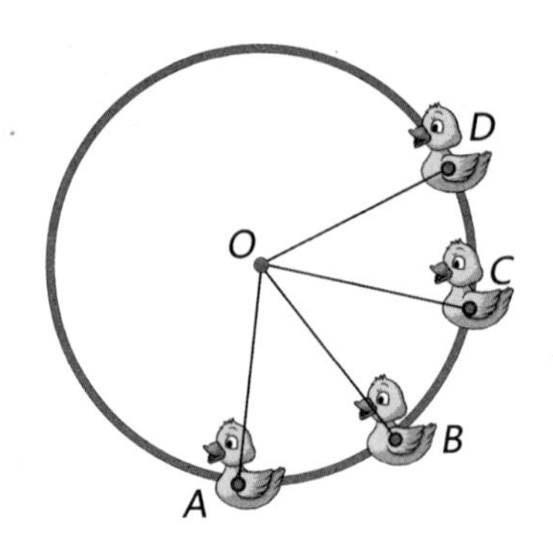

图 2.2-2

然后，我们假设所有鸭子的头都朝着一个方向（比如顺时针），如图2.2–3，如果鸭子的分布满足要求，那么一定能找到一只“鸭王”，鸭王的条件是：

- 鸭王处于所有鸭子的最前头；
- 鸭王身后跟了 3 只鸭子，并且 3 只鸭子与鸭王形成的夹角都小于 180°。

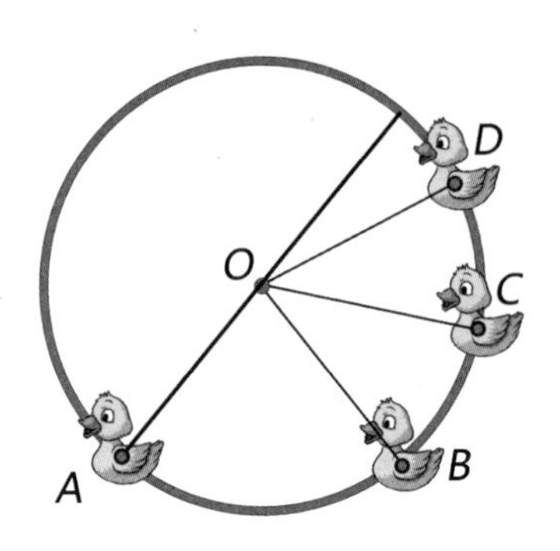

图 2.2-3

如果能找到鸭王，四只鸭子就一定在一个半圆里。反之，如果鸭子不在同一个半圆里，那么你不可能找到一只鸭王，让其余的三只鸭子都在它身后，并且与它形成的夹角小于 180°。这样，“鸭子在同一个半圆里”的问题，就等同于“存在鸭王”的问题。

我们继续思考：存在鸭王的概率有多大？如果这四只鸭子分别是 A，B，C，D，那么每只鸭子都可以当鸭王，且不能同时有两只鸭子当鸭王，所以“存在鸭王”的概率等于 A，B，C，D 分别称王的概率之和，即

$$P(\text{存在鸭王}) = P(A\text{鸭王}) + P(B\text{鸭王}) + P(C\text{鸭王}) + P(D\text{鸭王}).$$

那么，A 当鸭王的概率有多大呢？如果 A 当鸭王，就以 A 为界限，前后各有 180° 的范围。B，C，D 三只鸭子都需要分布在 A 后方的 180° 范围里。由于每只鸭子都随机分布，B，C，D 都在 A 身后 180° 的范围里的概率是 $\left(\frac{1}{2}\right)^3$，这就是 A 当鸭王的概率。同理，B，C，D 中任一只当鸭王，概率也是这么大。

所以，四只鸭子在同一个半圆里，概率为

$$P(\text{存在鸭王})=\left(\frac{1}{2}\right)^3+\left(\frac{1}{2}\right)^3+\left(\frac{1}{2}\right)^3+\left(\frac{1}{2}\right)^3=\frac{1}{2},$$

即 50%。

怎么样？这样看来这个问题也没有那么难。我们还可以稍微做一点引申：假如有 n 只鸭子，在同一个圆形水池中，分布在同一个半圆里的概率有多大（图 2.2–4）？

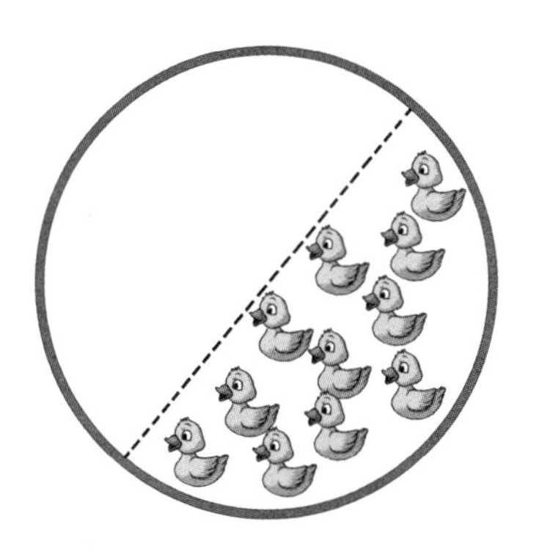

图 2.2-4

显然，这 n 只鸭子都可以当鸭王，鸭王身后要跟着（n–1）只鸭子，每只鸭子在鸭王身后的概率都是 $\frac{1}{2}$，所以鸭王存在的概率是

$$P(\text{存在鸭王})=\underbrace{\left(\frac{1}{2}\right)^{n-1}+\left(\frac{1}{2}\right)^{n-1}+\cdots+\left(\frac{1}{2}\right)^{n-1}}_{n\text{个}}=\frac{n}{2^{n-1}}.$$

还能再给力一点吗？

如图 2.2-5，假如有 n 只鸭子，随机分布在一个圆形水池中，所有鸭子都在一个角度小于 θ 的扇形里的概率有多大？

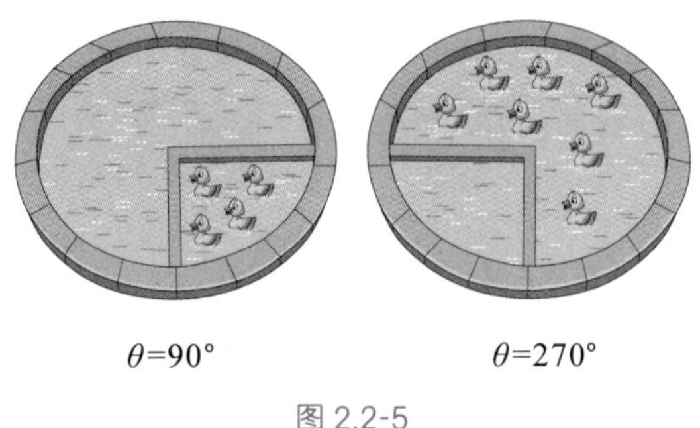

$\theta=90°$ $\theta=270°$

图 2.2-5

对于这个问题，许多朋友给出了答案：只需用 $\frac{\theta}{360°}$ 替代 $\frac{1}{2}$ 即可，也就是

$$P(\text{存在鸭王})=\underbrace{\left(\frac{\theta}{360°}\right)^{n-1}+\left(\frac{\theta}{360°}\right)^{n-1}+\cdots+\left(\frac{\theta}{360°}\right)^{n-1}}_{n\text{个}},$$

$$P(\text{存在鸭王})=n\times\left(\frac{\theta}{360°}\right)^{n-1}.$$

但是，只有在 $\theta<180°$ 的时候，上面的结果才是成立的。如果 $\theta>180°$，很容易验证上面的结果是不正确的。其原因在于：当 $\theta>180°$ 时，满足条件的鸭王不止 1 只！此时问题将会变得非常复杂。目前我还没有计算出来，如果有朋友能计算出来，欢迎在互联网上给我留言指教。

二、伯特兰悖论

我在网上讲四只鸭子的概率问题时，有人给我留言说：这会不会产生伯特兰悖论呢？想要回答这个问题，我们要先搞清楚：什么是伯特兰悖论？

法国数学家伯特兰提出了一个概率问题：在一个圆内作出一个内接正三角形，设内接正三角形的边长为 a。如图 2.2-6，如果在圆内再随机作一条弦，弦长为 b ，那么 b 大于 a 的概率为多少？

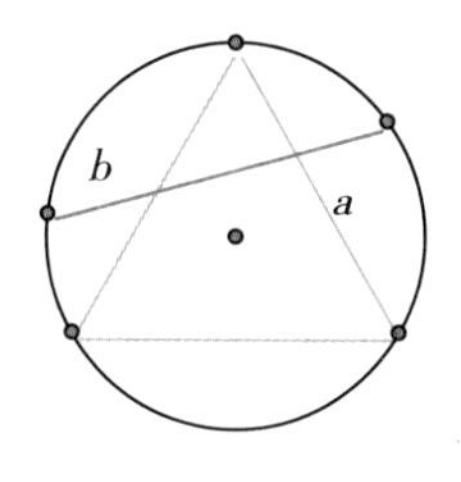

图 2.2-6

看起来，这个问题并不难，但是为什么会形成悖论呢？因为伯特兰给出了三种不同的方法，它们会有三个不同的答案。

方法一：随机端点法

如图 2.2–7，在圆上选定一个点作为弦的一个端点，然后再在圆上随机位置选定弦的另一个端点。不妨就把弦的起点选到三角形某个顶点 A ，你会发现，当另一个端点在弧 BC 上时，弦的长度 b 才能超过正三角形的边长 a 。

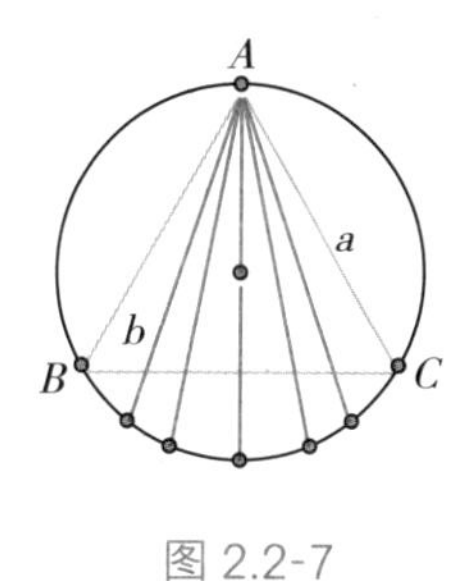

图 2.2-7

另一个端点在圆上随机选择，处于弧 BC 上的概率是 $\frac{1}{3}$，所以弦的长度 b 大于正三角形的边长 a 的概率是 $\frac{1}{3}$ 。

方法二：随机半径法

如图 2.2–8，在圆中随意作一条半径 OD（为了看起来方便，就让 OD 和 BC 垂直吧）。然后，在半径 OD 上任意取一点 E ，过 E 点作与半径 OD 垂直的弦，你能发现这条弦什么时候比正三角形的边长更长吗？

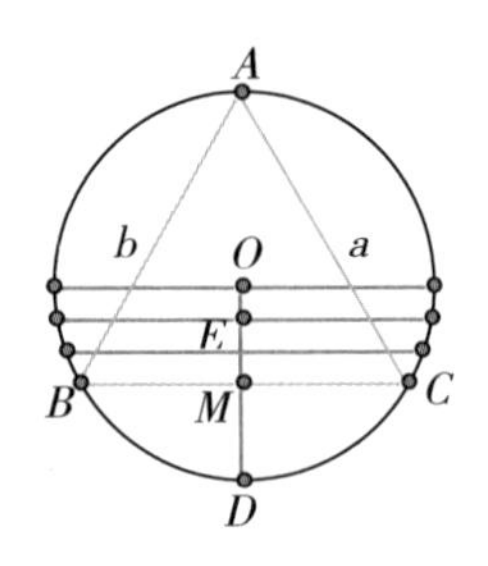

图 2.2-8

显然，只有 E 点位于 OM 之间时，弦的长度 b 才会大于三角形的边长 a。经过简单的计算，我们会发现 $OM=\frac{1}{2}R$，E 位于 OM 之间就表示 $OE<\frac{1}{2}R$，因为 E 点在 OD 上均匀分布，所以 $OE<\frac{1}{2}R$ 的概率是 $\frac{1}{2}$，因此弦的长度 b 比正三角形的边长 a 长的概率也是 $\frac{1}{2}$。

方法三：随机中点法

如图 2.2–9，在正三角形内部任取一点 E，以 E 点为弦的中点作一条弦。你会发现：只有 OE 的长度比较小的时候，弦的长度 b 才能大于正三角形的边长 a。

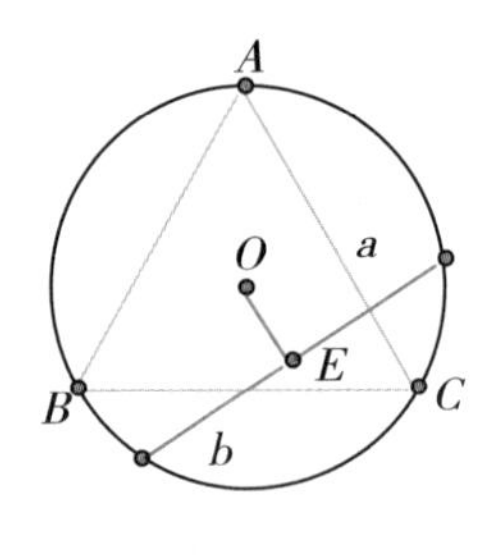

图 2.2-9

和第二种方法一样，只有 $OE<\frac{1}{2}R$ 时，弦的长度 b 才会超过正三角形的边长 a。那么，E 必须分布在一个半径为 $\frac{R}{2}$ 的小圆形里，才会满足条件，如图 2.2–10 所示：

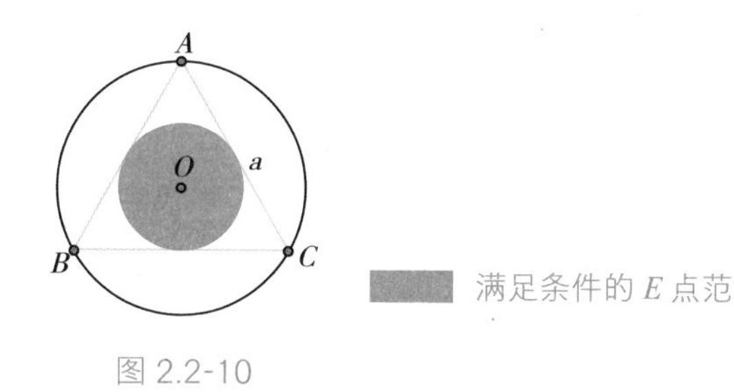

图 2.2-10

整个圆形的面积是 πR^2，满足条件的 E 点占有的面积为 $\pi\left(\frac{R}{2}\right)^2$，所以 E 点满足条件的概率是 $\frac{1}{4}$，即弦的长度 b 超过正三角形的边长 a 的概率为 $\frac{1}{4}$。

同样一个问题，怎么会有三种不同的答案？是不是我们计算出了问题呢？我还特意用计算机模拟了三种方法，如表 2.2-1 所示，结果发现：模拟的结果基本印证了我们的计算，三种不同的方法，得出的结论就是不一致的。

表 2.2-1

	随机端点法	随机半径法	随机中点法
模拟次数	401	276	515
$b>a$的次数	134	143	140
$b>a$的概率	33.4%	51.8%	27.2%

其实，这个悖论的出现，是因为我们对“随机”二字有不同的理解。

举一个简单的例子：有一个正方形，边长在 10 ～ 20 cm 之间，大小随机，请问它的面积小于 225 cm^2 的概率有多大？

我们知道：面积小于 225 cm^2 的正方形，边长小于 15 cm，但是对这个问题，我们还是有两种不同理解，会获得两个不同的答案。

理解一：认为“大小随机”是指“正方形的边长在 10 ～ 20 cm 之间均匀分布”，那么“边长小于 15 cm，面积小于 225 cm^2”的概率就是 $\frac{1}{2}$。

理解二：认为“大小随机”是指“正方形的面积在 100 ～ 400 cm^2 之间均匀分布”，那么“面积小于 225 cm^2”的概率就是$\frac{225-100}{400-100}=\frac{125}{300}=\frac{5}{12}$。

对于“大小随机”这四个字，到底理解成“边长大小随机”还是“面积大小随机”，有不同的理解就会得出不同的答案。

同样地，伯特兰悖论的三种方法对“随机弦”的理解也不同。

第一种方法中，把随机弦理解成“弦的方向随机”，也就是认为弦切角在 0° ～180° 之间均匀分布，当它在 60° ～120° 之间时，弦的长度 b 大于正三角形的边长 a，因此概率为$\frac{1}{3}$，如图 2.2–11 所示：

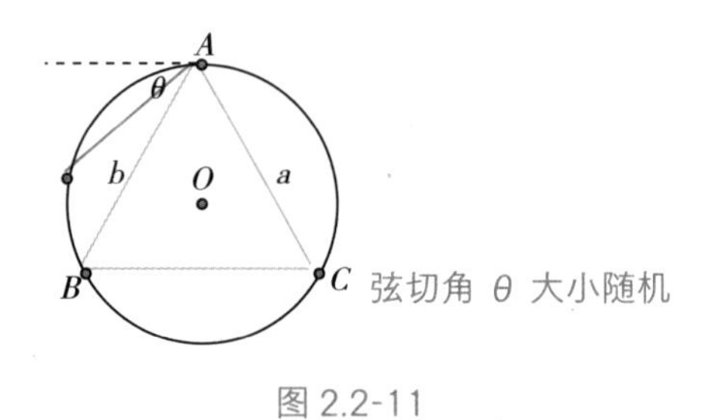

图 2.2-11

第二种方法中，把随机弦理解成“弦的中点到 O 点的距离随机”，也就是认为弦的中点 E 在 0 ～ R 之间均匀分布。当它在 0 ～$\frac{1}{2}R$ 之间时，弦的长度 b 大于正三角形的边长 a，因此概率为$\frac{1}{2}$，如图 2.2–12 所示：

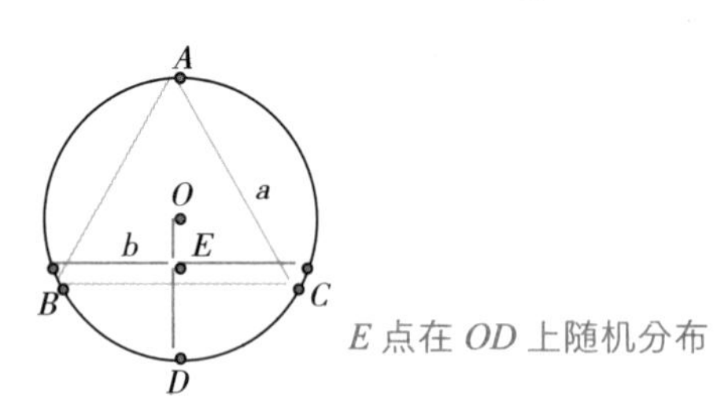

图 2.2-12

第三种方法中，把随机弦理解成“弦的中点在整个圆的内部随机分布”，这种理解其实意味着弦的中点到 O 点距离的平方随机分布，即 OE^2 在 0 ～ R^2 之间均匀分布。那么，$OE^2<\frac{1}{4}R^2$ 的概率就是$\frac{1}{4}$了。

总而言之，伯特兰悖论之所以有三种不同的答案，完全是因为对“随机弦”的理解不同。其实在生活中，这样的不同理解也是挺多的。例如，有人说买彩票中500万元大奖的概率是$\frac{1}{2}$，因为只有中和不中两种可能，他就是认为中奖与不中奖是均匀分布的。而我们认为：双色球每种号码组合出现的概率是均匀分布的，那么双色球中头奖的概率就差不多是$\frac{1}{17\,720\,000}$了。显然，后一种理解更合理。

在前面讨论的鸭子问题中，原题的描述是“每只鸭子的位置都是随机的”，题目并没有说是怎样的“随机”，但是“圆内随机取一点”最常见的理解方式就是“在圆内均匀分布”。即使要理解为“均匀随机取角度，再随机取到圆心的距离”，我们的结论也是相同的。“在圆内随机取一点”并不像“在圆内随机作一条弦”一样有那么多自然的理解方式，所以原题也就不会出现伯特兰悖论啦！

为啥我总是这么倒霉？

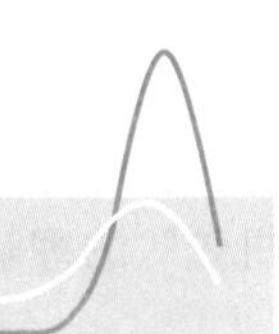

2019年的夏天，我为了参加同学聚会，破天荒地去理发了。可是在理发的时候，理发师居然剪到了我的耳朵，剪下了一条两厘米长的肉。店家承担了医药费，但是拒绝做出其他赔偿，还让我有能耐就去法院告他们，真是非常让人气愤。

可是我回到家一想：为什么这么倒霉的事情让我赶上了呢？

其实每个人在生活中，都会遇到很倒霉的事，有时候人们会说：这是墨菲定律在发挥作用。那么，什么是墨菲定律呢？

一、墨菲定律

在20世纪四五十年代，美国有一位军医，名字叫保罗·斯塔普，他在新墨西哥州的一处基地里开展各种各样的研究，想弄清楚人类究竟能承受多大的加速度，以便于航空航天飞行器的设计。

从1951年开始，斯塔普做了一系列加速度试验。比如他把自己绑在秋千的椅子上，然后让椅子撞击柱子骤然停下，检查自身受到的冲击和伤害（图 2.3–1）。

图 2.3-1　加速度试验

1954 年，斯塔普开始“作大死”。他坐上了超音速火箭车，在极短时间内加速到大约 2 倍音速，然后又在 1.4 秒内减速到停止，刹车加速度达到了 460 m/s^2，也就是大约 46 倍重力加速度（图 2.3–2）。

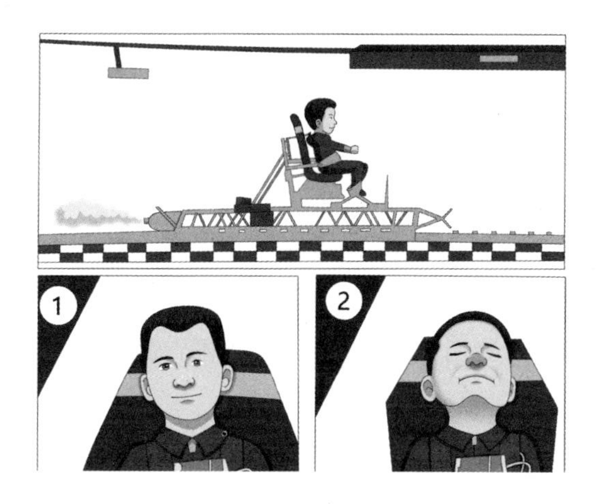

图 2.3-2　火箭车试验

试验结束后，斯塔普的肋骨骨折，眼球差点飞出来，视网膜脱落，因此还失明了一段时间。不过，他也因此登上了《时代》周刊的封面。

在这次试验过程中，工程师爱德华 · 墨菲负责设计加速度计。有一次，墨菲的助手把加速度计安装到火箭车上，试验之后却没有看到任何读数。助手向墨菲报告说：加速度计坏了。墨菲赶到现场却发现：助手把所有的加速度计都装反了。

于是，墨菲感慨道："如果一件事情有可能会出错，那么它就一定会出错。"

后来，这句话几经传播，就被称为"墨菲定律"：如果坏事可能发生，无论发生的可能性多小，它都一定会发生。如果做一件事有两种以上的方法，其中一种会导致灾难，那就一定有人会做出这种选择。

每当我们遇到倒霉事的时候，总是会想到它。

二、生活中的墨菲定律

生活中有许多墨菲定律的例子，最典型的就是黄油面包。

如果一片面包一面涂了黄油，然后不慎掉到地面上了。假如没有黄油的一面向下，捡起来吹吹还可以吃。如果有黄油的这面向下着地，不光不能吃了，清理起来还非常麻烦，但我们往往会发现有黄油的这面是向下的。

事实真的如此吗？科学家罗伯特·马修斯为了验证这种说法，做了一个宏伟的实验：动员 13 万名学生将 200 万片黄油面包从空中扔下，结果 62% 都是有黄油的一面朝下。马修斯因此获得了 1996 年"搞笑诺贝尔奖"。

再比如：我们买新车的时候，总是特别爱惜，上足额的商业保险，结果一年两年三年都不出事故，到了第四年，我们不买商业保险了，保险刚到期，就出了事故。我们不洗车，天也不下雨；我们一洗车，天就下雨，好像我们的汽车能够人工降雨一样。

上大学的时候只要一逃课，老师就点名。只要出门时忘带钥匙，家里保证没人。平时也不用理发，结果要参加同学聚会，想保持一个好形象去理发了，就被剪到耳朵。每当我们遇到这些倒霉事的时候，就会想到：这是墨菲定律在发生作用了。

三、为什么每年都有空难?

为什么会有墨菲定律呢？有人用物理学解释：有黄油的一面更重，所以更容易朝下落地。有人从心理学角度解释：洗车后下雨让人印象深刻，所以就觉得总是洗车后下雨。作为一本数学科普书的作者，我要从数学角度解释一下这个问题。

首先，数学上可以证明：如果一件事情发生的次数足够多，小概率的意外也会变为必然事件。比如，理发被剪到耳朵，绝对是小概率事件。但如果理发的次数足够多，就有接近 100% 的概率遇到这种倒霉事。

我们用一种概率更低的倒霉事——空难来说明这个道理。飞机是世界上最安全的交通工具，坐飞机遇到空难的概率和在家里被电视机砸死的概率差不多。可是，每一年我们都多多少少会看到空难新闻，这又是为什么呢?

根据世界航空业的数据，飞机发生空难的概率大约是 $\frac{1}{2\,000\,000}$，也就是飞行 2 000 000 架次飞机，平均只有 1 架发生空难。设这个概率是 P_A，则

$$P_A=\frac{1}{2\,000\,000}=0.000\,05\%.$$

那么，一架飞机安全抵达目的地的概率 P_B 就是

$$P_B=1-P_A=99.999\,95\%.$$

你看，飞机还是很安全的。

那么假如一年中有 N 架次飞机起飞，它们都能安全抵达目的地的概率有多大呢？显然，每架飞机安全的概率是 P_B，所有飞机都安全，应该利用乘法原理，概率是 $(P_B)^N$。相应地，至少有 1 架飞机发生空难的概率就是 $1-(P_B)^N$。

如表 2.3-1，我们分别计算 N=10 000，100 000，1 000 000，10 000 000 时的概率情况。

表 2.3-1

飞机架次N	全部安全的概率$(P_B)^N$	至少有1次空难的概率$1-(P_B)^N$
10 000	99.50%	0.50%
100 000	95.12%	4.88%
1 000 000	60.65%	39.35%
10 000 000	0.67%	99.33%

大家看：如果有 1 万架次飞机起飞，有 99.50% 的可能全部都是安全的；如果有 10 万架次飞机起飞，全部安全的概率就会下降到 95.12%；如果有 100 万架次飞机起飞，只有 60.65% 的可能全部安全；如果有 1 000 万架次飞机起飞，便只有 0.67% 的概率全部安全，相应地，有 99.33% 的概率至少会有一架飞机遭遇空难，如图 2.3-3 所示：

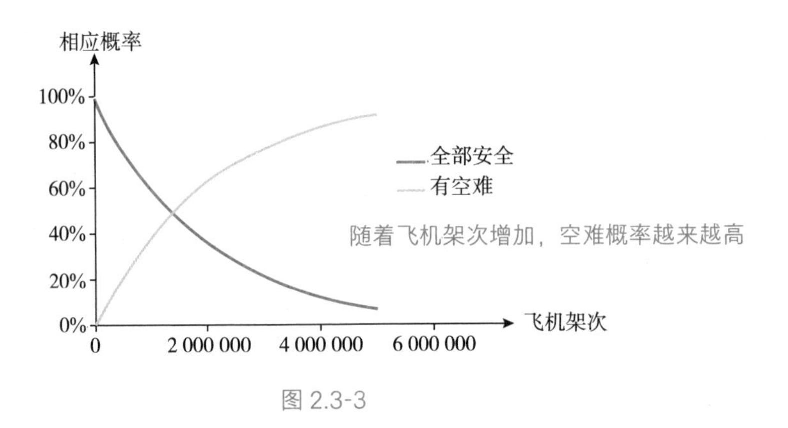

图 2.3-3

实际上呢？2019 年，全球有 3 400 万架次飞机起飞。所以，每年都有空难发生几乎是必然事件。这就是在样本足够多的时候，小概率事件会变成必然事件。

不过，大家也不用恐慌，因为我们的生命是有限的。如果我们 3 天坐一次飞机，连续坐 100 年，也就只能坐 1 万次飞机，依然有 99.5% 的概率不会遇到空难。所以，飞机依然是世界上最安全的交通工具。

同样，理发时被剪到耳朵是一个小概率事件，但是在理发的人足够多时，总会有人被剪到耳朵，只是这个人曾经是他，是我，没准明天就轮到你了。

四、还有其他的解释吗？

我们还可以从另一个角度来阐述墨菲定律：有些事，不好的结果的可能情况远远多于好的结果的可能情况。

例如：我们去超市排队结账，我们的队伍总是走得很慢，旁边总有一个队伍比我们快很多。这是为什么呢？因为有 10 个结账队伍，你能选中最快队伍的可能性只有 $\frac{1}{10}$，有 $\frac{9}{10}$ 的可能性存在比我们快的队伍，但我们却总盯着那个最快的队伍。别人家的娃总是比自己家的优秀，道理也是一样的。

我们再以航天飞机举例。在美国航天历史上出现过许多次航天飞机事故，比如“阿波罗 1 号”在地面上失火，“阿波罗 13 号”在太空中爆炸，还有“挑战者号”“哥伦比亚号”事故等。为什么航天飞机频频出事故呢？这是因为航天飞机里面有很多组件，任何一个组件出问题，航天飞机都要出问题，所以航天飞机出问题的可能性远远超过了正常工作的可能性。列夫·托尔斯泰在他的名著《安娜·卡列尼娜》的开篇说道：幸福的家庭总是相似的，不幸的家庭却各有各的不幸。我想，这和航天飞机出事故的道理是一样的。

我们应该如何看待墨菲定律呢？它告诉我们，在生活中每一个人都有可能会遇到倒霉事。所以，涉及人身安全的问题，绝对不能够掉以轻心。有些人喜欢开车的时候玩手机，可能开 100 次车玩 100 次手机都没事，但如果持续地这样做下去，总有一天墨菲定律会发挥作用，到那时就追悔莫及了。

为什么久赌无赢家？

概率的问题，最早起源于赌博。科学家惠更斯写过一本书《论赌博中的计算》，就是最早关于赌博输赢概率的论述。可是，赌博是一项危害极大的活动。反赌必须年年讲，月月讲。今天我就要从概率的角度讲讲：为什么久赌无赢家。

一、赌场优势

为什么久赌必输？这首先是一个数学问题，因为赌场是游戏规则的制定者，具有赌场优势。

我们来举一个简单例子。赌场里最流行的游戏是百家乐，这是一款扑克牌游戏。在牌桶里有 8 副牌，荷官会给庄家和闲家各发 2 ～ 3 张牌，按照一定的规则比大小。你可以下注庄家大，或者闲家大，也可以下注和局。

具体的发牌规则比较复杂，我们不做讨论，我们只要知道：由于发牌顺序和规则，庄家和闲家获胜的概率是不同的。如表 2.4–1，经过计算，在一次牌局中，庄家获胜的概率是 45.86%，闲家获胜的概率是 44.62%，和局的概率是 9.52%。赔率一般是：押中庄家胜 1 赔 0.95，押中闲家胜 1 赔 1，押中和局 1 赔 8。如果出现和局，下注庄家和闲家的筹码不会输掉，而是会留在原位等待下一局。

表 2.4-1

	概率	赔率
庄家大	45.86%	1 ∶ 0.95
闲家大	44.62%	1 ∶ 1
和局	9.52%	1 ∶ 8

那么，你觉得百家乐是一个公平的游戏吗？

如果下注庄家 1 元，你有 45.86% 的可能性获胜，拿回 1.95 元，也有 44.62% 的可能性空手而回，还有 9.52% 的可能性是平局，你的筹码会继续留在桌面上。所以，一局结束后，你手里的筹码的数学期望是

$$E_{庄}=45.86\%\times1.95+44.62\%\times0+9.52\%\times1=0.989\,4.$$

这表示如果你下注庄家 1 元，平均可以拿回 0.989 4 元，亏掉 1.06%。

同样的方法，可以计算出下注闲家 1 元，平均可以拿回 0.987 6 元，亏掉 1.24%，即

$$E_{闲}=45.86\%\times0+44.62\%\times2+9.52\%\times1=0.987\,6.$$

那么下注平局呢？如果庄家大或者闲家大，你将会损失掉这 1 元。如果和局，你将会拿回 9 元，所以你平均可以拿回 0.8568 元，即

$$E_{和}=45.86\%\times0+44.62\%\times0+9.52\%\times9=0.856\,8.$$

也就是下注和局，平均一局就会亏掉 14.32%，而这一切只需要 30 秒

的时间，这真是败家最快的方法了。

综上所述，我们可以整理出表 2.4–2，总结起来，百家乐这款游戏，你下注庄家，平均一局会亏掉 1.06%；下注闲家，平均一局会亏掉 1.24%；下注和局，一局会亏掉 14.32%，相当于股市里的一个半跌停。无论你如何下注，从概率上讲赌场都会赚你的钱，这就是赌场优势。

表 2.4-2

	概率	赔率	数学期望	赌场优势
庄家大	45.86%	1：0.95	0.989 4	1.06%
闲家大	44.62%	1：1	0.987 6	1.24%
和局	9.52%	1：8	0.856 8	14.32%

在赌场里的所有玩法，赌场都有优势，只是优势大小不同，玩家平均一次下注，少则亏一两个点，多则亏三五十个点。这个结果是可以预料到的，因为赌场不是慈善机构，它为你提供这么好的服务，你显然是要付出代价的。

数学可以告诉你，钱是怎么输的，但是要帮助你从赌场里赢钱几乎是不可能的。在电影《雨人》中，主角的哥哥患有自闭症，却具有超强的记忆力，靠着记下八副牌的顺序，赢了一大笔钱。现实生活中这是不可能的，因为荷官洗牌时并不会给你时间记牌，而当剩余牌量少于一定数目时，又会重新开始洗牌。想着凭借数学或者记忆力在赌场里赚钱，是异想天开。

二、赌徒谬误

尽管从概率上讲，赌场一定赚钱，赌徒一定赔钱。但是，总有一些赌徒不服，发明了各种各样的方法，想证明自己是可以赚钱的。我在这里举几个典型例子。

我们在电影里经常看到，荷官摇动一个装有三个骰子的盅，然后让玩家猜大小。这种游戏叫作“骰宝”，是在中国古代盛行的赌博游戏。打开盅后，三个骰子点数和小于等于 10 就算“小”，押中小 1 赔 1；三个骰子点数和大于等于 11 就算“大”，押中大 1 赔 1。

但是，如果三个骰子点数一样，叫作“围骰”，庄家通吃，也就是无论你押大押小全都算输。按照我们刚才的方法，可以计算出玩家押大、押小获胜的概率都是 48.61%，赌场优势为 2.78%。

有人说：除去概率较小的围骰，开出“大”和“小”的概率是相等的。如果第一次开“大”，那第二次开“小”的概率就会增大；如果前两次开“大”，第三次开“小”的概率就更高了。因此，只要等待和观察，发现连续开出几次“大”，就下注“小”；或者连续开出几次“小”，就下注“大”，此时就能赢钱了。

其实，这是一种非常普遍的错误想法，人们甚至还给它起了名字：赌徒谬误。原因是：投骰子是一种独立的随机事件，第一次投掷的结果与第二次没有任何关联，因此如果不算“围骰”，第一次开出“大”，第二次开出“大”和“小”的概率依然各是 50%；前两次开出“大”，第三次开出“大”和“小”的概率也各是 50%。现实的赌局中连续开出十几次大的情况也经常出现，这样的“长龙”往往会让一些人输得倾家荡产。

那么，这和概率理论——“大”和“小”概率相同，不矛盾吗？

概率论告诉我们：开出“大”和“小”的次数接近于相等。但是，这有一个重要的前提：大数。也就是说：只有在投骰子次数足够多时，这个规律才是成立的。不算围骰，如果连续投出 100 万次骰子，那么会有接近 50 万次开“大”，50 万次开“小”。而且，即便游戏进行了 100 万次，第 1 000 001 次投掷骰子时，大和小的概率也还是 50%。

赌徒谬误经常被人用在生活当中，得出了一些错误的结论。例如：有些人买彩票喜欢买“史上未出号码”，因为他们认为所有号码出现的概率都相同，如果某些数字组合从没有出现过，那么下次开出的概率就会增大。实际上，一个史上未出的彩票号码组合和“1，2，3，4，5，6”这样的连号组合，中奖概率是相同的。

三、输了就加倍

赌徒谬误有一个更加危险的变形：输了就加倍。然而，很多赌徒却把它当成必胜法。

采用这种策略的赌徒，首先会选一种类似“百家乐”“骰宝”这样能猜大小的游戏，然后下注 1 元，如果赢了，游戏结束；如果第一局输了，就在第二局下注 2 元；假如第二局赢了，游戏结束；假如第二局又输了，那么在第三局下注 4 元……依此类推，如果赢了就结束游戏，如果输了就翻倍下注，直到赢一局为止（图 2.4–1）。

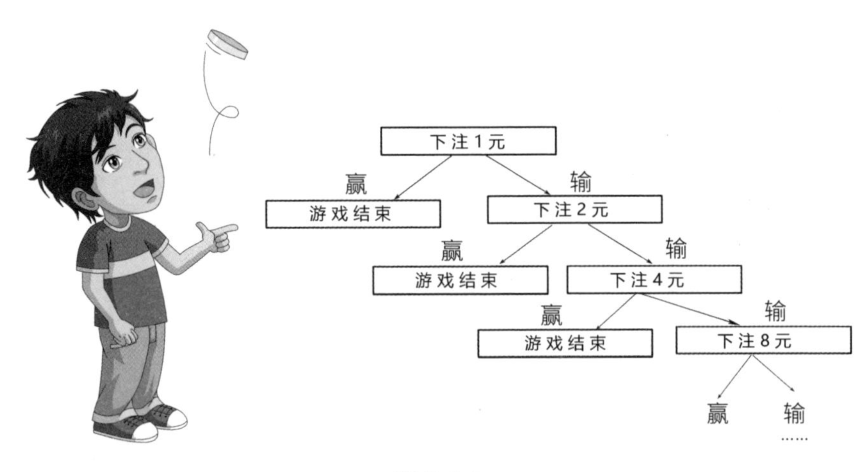

图 2.4-1

这样做为什么必胜？我们来看：

如果第一次赢了，就赢了 1 元；

如果第一次输了，而第二次赢了，那么输了 1 元赢了 2 元，净赢 1 元；

如果前两次都输了而第三次赢了，那么输了 1+2=3 元，而赢了 4 元，净赚 1 元；

…………

如此，只要他坚持到赢的那一局，就一定会赚到 1 元。

实际上，如果你采用这样的方法玩游戏，那么最后的结局一定是输光所有的钱。

五五开的游戏，连续输十几次其实并不罕见，如果连续输了 9 次，那么输的钱总数就是 1+2+4+8+16+32+64+128+256+512=1 023 元，下一局要下注 1 024 元才有可能翻本。假如第一局下注了 1 万元，那么第十局需要下注 1 024 万元才有可能翻本，很多人并没有那么多钱。即便赌徒有钱，赌场也有下注的上限。

而且，即便最终这个赌徒用 1 024 万元成功翻本，他也只赚到了 1 万元。冒如此巨大的风险，赚如此少的利润，实在是得不偿失。我们还可以从概率论上仔细分析这种策略。假如一个赌徒每天去一次赌场，输了就加倍下注，赢到 1 块钱就走，而他自己的钱是 1 023 元，刚好够下注 10 次，那么他每天输光的概率就等于连续输 10 局的概率，即 $\left(\frac{1}{2}\right)^{10}=\frac{1}{1024}$。这个概率看上去很小。但是，如果他想用这种方式赚 1 000 元，就得保持 1 000 天不输，这个概率只有 $\left(1-\frac{1}{1024}\right)^{1000}\approx 37.6\%$。他只有三成多把握保持全胜，而一旦输掉一次，他就再也没有钱翻本了。人们给这种赌博策略起了个名字，叫“补天计划”。现实中用这种策略赌博的人基本都已经倾家荡产了。

四、赌徒输光原理

也许有人想：难道就没有一个公平的赌博游戏吗？有一个良心老板，他完全不抽水，只为大家提供良好的服务。其实，即便是一个看似公平的赌博游戏，只要长期赌博下去，赌徒也一定会倾家荡产。这叫作赌徒输光原理。

我们来看一个例子：假如有一个公平的赌博游戏，在每一局里，赌徒都有 50% 的可能赢 1 元，也有 50% 的可能输 1 元。赌徒原来有 A 元，他会在两种情况下退出：要么输光所有的钱，要么赢到 B 元。请问，他最终输光本金而离开的概率有多大？

如图 2.4-2，我们可以用图像来描述这个问题，它等于：有一个数轴，上面有 0，1，2，3，…，B，一共（B+1）个位置。赌徒位于 A 位置，他每一次会随机向左或者向右移动一格。如果移动到左侧的 0 位置或者右侧的 B 位置，就结束游戏。那么请问赌徒最终移动到 0 位置结束游戏的概率有多大?

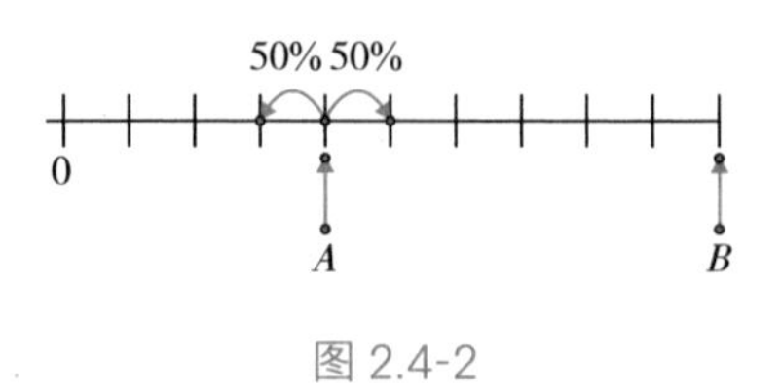

图 2.4-2

求解这个问题并不难，如图 2.4–3，设赌徒有 n 元时，输光离场的概率是 $P(n)$。

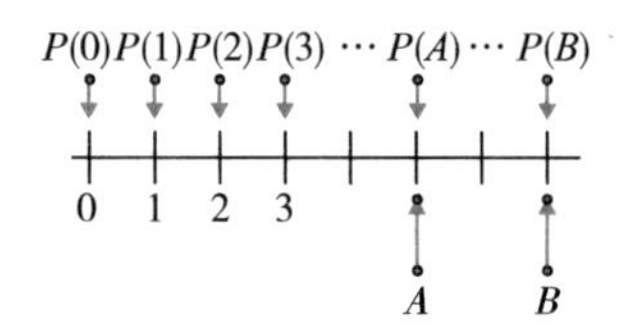

图 2.4-3

根据游戏规则，如果 $n=0$，赌徒输光离场，所以

$$P(0)=100\%.$$

如果赌徒有了 B 元，那么他会心满意足地离场，就不会再输了，因此

$$P(B)=0.$$

每一次游戏时，赌徒都会随机赢或者输 1 元钱，即赌徒的钱 n 有 50% 的可能变为 $(n+1)$ 元，也有 50% 的可能变为 $(n-1)$ 元，所以

$$P(n)=50\%\times P(n+1)+50\%\times P(n-1).$$

把这个式子两边同时乘 2，再进行一个移项，很容易得到

$$P(n+1)-P(n)=P(n)-P(n-1).$$

你会发现：$P(n)$ 这个数列相邻两项的差不变，这是一个等差数列！

这个等差数列的首项 $P(0)=100\%$， 最后一项 $P(B)=0$，它是一个逐渐减小的等差数列，每一项都比它的前一项少 $\frac{1}{B}$。

我们可以画一个输光概率 $P(n)$ 与现在资金量 n 的关系图（图 2.4–4）：

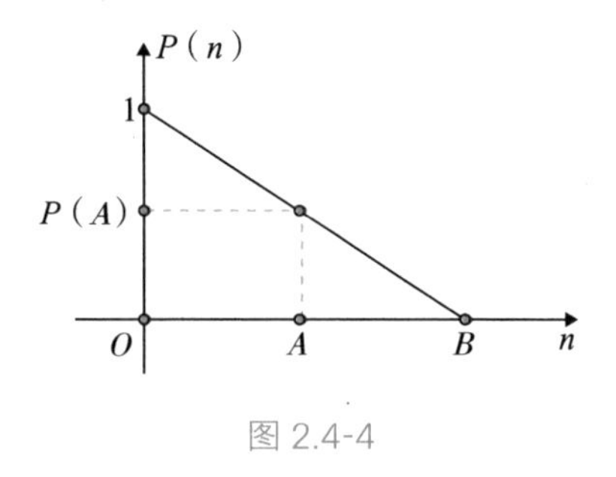

图 2.4-4

利用比例关系，我们很容易计算当赌徒的资金 $n=A$ 时，他输光的概率是

$$P(A)=1-\frac{A}{B}.$$

其中 $P(A)$ 表示原有资金为 A，且达到目标 B 就退出时输光的概率。

也就是：在赌博中，输光的概率等于 1 减去你现在有的钱 A 除以你想退出时赢到的钱 B。

我们可以对这个结果进行一些讨论：

假如你有 100 元，如果你希望赢到 120 元就退出，于是 $A=100$，$B=120$，此时 $P=1-\frac{100}{120}=\frac{1}{6}$，这表示你有 $\frac{1}{6}$ 的概率会输光；

如果你希望赢到 200 元再退出，那么 $A=100$，$B=200$，于是 $P=1-\frac{100}{200}=\frac{1}{2}$，这表示你有 $\frac{1}{2}$ 的概率会输光；

如果你希望赢到 1 000 元再退出，那么 $A=100$，$B=1\,000$，于是 $P=1-\frac{100}{1000}=\frac{9}{10}$，这表示你有 $\frac{9}{10}$ 的概率会输光。

我们将输光概率与目标钱数的关系绘制成图 2.4–5，你会发现：你的目标越高，输光的概率也越大。

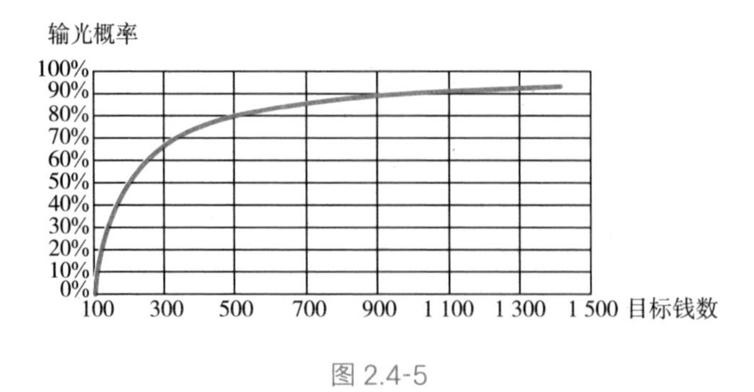

图 2.4-5

如果你一直赌下去呢？也就是无论赢了多少钱都不退出，此时 B 变为无穷大，于是输光的概率为

$$P=1-\frac{100}{\infty}=100\%.$$

这表示你一定会输光所有的钱，久赌无赢家！

在赌徒和赌场老板对赌的过程中，即便是一个公平游戏，由于赌场的资金量远远大于赌徒，赌徒几乎没有可能把赌场赢到破产，赌徒最终一定是输光离场。

俄罗斯伟大的诗人普希金写过一部童话《渔夫和金鱼》：渔夫救了一条神奇的金鱼，金鱼满足了渔夫的很多愿望。但是，渔夫的老婆总是不满足，最终，金鱼拿走了他给予渔夫的一切，这对夫妇又回到了最开始生活的破屋子里。

这个故事告诉我们：贪婪的人，最终将会一无所有。

葫芦娃救爷爷，为啥一个一个上？

你小时候看过动画片《葫芦娃》吗？你有没有这样的疑惑，为什么葫芦娃救爷爷，非要一个一个上，被妖精挨个抓住呢？难道不能人齐了一起上吗？

经过一段时间的思考，我想我可以从数学角度为大家解除这个疑惑了。首先，我们把葫芦娃救爷爷的过程模型化。问题是这样的：

一根藤上七朵花，每天白天都会诞生一个葫芦娃。如果一个葫芦娃出去救爷爷，成功率是$\frac{1}{7}$，两个葫芦娃一起去救，成功率$\frac{2}{7}$，依此类推……但是如果解救失败，出发的葫芦娃就会被妖精抓住。

每天晚上，妖精会用一把六发的左轮手枪请爷爷玩俄罗斯轮盘，也就是手枪里面有一发子弹，让爷爷朝自己脑袋开一枪。如果打不死，第二天就继续。也就是爷爷运气再好，也只能活到第六天晚上。

请问：葫芦娃应该采用什么策略去救爷爷，才能有最大的成功率呢？

一、只救一次

首先，我们先把问题简化一下。如果葫芦娃只能救爷爷一次，那么第几天去，成功的概率最大呢？

我们知道，解救爷爷需要两个条件：爷爷存活，解救成功。所以爷爷被救出的概率等于爷爷存活的概率与解救成功的概率的乘积。

假如第一天，大娃独自一人去救爷爷，因为还没到晚上，爷爷存活的率是 100%（我们写成$\frac{6}{6}$），大娃救爷爷的成功率是$\frac{1}{7}$，所以爷爷被救出的概率等于

$$\frac{6}{6}\times\frac{1}{7}=\frac{6}{42}.$$

假如第一天，大娃没有去救爷爷，而是等到第二天和二娃一起去。那么此时爷爷存活的概率是$\frac{5}{6}$，他们救爷爷的成功率是$\frac{2}{7}$，所以爷爷被救出的概率等于

$$\frac{5}{6}\times\frac{2}{7}=\frac{10}{42}.$$

按照这样的算法，我们把每一天救爷爷的成功率列成表 2.5–1：

表 2.5-1

	爷爷存活概率	救爷爷成功率	爷爷被救出概率
第一天	$\frac{6}{6}$	$\frac{1}{7}$	$\frac{6}{42}$
第二天	$\frac{5}{6}$	$\frac{2}{7}$	$\frac{10}{42}$
第三天	$\frac{4}{6}$	$\frac{3}{7}$	$\frac{12}{42}$
第四天	$\frac{3}{6}$	$\frac{4}{7}$	$\frac{12}{42}$
第五天	$\frac{2}{6}$	$\frac{5}{7}$	$\frac{10}{42}$
第六天	$\frac{1}{6}$	$\frac{6}{7}$	$\frac{6}{42}$

看起来，如果只有一次救爷爷的机会，应该第三天或者第四天去救爷爷，这样成功率最高，但是也不到 30%。

二、可救多次

然而，只能救一次是不符合实际情况的。因为如果第一天解救爷爷的葫芦娃失败了，第二天的葫芦娃还可以接着救爷爷。在可以解救多次的情况下，成功的最优策略又是什么呢？

首先，我们要知道在这样的设定下，葫芦娃一共有多少种解救爷爷的策略。一个最简单的策略就是：每个葫芦娃刚刚生出来就去救爷爷，也就是前六天每天都有一个葫芦娃去挑战妖精，我们把这种策略写成

$$1\quad 1\quad 1\quad 1\quad 1\quad 1$$

当然，也可能前四天每天都有一个葫芦娃去挑战妖精，第五天的葫芦娃没有去，而是等到第六天，和第六天的葫芦娃一起去挑战妖精，我们把这个策略写作

$$1\quad 1\quad 1\quad 1\quad 0\quad 2$$

按照这样的方法，我们可以把每一种策略都列在表格中，一共有 132 种可能，如表 2.5–2 所示。其中最后一种策略就是前五天都没有葫芦娃去救爷爷，最后一天 6 个葫芦娃一起上。

表 2.5-2

	第一天	第二天	第三天	第四天	第五天	第六天
策略1	1	1	1	1	1	1
策略2	1	1	1	1	0	2
策略3	1	1	1	0	2	1
…	…	…	…	…	…	…
策略132	0	0	0	0	0	6

我们就是想知道，在这 132 种策略中，到底哪种策略成功解救爷爷的概率是最大的呢？

我们来考察策略1，爷爷最终被救出来的概率等于每一天的葫芦娃把爷爷救出来的概率之和：

第一天，爷爷存活（概率 $\frac{6}{6}$ ）且解救成功（概率 $\frac{1}{7}$ ）的概率为 $\frac{6}{6}\times\frac{1}{7}=\frac{1}{7}$ ；

第二天，爷爷存活（概率 $\frac{5}{6}$ ），第一个葫芦娃没有成功解救（概率 $\frac{6}{7}$ ）

且第二个葫芦娃解救成功（概率$\frac{1}{7}$）的概率为$\frac{5}{6}\times\frac{6}{7}\times\frac{1}{7}=\frac{5}{49}$；

第三天，爷爷存活（概率$\frac{4}{6}$），前两个葫芦娃没有成功解救〔概率$\left(\frac{6}{7}\right)^2$〕且第三个葫芦娃解救成功（概率$\frac{1}{7}$）的概率为$\frac{4}{6}\times\left(\frac{6}{7}\right)^2\times\frac{1}{7}=\frac{24}{343}$；

第四天，爷爷存活（概率$\frac{3}{6}$），前三个葫芦娃没有成功解救〔概率$\left(\frac{6}{7}\right)^3$〕且第四个葫芦娃解救成功（概率$\frac{1}{7}$）的概率为$\frac{3}{6}\times\left(\frac{6}{7}\right)^3\times\frac{1}{7}=\frac{108}{2\,401}$；

第五天，爷爷存活（概率$\frac{2}{6}$），前四个葫芦娃没有成功解救〔概率$\left(\frac{6}{7}\right)^4$〕且第五个葫芦娃解救成功（概率$\frac{1}{7}$）的概率为$\frac{2}{6}\times\left(\frac{6}{7}\right)^4\times\frac{1}{7}=\frac{432}{16\,807}$；

第六天，爷爷存活（概率$\frac{1}{6}$），前五个葫芦娃没有成功解救〔概率$\left(\frac{6}{7}\right)^5$〕且第六个葫芦娃解救成功（概率$\frac{1}{7}$）的概率为$\frac{1}{6}\times\left(\frac{6}{7}\right)^5\times\frac{1}{7}=\frac{1\,296}{117\,649}$。

这样，我们把每一天救爷爷的成功率相加，就是策略 1 救爷爷的总成功率为

$$\frac{1}{7}+\frac{5}{49}+\frac{24}{343}+\frac{108}{2\,401}+\frac{432}{16\,807}+\frac{1\,296}{117\,649}\approx 39.66\%.$$

我们可以按照这样的方法，把所有 132 种策略对应的救出爷爷的概率都算出来，如表 2.5–3 所示：

表 2.5-3

策略	第一天	第二天	第三天	第四天	第五天	第六天	概率
1	1	1	1	1	1	1	39.66%
2	1	1	1	1	0	2	38.56%
3	1	1	1	0	2	1	38.56%
4	1	1	1	0	1	2	37.06%
5	1	1	1	0	0	3	35.99%

续表

策略	第一天	第二天	第三天	第四天	第五天	第六天	概率
6	1	1	0	2	1	1	38.56%
7	1	1	0	2	0	2	37.48%
8	1	1	0	1	2	1	36.81%
9	1	1	0	1	1	2	35.31%
10	1	1	0	1	0	3	34.24%
11	1	1	0	0	3	1	35.99%
…	…	…	…	…	…	…	…
132	0	0	0	0	0	6	14.29%

由于篇幅限制，我们不能完整地展现表格，但是我们可以画出每种策略对应概率的曲线图（图 2.5–1）：

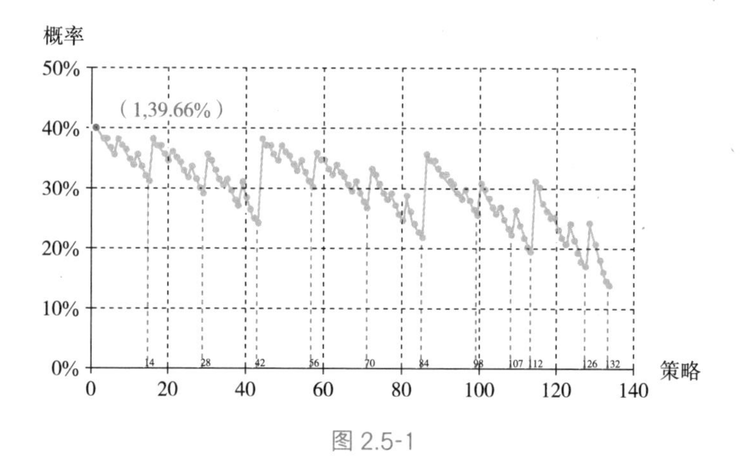

图 2.5-1

我们可以发现：解救爷爷概率最高的策略就是 1 号策略，也就是每个葫芦娃一出生就立刻去救爷爷的策略，成功概率约为 39.66%。相反，攒葫芦娃的方式往往成功率比较低，例如 14 号策略是（1，1，0，0，0，4），攒了 3 天的葫芦娃；42 号策略是（1，0，0，0，0，5）攒了 4 天的葫芦娃，成功的概率都比较低。而成功概率最低的正是 132 号策略，也就是连续攒 5 天的葫芦娃，到第六天一起上，这样做，救出爷爷的概率只有约 14.29%。

所以，现在你明白为什么葫芦娃救爷爷要一个一个上了吗？因为这样才能保证爷爷有最大的概率被救出。相反，如果葫芦娃攒齐了再上，爷爷早就被妖精杀死了。怎么样，童年时期最大的疑惑，是不是被数学解开了？

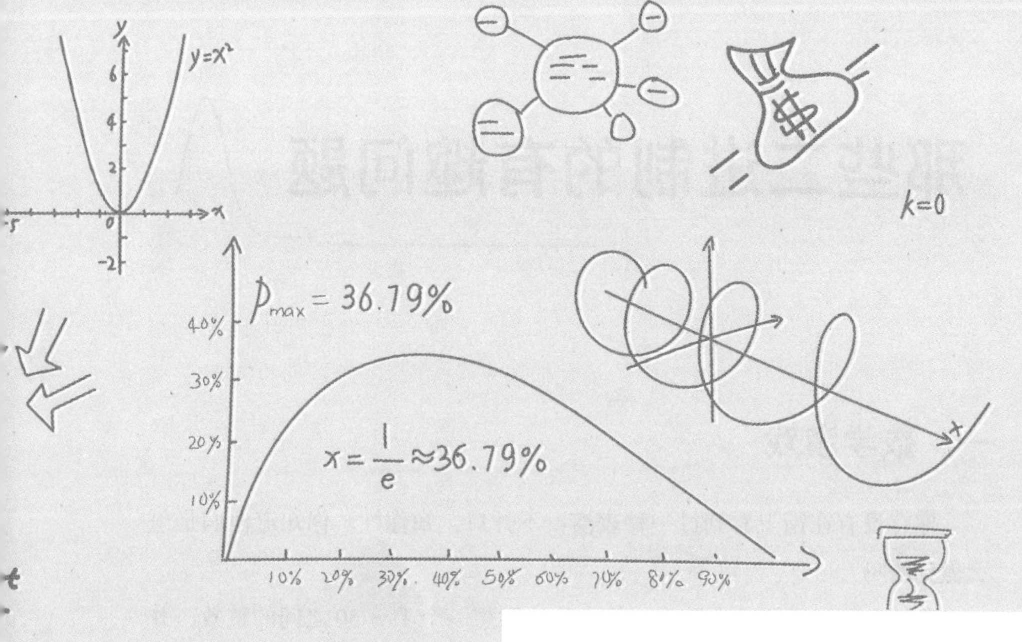

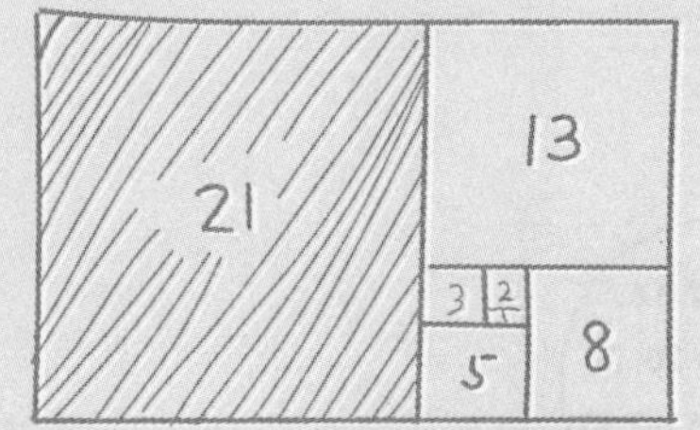

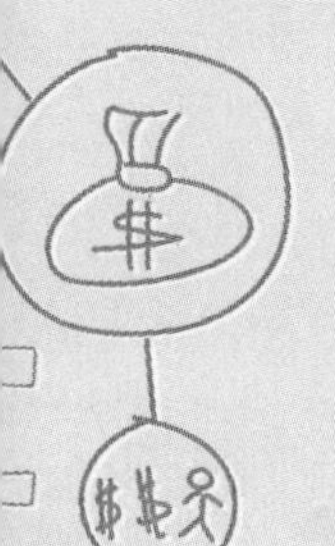

第三章

函数问题

· 那些二进制的有趣问题

· 100^{99} 和 99^{100} 谁更大？

· 如何证明 3=0？

· x 的 x 次方，图像长啥样？

· 举例子能证明数学题吗？

· 冰雹猜想

· 一个西瓜切 4 刀，最多有几块？

那些二进制的有趣问题

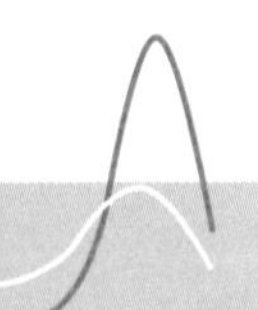

一、数学游戏

你有没有在街上看到过一种表演：不开口，知你姓。你知道他们是怎么做到的吗？

我们也可以模拟这个游戏。你在心中默想一个 1 ～ 30 之间的整数，并且告诉我你想的整数在图 3.1–1 中的哪些圈里，我就能在 3 秒钟之内告诉你，你想的数是哪个。

注意，如果我使用取交集的方法来判断，3 秒内很难给出答案，所以，这个游戏的秘诀在于一种快速的算法，你想知道是什么吗？其实很简单，学会了之后，你很快就能跟同学炫耀啦！

图 3.1–1 的 5 个圈中有一些特殊的数，分别是 1，2，4，8，16，当你告诉我你心里想的数在哪些圈里时，我只要把你指定的圈中的特殊的数相加，就得到结果了。

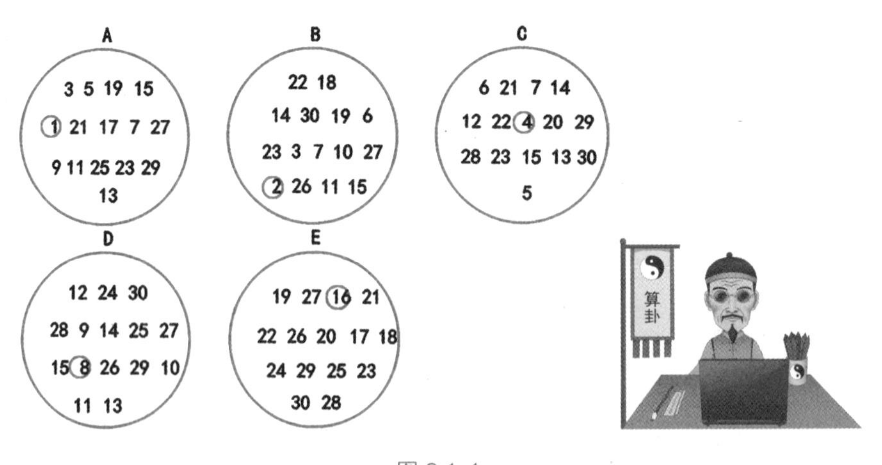

图 3.1-1

比如，你告诉我你想的数在 A，B，D，E 这 4 个圆圈中，A 圈中有数 1，B 圈中有数 2，D 圈中有数 8，E 圈中有数 16，那我就计算 1+2+8+16，结果是 27。你学会了吗？

二、二进制

可是这是为什么呢？

通常，我们使用的计数法是十进制的，也就是满十进一。一个十进制数从右到左分别是个位，十位，百位……数位上的数字表示的就是 10^0，10^1，10^2……的个数，比如十进制数 352，它表示 2 个 10^0、5 个 10^1 和 3 个 10^2 相加，即

$$352 = 3\times10^2 + 5\times10^1 + 2\times10^0.$$

也许，人们最初选用十进制，是因为有 10 根手指。可是，随着数学的发展，人们也开始采用其他的进位制，比如：在有些特定的问题中，使用二进制会比十进制更加方便。

二进制就是满 2 进 1，这种数每一位上的数字都只有 0 和 1 两种。在二进制下，一个多位数从右到左依次表示 2^0，2^1，2^2……比如二进制数 11 101，它表示 2^4，2^3，2^2，2^0 相加，等于十进制数 29，如图 3.1–2 所示：

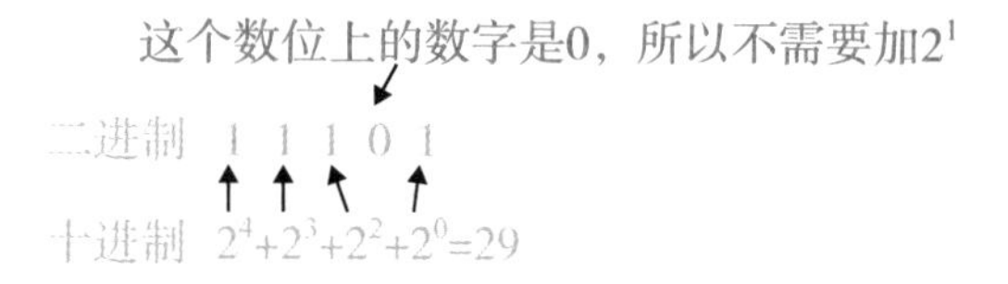

图 3.1-2

如果我们用 10 根手指表示数字，每根手指只有伸出来和缩回去两个状态，最多能表示多少个数呢？也许有些小朋友会说：能表示 0 ～ 10 一共 11 个数！这其实是不对的，最多能表示 0 ～ 1 023 共 1 024 个数！

方法是这样的，让手指伸出来和缩回去分别表示二进制的 1 和 0，每

图 3.1-3

一根手指表示二进制的一个数位，那么一共就可以表示出一个十位二进制数。如果 10 根手指都缩回去，就表示每个数位上都是 0，这个数字就是 0；如果 10 根手指都伸出来，就表示每个数位上都是 1，它的大小是十进制数 1 023，即

$$1\ 111\ 111\ 111_{(2)}=\left(2^9+2^8+\cdots+2^1+2^0\right)_{(10)}=1\ 023_{(10)}.$$

如果按照这种方法，歌神张学友做出图 3.1-3 这个手势，意思应该是 $2^4+2^3+2^0=25$。

三、游戏揭秘

现在我们终于可以弄清楚数字游戏的原理了！

如表 3.1-1，我们把 1 ～ 30 这 30 个十进制数都转化成二进制数，同时为了整齐，将二进制数补齐成 5 位。

表 3.1-1

十进制	二进制	十进制	二进制	十进制	二进制
1	00 001	11	01 011	21	10 101
2	00 010	12	01 100	22	10 110
3	00 011	13	01 101	23	10 111
4	00 100	14	01 110	24	11 000
5	00 101	15	01 111	25	11 001
6	00 110	16	10 000	26	11 010
7	00 111	17	10 001	27	11 011
8	01 000	18	10 010	28	11 100
9	01 001	19	10 011	29	11 101
10	01 010	20	10 100	30	11 110

首先，我们把那些在二进制下最右数位上的数字是 1 的数选出来，写

到图 3.1–4 的 A 圈中。比如十进制数 1，3，5，7，9，……写成二进制时最右侧数字是 1，我们就把它们都写在 A 圈中，这表示它在二进制下含有 2^0，即 1。

接着，我们再把那些二进制下右数第二位是 1 的数选出来，写到 B 圈中。比如十进制数 2，3，6，7，10，……写成二进制数时右数第二位上的数字是 1，我们就把它们都写在 B 圈中，这表示它在二进制下含有 2^1，即 2。

继续按照这种方法，我们把二进制下右起第三位上的数字是 1 的数写到 C 圈中，把第四位上的数字是 1 的数写到 D 圈中，把最左位上的数字是 1 的数写到 E 圈中。当我们把五个圆圈都写好数后，你再告诉我你心里想的数在哪些圈里，实际就是告诉了我：这个数转化成二进制数时，哪些数位上是 1。

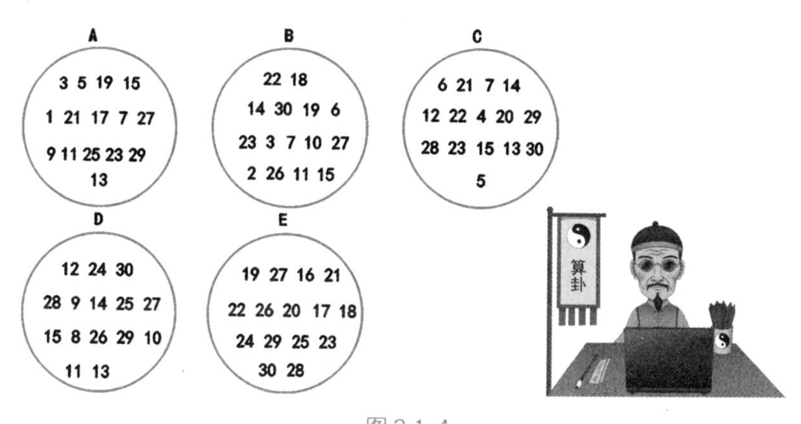

图 3.1-4

比如你告诉我 B 圈和 C 圈中有你想的数，就表示你心里想的数转化成二进制数后，右数第二、第三位是 1，而其他位数上都是 0，所以这个数在二进制下写作 110，它代表的十进制数就是

$$110_{(2)}=\left(2^2+2^1\right)_{(10)}=\left(4+2\right)_{(10)}=6_{(10)}.$$

圆圈中的特殊数 1，2，4，8，16，其实都是 2 的幂次，表示二进制数上的每一位。把对应的数加起来，自然就得到结果了。

四、老鼠试毒药问题

还有一个可以用二进制解决的有趣问题。

有 100 瓶水，其中有一瓶水中有毒药。如果老鼠喝了有毒药的水，一周后就会死亡。现在问：至少用多少只老鼠，才能在一周后知道哪瓶水里有毒？

显然，如果有 100 只老鼠，让每只老鼠喝一瓶水，一周后就一定知道答案了。不过，实际上我们并不需要那么多老鼠，只需要 7 只就够了。

首先，如表 3.1–2，我们把 1 ～ 100 的数都转化成二进制数，然后观察每一个二进制数，它最多只有 7 位。

表 3.1-2

十进制	二进制	十进制	二进制
1	0 000 001	91	1 011 011
2	0 000 010	92	1 011 100
3	0 000 011	93	1 011 101
4	0 000 100	94	1 011 110
5	0 000 101	95	1 011 111
6	0 000 110	96	1 100 000
7	0 000 111	97	1 100 001
8	0 001 000	98	1 100 010
9	0 001 001	99	1 100 011
……	……	100	1 100 100

然后，把所有最右数位上的数字是 1 的水瓶找出来，例如第 1 瓶、第 3 瓶……第 99 瓶，从这些瓶子中取出一些水，混合到一起喂给第一只老鼠喝掉。如果一周后，这只老鼠死亡，就说明有毒药的水瓶编号在二进制下最右位数字一定是 1；反过来，如果这只老鼠没有死亡，就说明有毒药的

水瓶编号在二进制下最右位数字是 0。

按照同样的方法，我们把编号在二进制下右起第 2，3，4，5，6，7 位上数字是 1 的瓶子中的水混合起来，给第 2，3，4，5，6，7 只老鼠喝掉，看它们在一周后是否死亡，来判断这瓶毒药的编号在二进制下该数位上的数字是否是 1。

最终，根据 7 只老鼠的死亡情况，就能写出毒药编号的二进制数，这样就能知道哪瓶是毒药了。例如第 1，3，5，6 只老鼠死亡了，说明有毒药的瓶子在二进制下的编号从右向左第 1，3，5，6 位上的数字是 1，其余数位上的数字是 0，这个二进制数是 0 110 101，转化为十进制数就是 53。

五、八卦和计算机

二进制的发明者是德国数学家和哲学家莱布尼茨。有种传说：莱布尼茨是在看了中国的《周易》，了解了中国的八卦之后，才发明了二进制。不过这种说法据梁启超考证，并不是事实。真实情况是：莱布尼茨先发明了二进制，然后看到中国的《周易》。他发现：八卦是可以使用二进制解释的。

中国古人认为：世界是由阴阳调和而成的，于是就创造了阴爻和阳爻。阴爻用一个中间断开的线表示，阳爻用一根连着的线表示（图 3.1–5）。所谓太极生两仪，指的就是阴和阳。

▬▬ ▬▬　　　▬▬▬▬▬

阴　　　　　阳

图 3.1-5

如果在一爻上面再加一爻，就组成了四种不同的情况，这就是所谓两仪生四象。在四象之上再加一爻，就组成了八种不同情况，这就叫四象生八卦（图 3.1–6）。

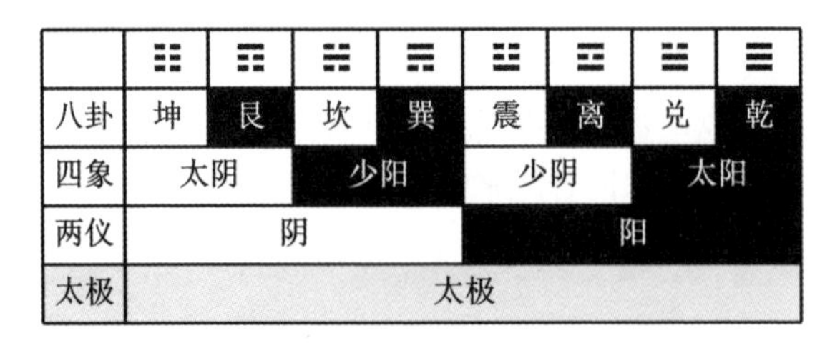

	☷	☶	☵	☴	☳	☲	☱	☰
八卦	坤	艮	坎	巽	震	离	兑	乾
四象	太阴		少阳		少阴		太阳	
两仪	阴				阳			
太极	太极							

图 3.1-6　伏羲八卦次序图

如图 3.1–7，如果我们把阴爻看作 0，阳爻看作 1，那么每一个单卦就刚好可以用一个二进制数来表示，这就是八卦与数的对应关系。

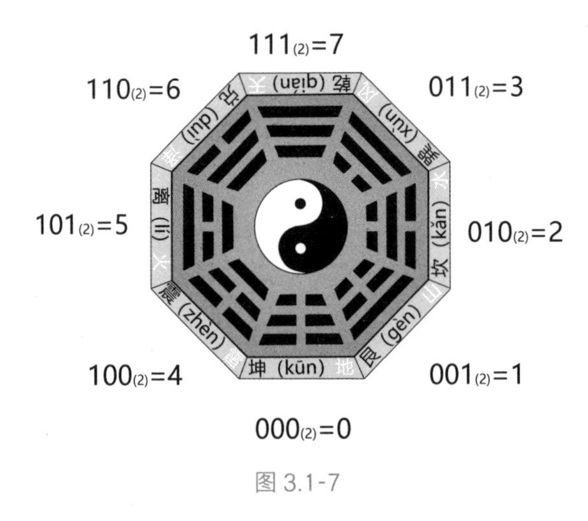

图 3.1-7

从古代的八卦，人们就已经隐约地感觉到二进制的作用了。到了现代，二进制的作用越来越大，尤其是在计算机科学应用中。

在计算机里，需要使用数量庞大的门电路实现逻辑运算，每一个门电路都只有高电压和低电压两种情况，分别对应了数字 1 和 0。所以，计算机都是采用二进制进行工作的。

如图 3.1–8，我们平常看到的代码是这样的：

```python
def egg_drop(T, N):
    # Create a table to store results of subproblems
    # We name dp as M here to accommodate the math representation in the book
    M = [[0 for _ in range(N + 1)] for _ in range(T + 1)]

    # Base cases
    for t in range(1, T + 1):
        M[t][1] = t  # If there's only one egg, we need t drops (worst case)
    for n in range(1, N + 1):
        M[1][n] = 1  # If there's only one floor, we need one drop

    # Fill the rest of the table using the given recurrence relation
    for t in range(2, T + 1):
        for n in range(2, N + 1):
            M[t][n] = float("inf")
            for k in range(1, t + 1):
                # Calculate max[M(k-1, N-1), M(T-k, N)] + 1
                res = 1 + max(M[k - 1][n - 1], M[t - k][n])
                # Take the minimum of these results
                if res < M[t][n]:
                    M[t][n] = res

    return M[T][N]


if __name__ == "__main__":
    # Print results for T in range(1, 31) and N in range(1, 11)
    for T in range(1, 31):
        results = []
        for N in range(1, 11):
            result = egg_drop(T, N)
            results.append(str(result))
        print(" ".join(results))

```

图 3.1-8

但这只是为了让程序员们便于编写和阅读，我们叫它计算机语言，更好的叫法应该是程序员语言。

当计算机执行程序时，机器会首先将这些代码转换成二进制数。所以在计算机中，代码其实是图 3.1-9 上的这个样子。每一段不同的二进制数都代表了某种操作或者运算。

图 3.1-9

怎么样？二进制是不是还挺有用的？

100^{99}和99^{100}谁更大？

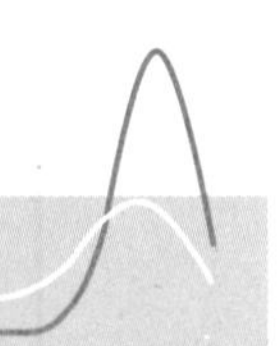

一、尽量拆3

你知道 100^{99} 和 99^{100} 哪个更大吗？

先看看两个数的含义：100^{99} 表示 99 个 100 相乘，99^{100} 表示 100 个 99 相乘。前者单个因数更大，后者因数个数更多。我们好像不好判断到底谁更大。

$$100^{99}=\overbrace{100\times100\times100\times\cdots\times100}^{99\text{个}},$$

$$99^{100}=\overbrace{99\times99\times99\times\cdots\times99}^{100\text{个}}.$$

然而，我们很容易发现：无论是 99 个 100，还是 100 个 99，加起来都是 9 900。

$$\overbrace{100+100+\cdots+100}^{99\text{个}}=\overbrace{99+99+\cdots+99}^{100\text{个}}=9\,900.$$

所以这个问题变成了：如果你把 9 900 拆成几个数的和，然后把它们乘起来，什么时候乘积更大？

小学的时候，我的数学老师教过我这个问题。他说：把一个数拆成几个正整数的和，让它们的乘积最大，应该尽量拆 3，拆不了 3 的，就拆 2 或者 4，这个时候乘积就最大。

比如，你要将 12 拆成几个正整数的和，再把它们乘起来。你可以拆成 12 个 1，或者 6 个 2，或者 4 个 3，或者 3 个 4，或者 2 个 5 和 1 个 2，或者 2 个 6。如表 3.2-1，我们分别算出它们的乘积：

表 3.2-1

拆法	乘积
12=1+1+⋯+1	$1^{12}=1$
12=2+2+2+2+2+2	$2^6=64$
12=3+3+3+3	$3^4=81$
12=4+4+4	$4^3=64$
12=5+5+2	$5\times5\times2=50$
12=6+6	$6^2=36$

你发现没？把 12 拆成 4 个 3，它们的乘积是 81，最大。

现在，你要把 9 900 拆成一大堆正整数的和，让它们的乘积最大，那么应该拆成 3 300 个 3，它们的乘积最大，即

$$9\,900=\overbrace{3+3+\cdots+3}^{3\,300\text{个}},\ 3^{3\,300}\approx3.16\times10^{1\,574}.$$

如果拆成 100 个 99 或者 99 个 100 的话，因为 99 离 3 更近，所以拆成 100 个 99，它们的乘积 99^{100} 更大，也就是

$$\left.\begin{matrix}99^{100}\approx3.66\times10^{199}\\100^{99}=10^{198}\end{matrix}\right\}99^{100}>100^{99}.$$

二、三进制

这个结论有啥用呢？

它可以告诉我们：我们平常用的十进制和计算机的二进制，都没有三进制的“效率高”。

具体来说：大家一定见过小孩玩的算珠计数器吧！如果给你 100 个珠

子，你最多能表示出多少个数呢？[①]

如果计数器采用十进制，那每一根柱子上需要有 10 个珠子，100 个珠子可以穿满 10 根柱子，总共能表示 10^{10} 个数。

如果采用五进制，每一根柱子上需要穿 5 个珠子，一共能穿满 20 根柱子，也就是能表示 5^{20} 个数。

依此类推，我们可以列出表 3.2–2：

表 3.2-2

进制	每一数位	位数（大约）	总数（大约）
10	10个珠子	10位	10^{10}
5	5个珠子	20位	$5^{20}\approx10^{14}$

① 我们要求把 100 个珠子任意穿在若干柱子上，表示数的时候要求每一数位不能为空。注意，这个规则与我们平时使用的算盘有所不同。例如，如果表示每一数位的柱子上有 10 颗珠子，那么这一数位可以有 1～10 颗珠子这 10 种状态，分别对应十进制中的 0～9 这 10 个数字。

续表

进制	每一数位	位数（大约）	总数（大约）
3	3个珠子	33位	$3^{33}\approx 5.6\times 10^{15}$
2	2个珠子	50位	$2^{50}\approx 1.1\times 10^{15}$

你会发现：同样用 100 个珠子，使用三进制——每根柱子上穿 3 个珠子，表示 33 位，效率是最高的，它能表示出最多的数！原因还是那句话：几个数的和一定是拆成 3 时乘积最大！

一般地，在 x 进位制下，100 个珠子能表示出 $\frac{100}{x}$ 位数，大约能表示出 $x^{\frac{100}{x}}$ 这么大的数。如果把进制 x 作为横坐标，把能表示的最大数 $x^{\frac{100}{x}}$ 作为纵坐标，画出一幅图，你会发现，在进位制是 e=2.718 28……时表示的数最多！此时 x 等于自然常数 e！它是一个和圆周率 π 一样神奇的无理数！如图 3.2–1 所示：

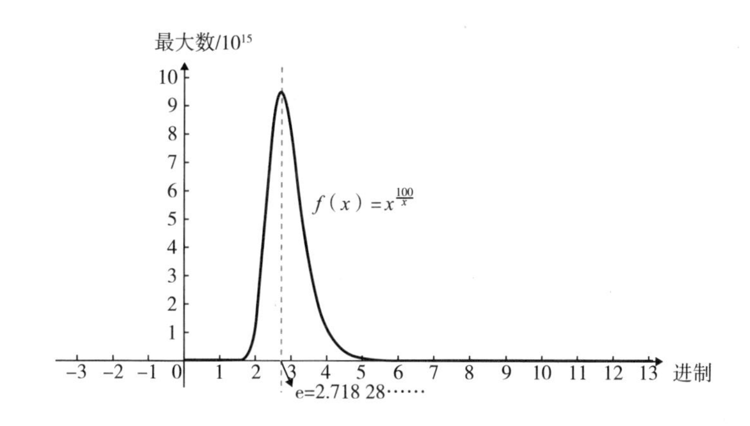

图 3.2-1

看起来，效率最高的应该是 e 进制，可是，进位制应该是整数啊，那就找一个最靠近 e 的数吧——那就是 3！

我们在生活中用十进制，因为方便；计算机普遍采用二进制，因为符合电路特点。但实际上，三进制才是效率最高的。历史上，美国和苏联其实都曾研究过三进制计算机，不过由于种种原因放弃了。说不定什么时候，人们会重启三进制计算机的研究呢！

三、这是为什么？

那么，为什么 3 有这么神奇的性质呢？其实，这是一个函数极值问题。要证明它，我们需要用到对数和导数的知识，如果你正在读高中或者大学，我想这部分知识对你来说是很简单的。

我们要将一个整数 N 拆成几个 x 的和，显然可以拆出 $\frac{N}{x}$ 个数。把它们乘起来，乘积函数 $f(x)$ 可以写作

$$f(x)=x^{\frac{N}{x}}.$$

现在我们要问：当 x 取多少时，这个函数才有最大值呢？我们对这个函数取对数，再求导数

$$\ln\left[f(x)\right]=\frac{N\ln x}{x},$$
$$\frac{d\ln\left[f(x)\right]}{dx}=\frac{N(1-\ln x)}{x^2}.$$

你会发现：当 x=e时，导函数等于 0，$\ln[f(x)]$ 取极大值，容易证明该极大值为最大值。由于对数函数为单调递增函数，当 x=e时，$f(x)$ 也取最大值。所以，把一个数拆成自然常数 e 的和，这些数的乘积才是最大的！同样，在自然界中，e 进制也是效率最高的。

如何证明3=0？

我曾经在网上看到一个帖子，一位网友通过解一元二次方程证明了3=0，于是他宣布自己推翻了现有的数学体系。这可能吗？

一、3=0?

我们首先来说一下这个帖子的证明。帖子的作者构造了一个方程：

$$x^2+x+1=0. \tag{1}$$

这是一个一元二次方程。显而易见，0不是方程的根，于是就可以在这个方程的等号两边同时除以 x，得到新方程

$$x+1+\frac{1}{x}=0. \tag{2}$$

然后再把方程（1）和方程（2）作差，左边减左边，右边减右边，得到方程

$$x^2 - \frac{1}{x} = 0.$$

因为 $x \neq 0$，现在在等号两边同时乘一个 x，就变成了

$$x^3 - 1 = 0.$$

显而易见，方程的根

$$x = 1.$$

好，方程解完了，我们再把这个解代回到原方程，就会得出

$$\left.\begin{array}{l} x^2 + x + 1 = 0 \\ x = 1 \end{array}\right\} 1 + 1 + 1 = 0 \Rightarrow 3 = 0.$$

现有数学体系被推翻了！

二、一元二次方程

3=0？问题出在哪儿？

我们首先来讨论一下初中数学的相关知识——一元二次方程，即

$$ax^2 + bx + c = 0，a \neq 0.$$

根据求根公式，这个方程有两个根，即

$$x_{1,2} = \frac{-b \pm \sqrt{b^2 - 4ac}}{2a}.$$

根号里边的部分叫作判别式，即

$$\Delta = b^2 - 4ac.$$

在公式里，判别式要开平方。初中的时候我们就知道，只有非负数才

有平方根，所以我们有这样的结论：判别式大于等于 0 时，一元二次方程有两个实数根；而判别式小于 0 时，一元二次方程没有实数根。

明白了这个道理之后，我们再回过头来看最开始的方程

$$x^2+x+1=0. \tag{1}$$

这个方程的系数 a，b，c 都是 1，按照一元二次方程的解法，它的判别式为

$$\Delta=b^2-4ac=1^2-4\times1\times1=-3<0$$

它是小于0的，说明这个方程没有实数根。既然连实数根都没有，解出 $x=1$ 的结果肯定是不对的。

三、复数根

1799 年，22 岁的“数学王子”高斯提交了自己的博士论文《单变量有理整代数函数皆可分解为一次或二次式的定理的新证明》，用人话说就是：n 次多项式方程就一定有 n 个根，这个结论被称为“代数基本定理”。

高斯

等会儿，刚才我们还说判别式小于 0 的时候一元二次方程没有实数根，

现在又说 n 次方程一定有 n 个根，这不矛盾吗？

我们先回忆这样一个情景。小学一年级的时候，如果老师问我们：1 减去 2 等于几。我们一定会回答算不了，因为我们对数的认识只停留在自然数上。不过，如果引入了负数，就能得出

$$1-2=-1\text{(负整数)}.$$

这就是数的范围的拓展——从自然数 **N** 拓展到了整数 **Z**。

如果小学二年级的时候，老师问我们：10 除以 3 等于几。可能我们又会回答算不了，因为 10 除以 3 的结果不是整数。不过，如果引入了分数，10 除以 3 就能算了。

$$10\div 3=\frac{10}{3}\text{（分数）}.$$

整数和分数统称有理数，从整数 **Z** 到有理数 **Q**，又是一次数的范围的拓展。

我们继续思考。如果小学三年级的时候，老师问我们 3 的平方根是多少。我们还是会回答算不了，因为 3 的平方根既不是整数也不是分数。但是，如果引入了无理数，3 的平方根就又有了，即

$$\sqrt{3}=1.732\cdots\cdots$$

有理数和无理数统称实数，从有理数 **Q** 到实数 **R**，又是一次数域拓展。

继续，如果上了初中，老师问我们：–1 的平方根是多少？我们一样会回答：不存在。因为任何实数的平方都不可能是负的。实际上，如果引入了虚数，–1 的平方根就又存在了，即

$$\sqrt{-1}=\mathrm{i}.$$

其中 i 是虚数的单位。实数和虚数，统称为复数。从实数 **R** 到复数 **C**，又是一次数域拓展……

上述推导过程，我们可以用图 3.3–1 来表示：

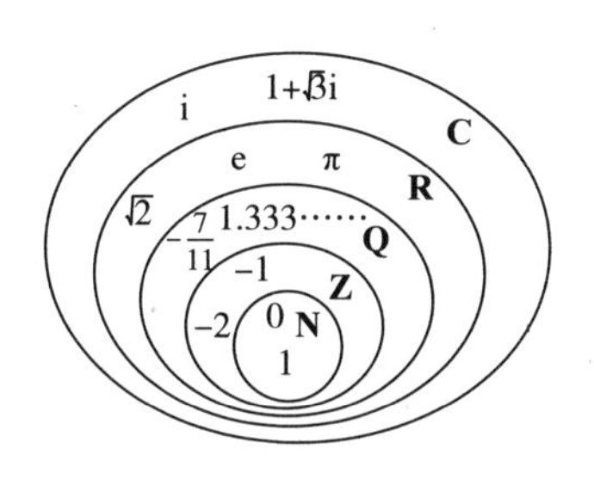

图 3.3-1

对于方程 $x^2+x+1=0$，由于判别式小于 0，它没有实数根，但是依然有复数域内的根，按照求根公式，即

$$x_{1,2}=\frac{-1\pm\sqrt{-3}}{2}=\frac{-1\pm\sqrt{3}\mathrm{i}}{2}.$$

在初中的时候我们学过：任何一个实数，都可以表示成实数轴上的一个点。其实，复数也可以对应复平面上的一个点：过实轴上的原点作一条数轴，这条数轴叫作虚轴。实轴和虚轴拓展成的二维平面就叫复平面（图 3.3–2）。

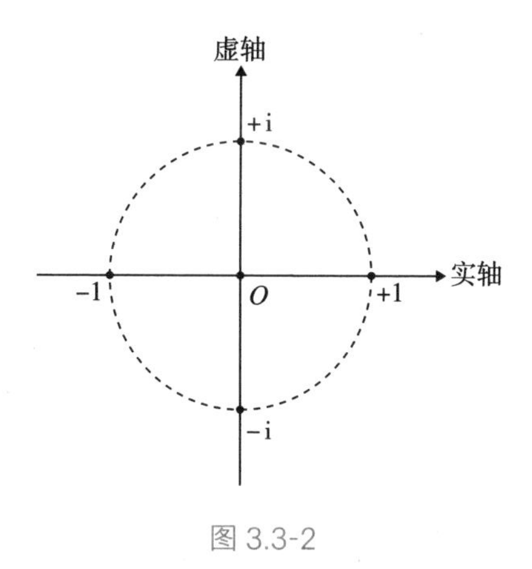

图 3.3-2

任何一个复数都可以表示成复平面上的一个点，它的横坐标叫作实部，纵坐标叫作虚部。比如方程 $x^2+x+1=0$ 的两个根，在复平面内就表示成图 3.3–3：

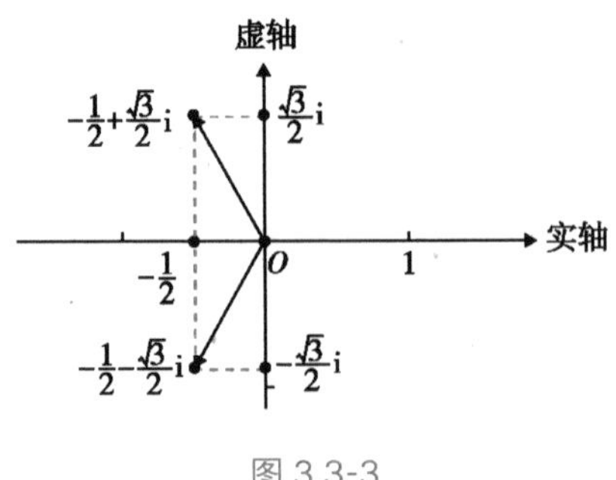

图 3.3-3

大家看，这个一元二次方程的两个根没有落到实轴上，所以它没有实数根，只有两个复数根，而且这两个根都不是 1。

四、方程的增根

那么，$x=1$ 又是怎么出来的呢？

在八年级，我们学习了分式方程，老师会讲到增根的概念。比如一个方程

$$f(x)=0,$$

它有两个根

$$x=x_1,\ x=x_2.$$

现在，在方程两边同时乘$(x-a)$，得到

$$(x-a)f(x)=0.$$

显然，除了原方程的两个根之外，这个方程还多出了一个根，也就是这个方程有三个根，

$$x=x_1,\ x=x_2,\ x_3=a.$$

因为方程两边同时乘（$x-a$），就会引入根 $x=a$，但它并不是原来方程的根。这样的根就称为原方程的增根。

现在，我们就可以研究一下前面提到的帖子里的证明方法的问题出在

哪里了。我们令

$$f(x)=x^2+x+1. \qquad (1)$$

第一步两边同时除以 x，得到

$$\frac{f(x)}{x}=x+1+\frac{1}{x}. \qquad (2)$$

然后把式子（1）和式子（2）等号两边同时作差，变成了

$$\left(1-\frac{1}{x}\right)f(x)=x^2-\frac{1}{x}.$$

再在等号两边同时乘以 x，于是就变成了

$$(x-1)\ f(x)=x^3-1.$$

大家看，帖子里纷繁复杂的操作，最终不过是在两边同时乘（x–1）。这样，原来的一元二次方程就变成了一元三次方程，它的根从两个变成了三个——多出了一个增根 x=1，即

$$x_{1,2}=\frac{-1\pm\sqrt{3}\mathrm{i}}{2},\ x_3=1.$$

将增根代回原方程，结果显然是不合理的。

如果把这三个根画在复平面内，它们会落在一个半径为 1 的圆上，并且彼此夹角都是 120°，如图 3.3–4 所示：

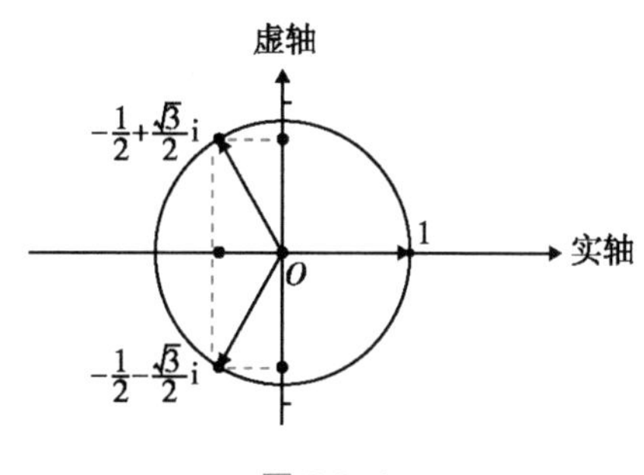

图 3.3-4

还挺有趣的。

x的x次方，图像长啥样？

如图 3.4–1 和图 3.4–2，在中学时候，我们学习过幂函数 $y=x^2$ 和指数函数 $y=2^x$，它们都是大家比较熟悉的。

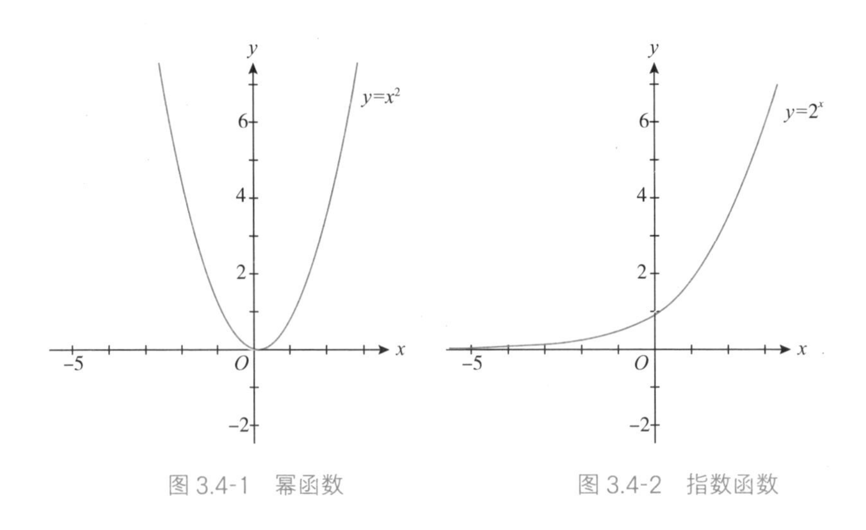

图 3.4-1　幂函数　　　　图 3.4-2　指数函数

可是，你知道 $y=x^x$ 的图像长什么样吗？

这并不是一个简单的问题，我们需要使用复数对“乘方”的概念进行拓展。这可能会有点难，但是如果你能花点时间看完这篇文章，并且稍做思考，那你一定能被数学之美所折服。

一、实数乘方的含义

我们先来讨论一下，在实数范围内，乘方的含义：

$$y=c^x(c,\ x\in\mathbf{R}),$$

在底数 c 大于 0 的时候，乘方一定有意义，例如

$$
\begin{aligned}
&2^3=2\times2\times2=8,\\
&2^{-3}=\frac{1}{2^3}=\frac{1}{8},\\
&2^{\frac{1}{3}}=\sqrt[3]{2^1}\approx1.26,\\
&2^{\pi}\approx2^{3.14}=\sqrt[100]{2^{314}}\approx8.815.
\end{aligned}
$$

按照这样的方法，计算 $y=x^x$ 在 $x>0$ 的范围内是很容易的，如图 3.4–3 所示：

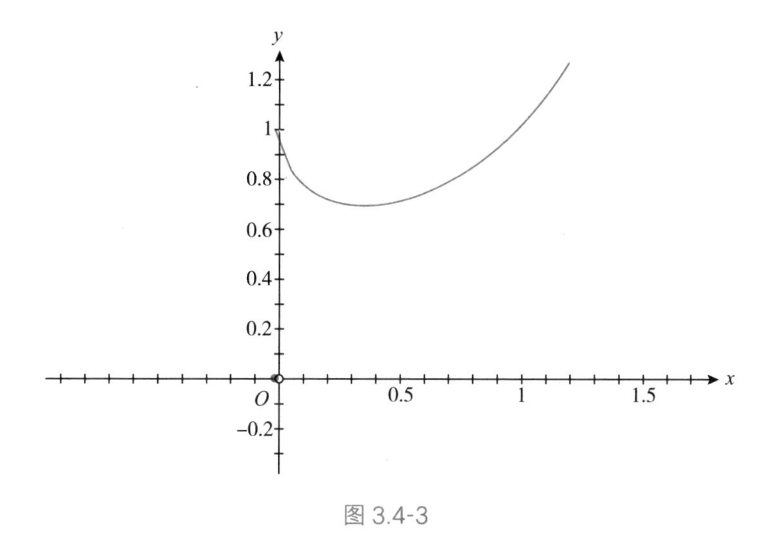

图 3.4-3

如果底数 c 小于 0，有时 c^x 依然有意义，例如

$$
\begin{aligned}
&(-2)^3=(-2)\times(-2)\times(-2)=-8,\\
&(-2)^{\frac{1}{3}}=\sqrt[3]{(-2)^1}=-\sqrt[3]{2}\approx-1.26.
\end{aligned}
$$

但也有时候，c^x 在实数范围内无意义，例如

$$(-2)^{\frac{1}{2}}=\sqrt{-2}=?.$$

因为负数在实数范围内不能开平方，所以这个乘方就没有意义。中学

时老师教了我们一个判断方法：负数不能开偶次方根。

可是，利用这个规则我们依然不能判断所有的情况，比如

$$(-2)^{\pi}=?.$$

π 是一个无理数，根本不能写成两个整数的比，所以也不知道它到底是在开奇次方，还是在开偶次方，我们甚至不知道它在实数范围内有没有意义。

用中学阶段的乘方知识，我们就只能理解到这里了，所以没办法画出 $y=x^x$ 在 $x<0$ 时的图像。要继续深入下去，必须先来了解一下复数的各种形式。

二、复数的三角形式

如图 3.4–4 所示，我们知道，一个复数 $a+bi$ 对应了复平面上的一个点：

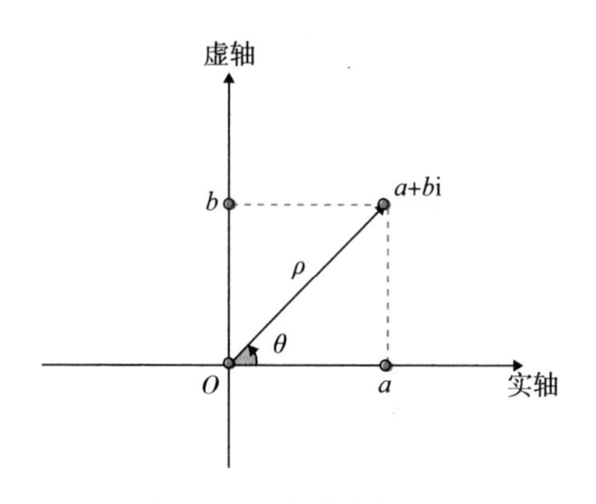

图 3.4-4　复数和复平面

如果我们把这个点和原点连起来，形成一个向量，那么向量的长度 ρ 就叫作复数的模，向量与实轴正半轴的夹角 θ 叫作辐角。于是，复数 $a+bi$ 还可以写成这样的形式：

$$a+b\mathrm{i}=\rho\cos\theta+\mathrm{i}\rho\sin\theta.$$

其中

$$\rho=\sqrt{a^2+b^2},$$

这叫作复数的三角形式。

紧跟着，我们又要引用一个数学上的重要公式——欧拉公式，它告诉我们，对于自然对数的底 e，虚数单位 i 和一个实数 θ 有关系：

$$e^{i\theta}=\cos\theta+i\sin\theta,$$

所以，复数 $a+bi$ 又可以表示成

$$a+bi=\rho e^{i\theta},$$

这就是复数的指数形式。

大家注意，θ 角具有周期性，因为一个向量转动 360° 后，方向与原方向是相同的。所以向量的辐角有无穷多个，彼此相差 2π。比如

$$1+i=\sqrt{2}e^{i\theta},\ \theta=\frac{\pi}{4}+2k\pi\ (k=0,\ \pm1,\ \pm2,\cdots).$$

为了方便起见，有时候我们会省略 $2k\pi$，把（1+i）的辐角说成 $\frac{\pi}{4}$，实际上这只是无穷多个辐角之一，称为主辐角。但在我们后面讨论的问题中，必须考虑所有的辐角，这是问题的关键。

利用指数形式，计算复数的乘方会非常容易，规则是

$$\rho_1e^{i\theta_1}\times\rho_2e^{i\theta_2}=\rho_1\rho_2e^{i(\theta_1+\theta_2)},$$

$$\rho_1e^{i\theta_1}\div\rho_2e^{i\theta_2}=\frac{\rho_1}{\rho_2}e^{i(\theta_1-\theta_2)},$$

$$(\rho e^{i\theta})^n=\rho^ne^{in\theta}.$$

举个例子，要计算（1+i）的三次方，我们可以使用下面的方法。

利用指数形式

$$(1+i)^3=\left[\sqrt{2}e^{i(\frac{\pi}{4}+2k\pi)}\right]^3=2\sqrt{2}e^{i(\frac{3\pi}{4}+6k\pi)}(k=0,\ \pm1,\ \pm2,\ \cdots).$$

在复平面上画出这个向量，如图 3.4–5 所示，注意：无论 k 取什么整

数，向量的方向都是固定的，与实轴正方向夹角为 135° 。显然，这个结果等于 $-2+2\mathrm{i}$。

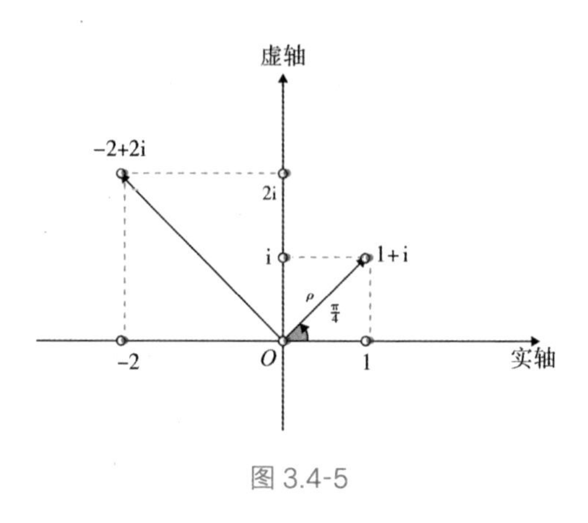

图 3.4-5

三、乘方概念的拓展

利用复数的指数形式，我们可以对乘方的概念进行拓展。注意，拓展之后的乘方概念，将会变成一个多值函数，即计算一个乘方，会有好几个甚至无穷多个答案。

这其实不难理解，比如“4 的平方根”就是一个多值函数，结果是 2 和 –2，其中 2 叫作算术平方根。

我们首先对正数的乘方进行拓展，即

$$y=c^{x}(c,\ x\in\mathbf{R},\ c>0).$$

虽然 c 是一个实数，但是我们依然可以把它看作虚部为 0 的复数，那么它的模就等于 c，而辐角就是 0，$\pm2\pi$，$\pm4\pi$，…，即

$$c=\rho\mathrm{e}^{\mathrm{i}\theta},$$

其中，$\rho=c$，$\theta=2k\pi$（$k=0,\ \pm1,\ \pm2,\cdots$）。

然后，我们利用复数乘方法则，得到

$$c^{x}=(\rho\mathrm{e}^{\mathrm{i}\theta})^{x}=\rho^{x}\mathrm{e}^{\mathrm{i}\theta x}=\rho^{x}\mathrm{e}^{\mathrm{i}2k\pi x}\ (k=0,\ \pm1,\ \pm2,\cdots).$$

在 k 取不同值的时候，c^x 就会产生不同的结果，这些结果有些是实数，有些不是实数。

举个例子，计算 $2^{\frac{1}{3}}$，即

$$2^{\frac{1}{3}}=\left(2\mathrm{e}^{\mathrm{i}2k\pi}\right)^{\frac{1}{3}}=\sqrt[3]{2}\mathrm{e}^{\mathrm{i}\frac{2k\pi}{3}}\ (k=0,\ \pm1,\ \pm2,\ \cdots),$$

结果的模都是 $\sqrt[3]{2}$，但是在 k 取不同整数时，辐角并不相同：

$$k=0\text{时},\quad \theta=0;$$

$$k=1\text{时},\quad \theta=\frac{2\pi}{3};$$

$$k=2\text{时},\quad \theta=\frac{4\pi}{3}.$$

如图 3.4–6，在复平面上画出这三个点，你会发现三个数中一个是实数，另外两个是非实数的复数，当 k 继续取 4，5，6，…的时候，结果会重复落在这三个点上。

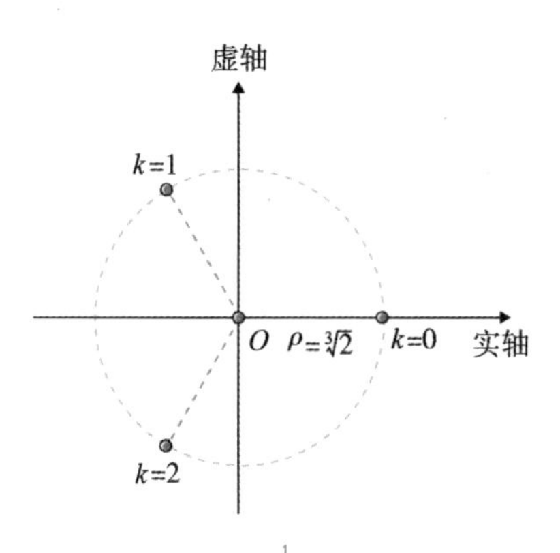

图 3.4-6　$2^{\frac{1}{3}}$ 有 3 个取值

好了，现在我们知道了：当我们拓展到复数之后，一个正数的乘方，会是一个多值函数。那么，$c<0$ 时情况又如何呢？我们来对负数的乘方进行拓展，即

$$y=c^x\ (c,\ x\in\mathbf{R},\ c<0).$$

负数 c 的模等于 $-c$，而辐角就是 π，$\pm3\pi$，$\pm5\pi$，…，即

$$c=\rho e^{i\theta},$$

其中，$\rho=-c$，$\theta=2k\pi+\pi$（$k=0$，±1，±2，…）。

我们利用复数乘方法则，得到

$$c^x=(\rho e^{i\theta})^x=\rho^x e^{i(2k\pi+\pi)x}.$$

同样，在 k 取不同值的时候，c^x 就会产生不同的结果，这些结果有些是实数，有些不是实数。

举个例子，计算 $(-2)^{\frac{1}{3}}$，即

$$(-2)^{\frac{1}{3}}=\left[2e^{i(2k\pi+\pi)}\right]^{\frac{1}{3}}=\sqrt[3]{2}e^{i\frac{2k\pi+\pi}{3}}(k=0,\pm1,\pm2,\cdots),$$

结果的模是 $\sqrt[3]{2}$，但是在 k 取不同整数时，辐角并不相同：

$$k=0\text{时，}\theta=\frac{\pi}{3};$$
$$k=1\text{时，}\theta=\pi;$$
$$k=2\text{时，}\theta=\frac{5\pi}{3}.$$

如图 3.4-7，在复平面上画出这三个点，你会发现只有一个（$k=1$）是实数，另外两个是非实数的复数。

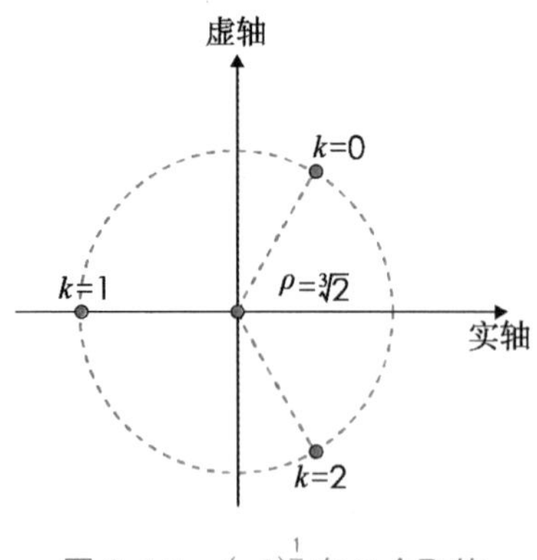

图 3.4-7　$(-2)^{\frac{1}{3}}$ 有 3 个取值

甚至有时候，复数的乘方结果都不是实数，例如按照刚才的方法计算

$(-2)^{\frac{1}{4}}$，你会发现它的结果是

$$(-2)^{\frac{1}{4}}=\sqrt[4]{2}\mathrm{e}^{\mathrm{i}\frac{2k\pi+\pi}{4}}(k=0,\pm1,\pm2,\cdots).$$

如图 3.4–8，将结果画在复平面上，会发现一共有四个结果，而且全都不是实数。这就是为什么复数的偶次方根在实数范围内无意义。

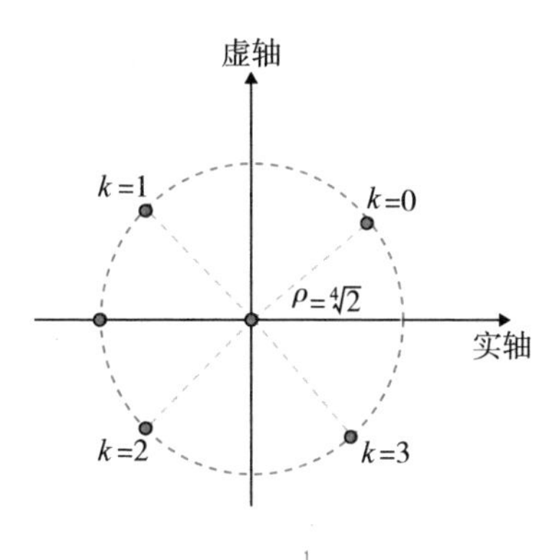

图 3.4-8　$(-2)^{\frac{1}{4}}$ 有 4 个取值

那么，能不能总结一下，什么时候乘方在实数范围内有意义？什么时候没意义？

其实，进行了复数拓展后，正数和负数的区别只在于主辐角不同，正数的主辐角是 0，而负数是 π，这样按照复数的乘方规则，我们有

$$c^x=(\rho\mathrm{e}^{\mathrm{i}\theta})^x=\begin{cases}\rho^x\mathrm{e}^{\mathrm{i}2k\pi x}(c>0,k=0,\pm1,\pm2,\cdots),\\ \rho^x\mathrm{e}^{\mathrm{i}(2k\pi+\pi)x}(c<0,k=0,\pm1,\pm2,\cdots).\end{cases}$$

其中

$$\rho=|c|.$$

对于正数 c 而言，c^x 的辐角是 $2k\pi x$，只要 k=0，无论 x 取多少，辐角都一定是 0，对应一个正实数。所以，正数的任何实数次方在实数范围内都有意义。

但对负数 c 而言，c^x 的辐角是 $(2k\pi+\pi)x$，除非这个结果是 π 的整数倍，否则不能获得实数。因此，负数的乘方不能获得实数，除非满足 $(2k+1)x$

是整数，用数学表达式写成

$$(2k+1)\ x \in \mathbf{Z}.$$

这时，我们就可以对x进行讨论了。

如果 x 是一个无理数：无论 k 取哪个整数，$(2k+1)x$ 都不可能是有理数，自然也不会等于整数了，因此 c^x 不是实数。

如果 x 是一个有理数，那么可以把 x 写作

$$x=\frac{p}{q}(p,\ q \in \mathbf{Z}).$$

于是有

$$(2k+1)\ x=(2k+1)\frac{p}{q}.$$

它是否能成为整数？我们又要分两种情况：

若 q 为偶数：因为 $2k+1$ 是奇数，若 q 是偶数，那么 $2k+1$ 和 q 不可能完全约分，因此 $(2k+1)x$ 不可能是整数，c^x 不是实数。这就是以前说的：负数不能开偶次方。

若 q 为奇数：因为 $2k+1$ 是奇数，只要 $2k+1=q$，$3q$，$5q$，…就能把 q 完全约分掉，所以 $(2k+1)x$ 完全可以是整数，c^x 是实数。这就是为什么负数可以开奇次方。

总结成一句话：在实数范围内，正数的任意次方都有意义，负数的乘方要有意义，除非指数是有理数，且写成最简分数时，分母是奇数。

四、函数图像

利用刚才讨论的结果，我们来一起研究一些有趣的函数图像吧。

首先，我们来讨论一个简单函数：$y=(-1)^x$。按照刚才的讨论，我们有

$$y=(-1)^x=\mathrm{e}^{\mathrm{i}\ (2k\pi+\pi)\ x}(k=0,\pm 1,\pm 2,\cdots).$$

它的模是 1，辐角会发生变化。而且，当 k 取 0，1，2 时，辐角随 x 的变化速度不一样，如图 3.4–9 所示：

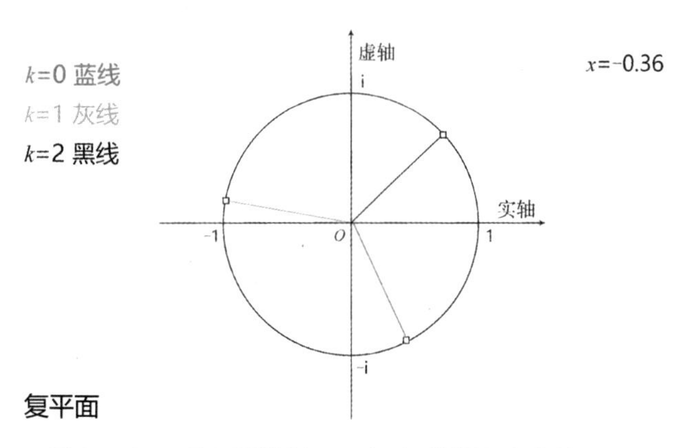

图 3.4-9　k 取不同值时，$y=(-1)^x$ 的辐角变化情况

我们还可以画得漂亮些，在三维空间中建立图 3.4–10 所示三维坐标系，描绘出 c^x 的实部、虚部随着 x 的变化情况。你会发现，当 k 取不同值时，c^x 的取值构成了一系列的螺旋线，如图 3.4–10 所示：

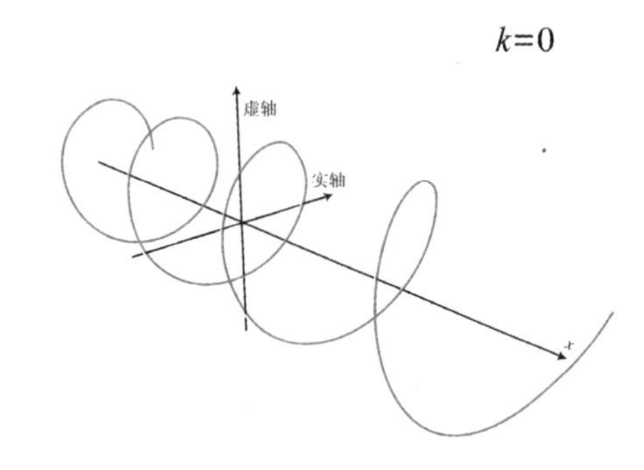

图 3.4-10　k 取不同值时，$y=(-1)^x$ 构成了一系列螺旋线

什么时候（-1）^{x} 能表示实数呢？只需要把这些螺旋线和实数平面相交，交点就是实数。如图 3.4–11 所示，实际上，这些点并不是连续的，根据我们刚才的讨论，此时的 x 必须是有理数，并且当 x 写成最简分数时，分母一定是奇数，例如 $x=\frac{1}{3}$，$\frac{2}{5}$，$\frac{3}{7}$ 等。

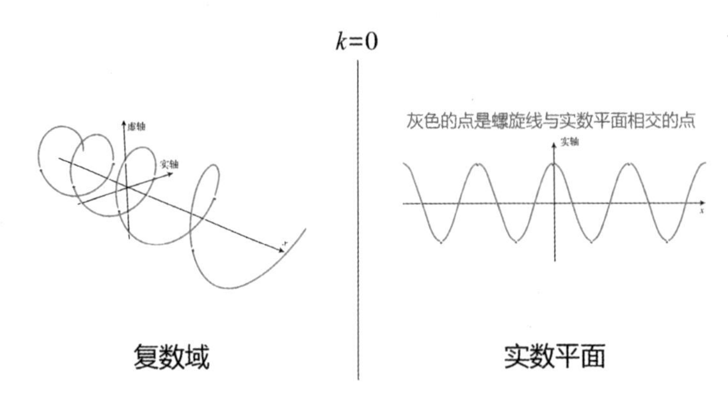

图 3.4-11　$y=(-1)^x$ 的图像

讲了这么多，终于可以讲讲最初的问题了：$y=x^x$ 的函数图像到底长啥样？根据之前的讨论，我们令 $\rho=|x|$，则

$$x^x=\begin{cases}\rho^x e^{i2k\pi x}(x>0,k=0,\pm1,\pm2,\cdots),\\ \rho^x e^{i(2k\pi+\pi)x}(x<0,k=0,\pm1,\pm2,\cdots).\end{cases}$$

首先讨论结果的模，如图 3.4–12 所示，利用软件我们很容易算出函数值的模的变化规律，它在 $x=\dfrac{1}{e}$ 和 $x=-\dfrac{1}{e}$ 的位置取到两个极值点：

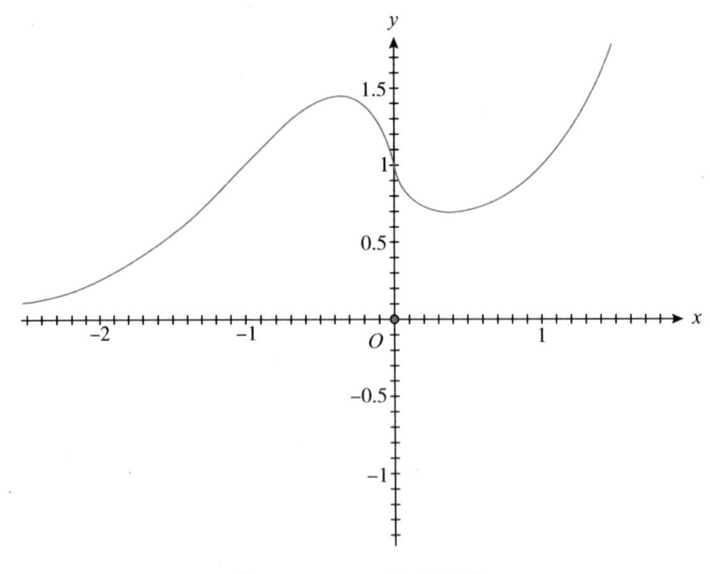

图 3.4-12　$y=|x|^x$ 的图像

然后我们研究函数的辐角，如图 3.4–13 所示：当 k 分别取 0，1，2，3，…时，函数值是螺旋线（除了 $x>0$ 且 $k=0$ 时，函数会是一条连续的平面曲线外），这无数条螺旋线组合在一起，图像有点像一个宝葫芦。

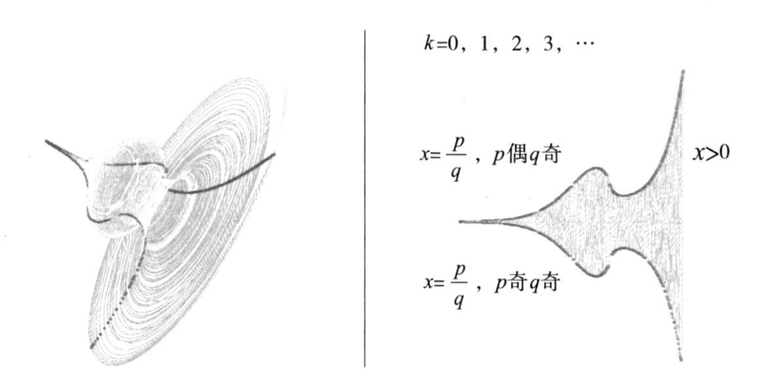

蓝线或蓝点是螺旋线与实数平面的交线或交点

图 3.4-13　k 取不同值时，$y=x^x$ 的函数图像

如图 3.4–14 所示，让这个宝葫芦和实平面相交，就会得到函数在实数范围内的图像：它在第一象限是一条实线，在其他三个象限都是虚线。至于为什么会有连续和断续的区别，就留给读者自己思考吧！

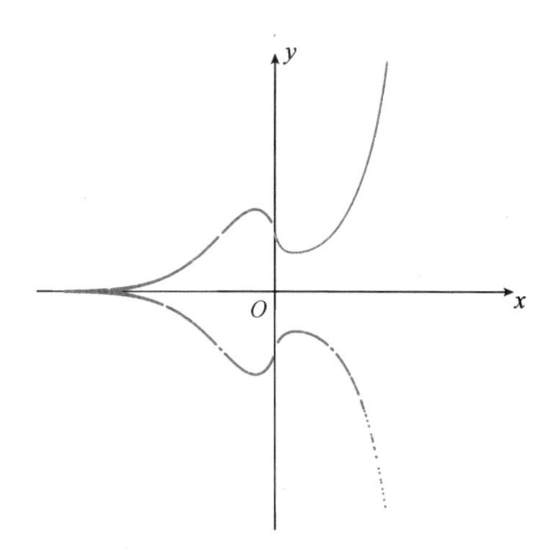

图 3.4-14　$y=x^x$ 在实数范围内的图像

图 3.4–15 就是 $y=x^x$ 这个函数奇怪的图像了，你感受到数学之美了吗？

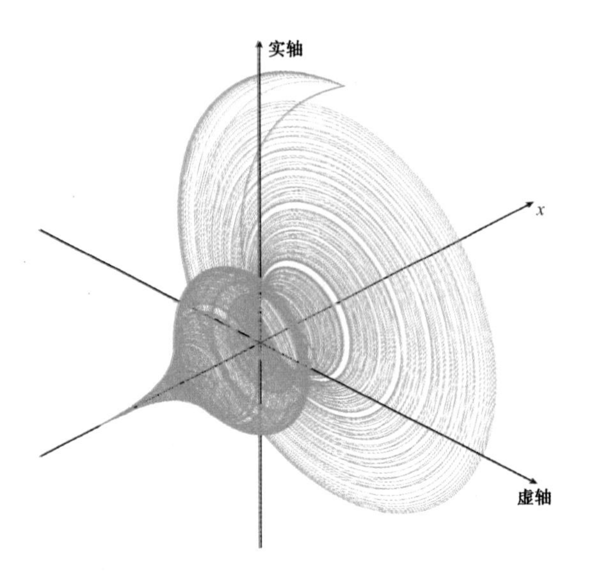

图 3.4-15　$y=x^x$ 在复数域内的图像

举例子能证明数学题吗？

老师让你证明三角形的内角和是180°，你便找了几个三角形，发现它们的内角和都是180°，于是证明完毕。这种做法对吗？

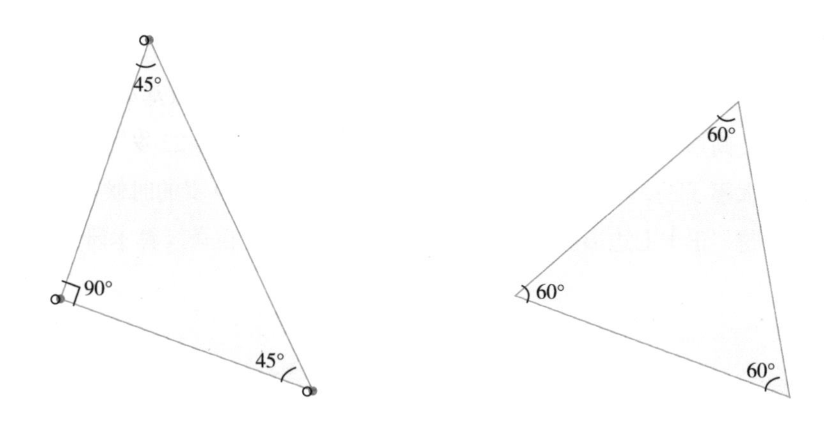

我问了许多人，都认为这种方法不对。因为三角形有无数个，你怎么能通过几个例子，就证明所有三角形的性质呢？简直让人笑掉大牙。我曾经发微博说过这件事，有许多人对此嗤之以鼻，甚至还做视频批判我。

如果只是简单地举例子就声称证完了，这当然是不严谨的。但事实上，有一种正确且严谨的证明，它最终关键的一环却恰恰是这样的“举例子”。这就是由中国数学家洪加威、张景中等人提出的“例证法”，它用到了演绎和归纳的思想，只是上学的时候老师从没教过我们。如果你认真了解了这种方法，一定会慨叹数学的神奇！

一、一元多项式

我们首先来看一个简单的例子。

求证：$(x+1)(x-1)=x^2-1$.

这是初中学过的平方差公式，显然是成立的。但是，我们也可以通过例证法进行证明。

证明：当 $x=0$，1，2 时上式都成立，所以上式恒成立。

奇怪！为什么只通过三个例子就能说明等式恒成立呢？我们可以通过反证法说明。

假设等式 $(x+1)(x-1)=x^2-1$ 不是恒成立的，那么将它展开、移项、合并同类项，便可以得到一个含有 x 的多项式方程：$ax^2+bx+c=0$，且 a，b，c 不全为 0。

这个多项式方程最高只能是 2 次的，因此最多只能有 2 个根——其依据是代数基本定理：n 次多项式方程必定有 n 个复数根。代数基本定理是“数学王子”高斯在 22 岁时的博士论文中提出的。不要以为 22 岁写博士论文有什么大不了的，毕竟他 9 岁就能算从 1 加到 100，19 岁的时候就解决了千古难题“正十七边形的尺规作图”，21 岁就完成了巨著《算术研究》。

现在，我们举出了 0，1，2 三个数都满足等式，说明等式至少有 3 个根，这与代数基本定理所证明的不超过 2 次的多项式方程最多有 2 个根矛

盾，因此原等式只能是恒等式，证明完毕。

多么漂亮的证明啊！以后要证明 n 次恒等式，我们只要找到（$n+1$）个数满足等式就可以了，这就是例证法。

二、多元多项式

如果想证明多元多项式，又该怎么办呢？我们再来看一个例子。

证明：$(x+y)(x-y)=x^2-y^2$.

这个等式有 x 和 y 两个未知数，如果它不是恒等式的话，当 x 是定值时，它将是一个关于 y 不超过 2 次的多项式方程，最多只有 2 个根；如果 y 是定值，它将是一个关于 x 的不超过 2 次的多项式方程，最多也只有 2 个根。

所以，如果我们能举出 3 个 x 值和 3 个 y 值，形成有 $3\times3=9$ 个元素的矩阵，这个矩阵中的每个（x，y）都满足等式，那么等式必定是一个恒等式。如表 3.5–1，只需代入以下结果验证即可。

表 3.5-1

（x，y）	x=0	x=1	x=2
y=0	（0，0）	（1，0）	（2，0）
y=1	（0，1）	（1，1）	（2，1）
y=2	（0，2）	（1，2）	（2，2）

如果所有这些数对都能满足等式，那么等式就一定是恒等式。它的依据依然是代数基本定理。

三、几何定理

这种方法只能证明代数问题吗？显然不是，它还可以用于大量几何问题的证明。比如我们前面所说的：证明任意三角形的内角和是 180°。

首先，我们要将几何问题代数化，方法是使用笛卡尔创立的解析几何。

如图 3.5–1，无论是什么样的三角形，都可以把它的一个顶点 A 放在坐标原点 O，让它的一条边和 x 轴重合，并且把这条边的长度规定为单位 1，这样顶点 B 的坐标就是 B（1，0），另一个顶点 C 可以在平面中任意选取，定为 C（x，y）。

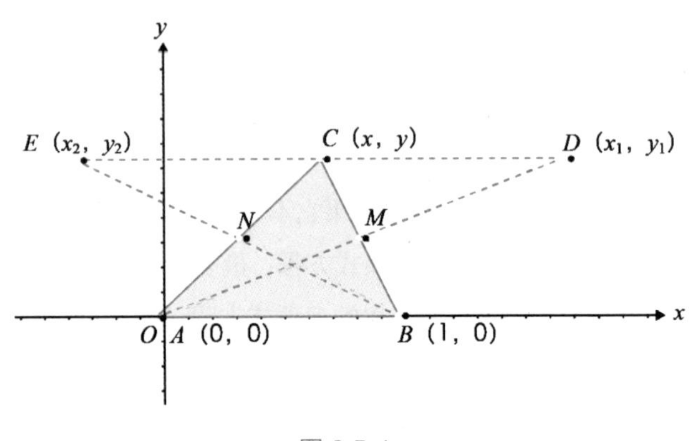

图 3.5-1

我们要证明三角形内角和是 180° ，就要把三个内角拼起来，证明三个内角可以构成一个平角。

我们可以采用这样的方法：在 BC 上取中点 M，连接 AM 并延长到 D 点，使 $MD=AM$。这样，根据边角边公理，三角形 ABM 和三角形 DCM 全等，即

$$\Delta ABM \cong \Delta DCM.$$

同理，我们可以作出 E 点，并且

$$\Delta BAN \cong \Delta ECN,$$

于是，三角形的两个底角就都可以转移到 C 点上了，剩下的工作就是证明 D（x_1，y_1）、C（x，y）、E（x_2，y_2）三点共线了。根据解析几何，证明三点共线，就是证明它们的坐标满足以下关系：

$$(x-x_2)(y-y_1)-(x-x_1)(y-y_2)=0.$$

这个方程中，只有 x，y 两个变量是自由的，而 x_1，y_1，x_2，y_2 都可以通过 x，y 用几何关系计算出来；而且 x_1，x_2 都是 x 的一次函数，而 y_1，y_2 都是 y 的一次函数。所以，上面要证明的表达式的 x 和 y 的最高次都是 1 次。这样，我们只需要 $2\times 2=4$（个）例证，就能证明等式恒成立了（图 3.5-2）。

求证：三角形内角和等于 180° 。

证明：需证 C，D，E 三点共线，

即 $(x-x_2)(y-y_1)-(x-x_1)(y-y_2)=0$.

由于 M 是 BC 中点，$x_M=\frac{1}{2}(x+1)$，$y_M=\frac{1}{2}(y+0)$，

由于 M 是 AD 中点，$x_1=2x_M-0=x+1$，$y_1=2y_M-0=y$，

可见：x_1 是 x 的一次函数、y_1 是 y 的一次函数。

同理：x_2 是 x 的一次函数、y_2 是 y 的一次函数。

$(x-x_2)(y-y_1)-(x-x_1)(y-y_2)=0$ 中的 x，y 最高次都是 1 次。

只需要 $2\times 2=4$（个）例证。

图 3.5-2

取哪些例证更好呢？我们可以取 $(x, y)=(0, 0)$、$(1, 0)$、$(0, 1)$、$(1, 1)$ 四个例子，取 $(0, 0)$、$(1, 0)$ 时，C 点分别和 A、B 点重合，表达式成立。而取 $(0, 1)$、$(1, 1)$ 时，是两个等腰直角三角形，它们的三个内角分别是 90°、45° 和 45°，自然满足三角形内角和是 180°。于是，我们就证明了所有三角形内角和都是 180° 了。

所以，验证几个三角形的内角和是180°，就断言所有三角形内角和都是180°，看上去很荒唐，但的确是有道理的。其实许多平面几何定理都可以用这样的方法证明，只不过举例子的个数多少不一样，有些定理可能需要成千上万个例子才能证明。

根据几个例子得出一般性的结论，这叫作归纳法，在物理、化学、生物学中，大部分时候都是使用归纳法研究问题得出理论的。无论是牛顿三

大定律，还是元素周期表，都是如此。只有通过归纳法发现了反例，人们才会去想如何修改理论。英国著名哲学家、古典经验论的始祖弗朗西斯·培根就认为：归纳法是切实可靠的获取知识的方法，科学工作应该像蜜蜂采蜜一样，通过搜集资料，有计划地观察、实验和比较，来揭示自然界的奥秘。

可是，从古希腊时代开始，数学家们就一直认为只有用演绎法获得的数学结论才是可靠的，用归纳法证明数学定理，例子再多也没用，只能被人耻笑，比如你验证了三个偶数都能满足哥德巴赫猜想，就能证明哥德巴赫猜想了吗？

那么问题来了，为什么有时候举例子可以证明一个问题，有时候却不能呢？

其实，归纳法和演绎法是相互支持和补充的，并非水火不容，用例证法来证明数学定理，虽然是归纳法，但是背后也有代数基本定理、反证法等演绎法做支持。归纳和演绎这两种逻辑方法，在更高的层次是统一的。

换句话说，如果我们能用演绎法去获得一个确凿的逻辑关系，那么举一个例子，就能严格论证一个命题，这就是古人所说的“一叶知秋”。反过来说，如果没有弄清楚逻辑关系，举多少例子，都不能说明问题，这就是以偏概全。生活中这样的情况还真不少。

我想，现在你一定对举例子的证明方法有了更深刻的认识了吧！

冰雹猜想

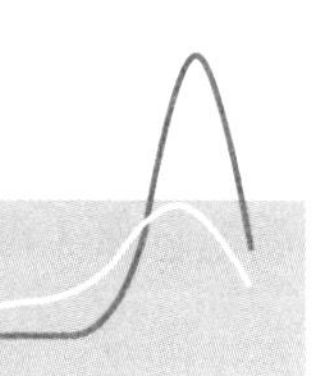

有小朋友问我：有没有什么数学问题，小学生都能看懂，数学家却做不出来呢？有，冰雹猜想就是其中之一。

如同哥德巴赫猜想一样，冰雹猜想的问题描述非常简单，这也让它成了民间数学爱好者的最爱。如果你在网络上搜索“冰雹猜想”，或者它其他的名字“3*N*+1 猜想”“考拉兹猜想”“角谷猜想”等，就会发现大量宣称证明了猜想的文章。可实际上这个问题提出 80 多年来，许多专业数学家前仆后继，依然无法解决这个问题。

一、冰雹猜想

什么是冰雹猜想呢？

我们一起来做一个数学游戏：随便选一个正整数，如果这个数是奇数，就把它乘 3 再加 1；如果这个数是偶数，就把它除以 2，即

$$N\text{变为}\begin{cases}3N+1\text{（如果}N\text{是奇数），}\\ \dfrac{N}{2}\text{（如果}N\text{是偶数）.}\end{cases}$$

然后，我们对计算得到的结果重复这个操作，你会得到什么呢？

如图 3.6–1，从 $N=6$ 开始：

6 是偶数，除以 2 变成 3；

3 是奇数，乘 3 再加 1 变成 10；

10 是偶数，除以 2 变成 5；

5 是奇数，乘 3 再加 1 变成 16；

16 是偶数，除以 2 变成 8；

8 是偶数，除以 2 变成 4；

4 是偶数，除以 2 变成 2；

2 是偶数，除以 2 变成 1；

1 是奇数，乘 3 再加 1 变成 4。

从此往后，数列就会陷入 4—2—1—4—2—1 的循环了。

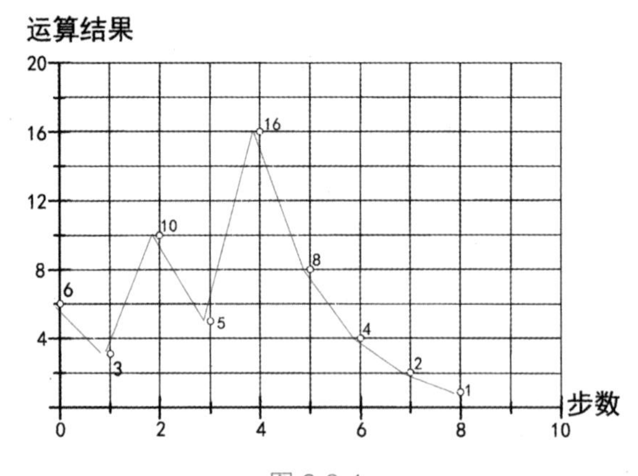

图 3.6-1

如果从其他数开始，情况又是如何呢？如图 3.6–2，从 7 开始，数列中的数最大会变成 52，但是经过 16 步操作，还是会回到 1，继而陷入 4—2—1 的循环。

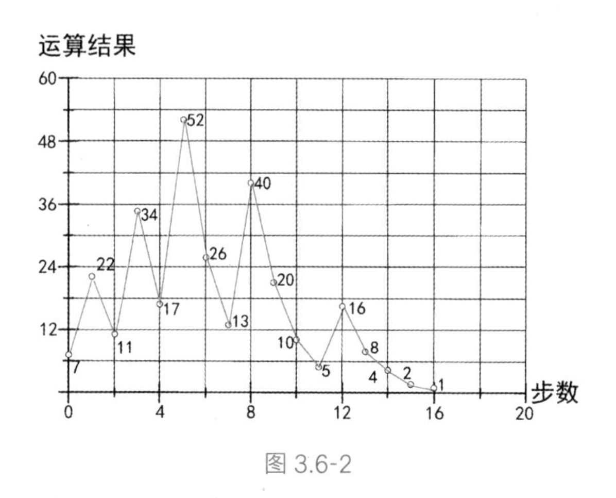

图 3.6-2

如图 3.6–3，从 27 开始，数列中的数最大会变成 9 232，但是经过 111 步，还是会回到 1，继而陷入 4—2—1 的循环。

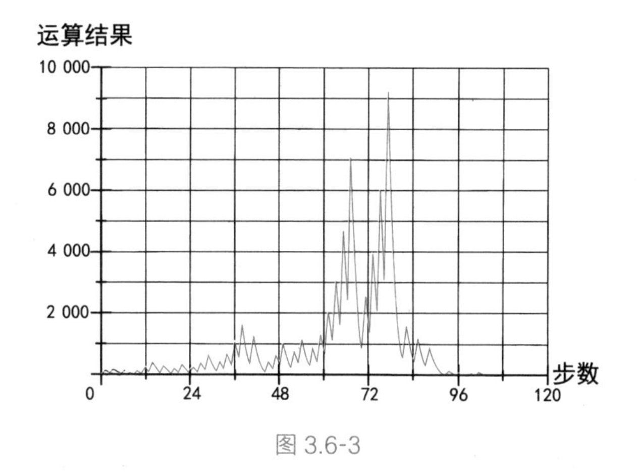

图 3.6-3

实际上，人们已经尝试了 2^{68} 以下的每一个正整数，从任意一个数出发，最终都会回到 1。

那么，是不是从任何一个正整数开始，经过上述操作，最终都会变成

1 呢？ 1937 年，德国数学家考拉兹提出了这个猜想，称为考拉兹猜想。由于这些数总是上下上下地变化，最后变成 1，就好像冰雹在空中总是上下运动，最终落到地面上一样，所以也叫作冰雹猜想。

二、珊瑚树

冰雹猜想是一个世界级难题，从提出到现在 80 多年了，数学家们还是没有解决。因为正整数是无穷无尽的，就算你验证了许许多多的正整数都满足冰雹猜想，也可能在更大的数中找到反例。不过，我们依然可以对这个猜想可能的证明方法做一点讨论。

首先，我们可以把这个数列倒过来推演。假如从某个数开始计算，最终得到了 1，那么 1 的上一个数一定是 2（因为 2 是偶数，除以 2 等于 1），2 的上一个数一定是 4，4 的上一个数一定是 8（数 1 已经出现过了，我们就不重复计算了），8 的上一个数一定是 16（图 3.6–4）。

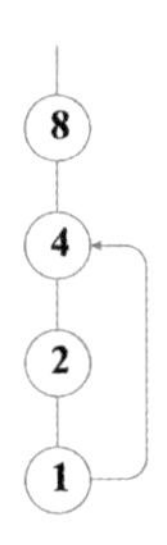

图 3.6-4

到这里，情况就出现了不同：16 的上一个数既可能是 32，也可能是 5；因为 32 是偶数，按照规则除以 2 得到 16；5 是奇数，按照规则乘 3 再加 1 也得到 16（图 3.6–5）。

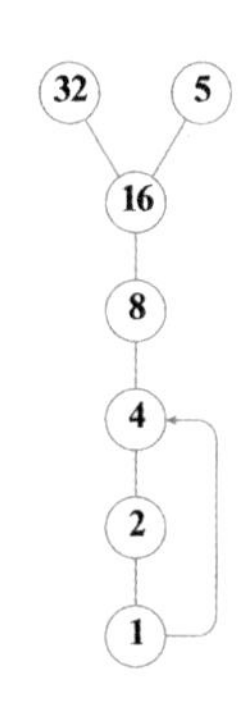

图 3.6-5

按照这样的方法，从 1 开始逆推数列，逐渐补充数，就会获得一棵“珊瑚树”（图 3.6–6）。

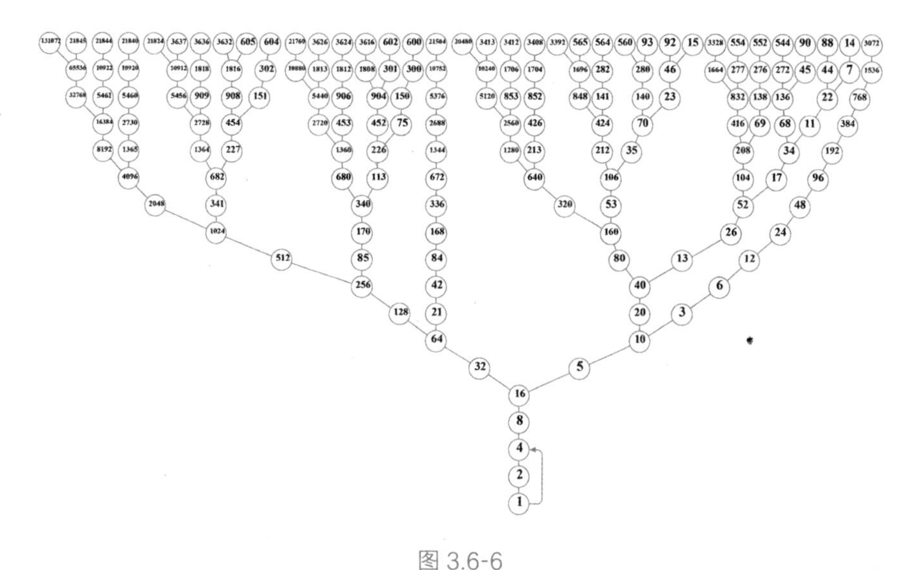

图 3.6-6

大家仔细观察这棵树就会发现：除了最底下的 4—2—1 循环之外，珊瑚树的其他地方都没有循环。假设所有的正整数都能被这棵树包括在内，冰雹猜想就是成立的。

反过来说，冰雹猜想不成立，也有两种可能。第一种可能是：从某个特殊的数出发，冰雹最终没有落到地上，而是在上下跳动中逐渐上升，最终到达无穷大；第二种可能是，除了 4—2—1 循环外，还有其他一些数，也能构成一个循环，几个数在这个循环中反复，不能变成 1。可惜的是：这两种情况目前既没有被找到，也没有被证明不存在。

三、“几乎所有”的证明

虽然猜想并未被证明，但是数学家们对这个问题的研究也有了一点成果，下面我就带着大家了解一下这些研究进展，这里会用到稍微复杂一点的数学知识。

假设从正整数 N 出发，按照冰雹猜想的规则获得一个数列，数列中的最小值记为 $Col(N)$。冰雹猜想就是要证明对于所有的正整数 N，都有 $Col(N)=1$。其实，这等价于对于除了 1 以外的所有正整数，$Col(N)<N$，即

$$Col(N)=1 \Leftrightarrow Col(N)<N(N=2，3，4，5，\cdots).$$

这并不难理解，如果我们从任意正整数出发，都能获得一个比它小的数，从这个小的数出发，又能获得一个更小的数，只要这个数不是1，就能一直计算下去，直到获得数字1。既然有思路了，那就开干吧！

1976 年，数学家泰拉斯证明：在自然密度下，几乎所有的正整数 N 都满足规律 $Col(N)<N$。1979 年，另一位数学家阿鲁什加强了这个结论：在自然密度下，几乎所有正整数都满足规律 $Col(N)<N^a$，其中 a 是任意一个大于 0.869 的数。到了 1994 年，科雷茨进一步把指数 a 的下限缩小到 $\frac{\ln 3}{\ln 4}$（大约 0.792 4）。

1994 年，著名华裔数学家陶哲轩又证明了：在对数密度下，几乎所有的正整数 N 都满足规律：$Col(N)<f(N)$，其中 $f(N)$ 是任意一个函数，只要在 N 趋向无穷大时，$f(N)$ 也趋向无穷大就好。比如 $f(N)$ 可以是 $N^{\frac{1}{2}}$，可以是 $\ln N$，也可以是 $(\ln N)^{\frac{1}{2}}$ 等。

看起来，数学家们好像证明了 $Col(N)<N$，他们甚至得出更强的结论。但是你仔细看就会发现：在以上几个数学家的工作中，都有“几乎所有”这个前提，意味着这个结论并不一定对所有正整数都能成立，所以冰雹猜想依然没有被证明。

而且，“几乎所有”前面还有“对数密度”“自然密度”两个前缀，这又是什么意思呢？

四、数的密度

物理学中，密度等于质量除以体积。数学上也有密度的概念，它表示一个自然数的子集在多大程度上接近自然数集，或者可以简单理解为一个自然数子集的元素个数占整个自然数集的比例。密度越大，表示数集越接近自然数集。

比如，集合 A 表示所有偶数的集合，它的元素有无穷多个，所有自然数中，偶数占一半，所以集合 A 的密度就是 0.5；再比如集合 B 表示所有 4 的倍数的集合，它的元素也有无穷多个，占所有自然数的 $\frac{1}{4}$，所以 B 集合的密度是 0.25。

其他复杂一些的集合，比如平方数的集合，密度如何计算呢？数学上有严格的定义：

自然数有子集 A，若 A 中不大于自然数 N 的元素分别为 a_1，a_2，a_3，…，a_n，个数为 n，则

若 N 趋向于无穷大时，n 与 N 的比值收敛于 P，即

$$\lim_{N\to\infty}\frac{n}{N}=P\ ,$$

则称 P 是 A 的自然密度。

若 N 趋向于无穷大时，a_i 的倒数和与 N 的自然对数 $\ln N$ 之比收敛于 P，即

$$\lim_{N\to\infty}\frac{\sum_{i=1}^{n}\frac{1}{a_i}}{\ln N}=P\ ,$$

则称 P 是 A 的对数密度。

你会发现：自然密度的定义大意是对于固定的 N，取集合中不超过 N

的全部元素，然后计算这些元素占从 1 到 N 所有自然数个数的比例，再逐渐把 N 推广到无穷，如果比例趋于稳定（存在极限），我们就把这个极限定义为集合的密度。

对数密度的概念比较奇怪，分子是集合中 a 个元素的倒数和，分母是 N 的对数，这是咋回事呢？实际上，数学家欧拉证明：当 N 很大时，从 1 到 N 的自然数倒数和与 $\ln N$ 只相差一个确定的小数，这个小数叫作欧拉余项，即

$$\lim_{N\to\infty}\left(\sum_{k=1}^{N}\frac{1}{k}-\ln N\right)=\gamma，\gamma=0.577\ 215\ 66\cdots\cdots$$

所以，分母上的 $\ln N$ 大约就等于前 N 个自然数的倒数和，对数密度就是用倒数和所占比例来判断集合中元素多少的。

集合 A 是自然数的子集，所以无论自然密度还是对数密度，都不会超过 1，而是在 0 和 1 之间。如果密度等于 0，我们称“几乎没有”；密度等于 1，我们称“几乎全部”。

我们来举个例子：求完全平方数集合的密度，分别取 N=100，10 000，1 000 000，小于等于 100 的完全平方数有 10 个，小于等于 10 000 的有 100 个，小于等于 1 000 000 的有 1 000 个，它们的倒数和很容易计算（表 3.6–1）。

表 3.6-1

N	小于等于 N 的元素个数 n	$\frac{n}{N}$	倒数和与 $\ln N$ 的比
100	10	0.1	33.6%
10 000	100	0.01	17.7%
1 000 000	1 000	0.001	11.9%

我们会发现，随着 N 的增大，无论用哪种定义，比例都是在下降的。可以证明：在 N 趋向于无穷大时，这个比例趋于 0（证明过程留给有兴趣的小伙伴自己完成）。

所以，完全平方数集合的自然密度和对数密度都是 0。这说明在自然数中，“几乎没有”完全平方数。但是，完全平方数不但有 ，而且有无穷

多个。

同样，陶哲轩等人证明了在对数密度或者自然密度下，“几乎所有”的正整数都满足结论，但是依然可能存在有限甚至无限个反例。冰雹猜想依然没有被证明。

大家看，虽然冰雹猜想表面上很简单，但是我们了解一下研究进展，都需要学习很多高等数学的知识，足见这个问题实际上相当复杂。有数学家说：人类的数学工具还不足以解决如此复杂的数学问题。甚至有美国数学家说：这个问题是苏联人提出来的，目的就是干扰美国的数学研究进程，让美国数学家没有能力去研究正经事，尤其是与战争相关的数学问题。

虽然数学家解决不了，但是并不妨碍民间数学爱好者对此充满热情，他们一般使用初等数学的方法，两三页纸就能证明这个猜想。无论是爱因斯坦的相对论还是罗巴切夫斯基的非欧几何，都是在充分理解前人工作的基础之上，实现的新的科学突破。在今天这个信息充分交流的社会里，希望通过捡漏实现科学突破，几乎是不可能的。与其试图解决哥德巴赫猜想或者冰雹猜想这样的世界难题，碰瓷科学家来吸引关注，不如多去读几本书，这对我们的帮助会更大。

一个西瓜切4刀，最多有几块？

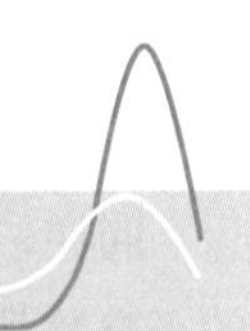

在一个西瓜上切 4 刀，如果不移动西瓜，最多能把西瓜切成几块？这个问题看似简单，实际上还挺复杂，今天让我们一步步来解决它。

一、切饼问题

我们首先从比较简单的二维情况说起。如果有一个饼，切 4 刀最多能把饼切成几块？

如图 3.7–1，我们可以在纸上画一个圆形，然后在圆形上画直线来研究这个问题。切 1 刀，能把饼分成 2 块；切 2 刀，最多能把饼分成 4 块；切 3 刀，让第 3 刀和前 2 刀相交，最多能把饼分成 7 块。

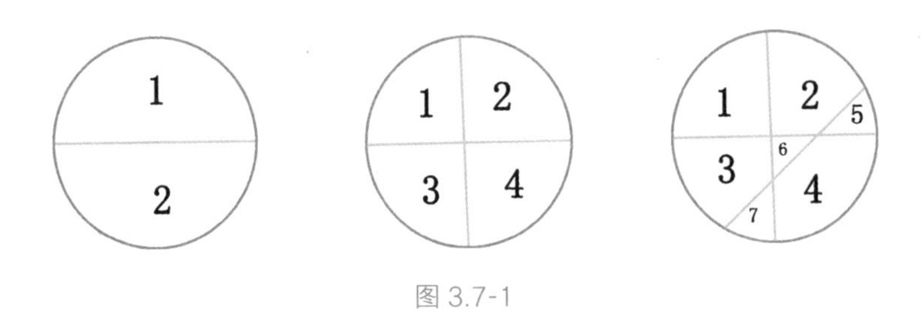

图 3.7-1

我们把它用数列表示出来，就是 $a_1 = 2, a_2 = 4, a_3 = 7$ 。你能推断出 a_4 等于多少吗？

我们对前面 3 项进行分析，你会发现它满足一个规律：

$$a_1 = 2 = 1 + 1;$$
$$a_2 = 4 = 1 + 1 + 2;$$
$$a_3 = 7 = 1 + 1 + 2 + 3.$$

按照这个规律，4 刀可以把饼分割成的块数可能是

$$a_4 = 1+1+2+3+4 = 11.$$

甚至，我们还可以猜测，如果在饼上切 n 刀，能够把饼分割成的块数有

$$a_n = 1+1+2+3+\cdots+n = 1+\frac{1}{2}n(n+1).$$

那么，我们如何证明这个结论呢？

请大家观察图 3.7–1 中画出的第三条线，它会与前面两条线相交，出现两个交点，而这两个交点会把第三条线分成三段，如图 3.7–2 所示：

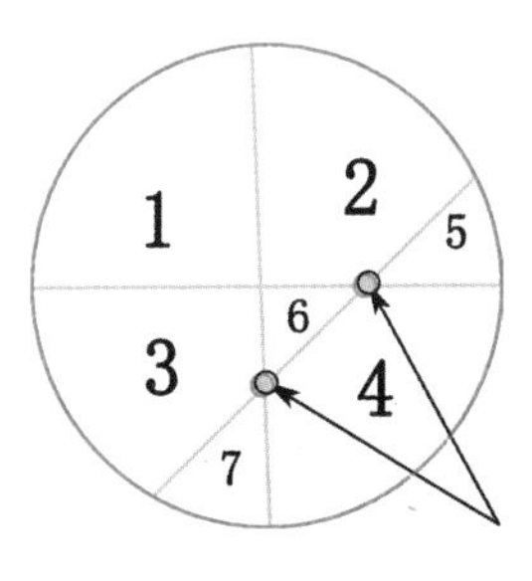

图 3.7-2

而且，在我们画两条线时，饼上只有四块。因为多了第三条线，就多出了三块。你会发现：这三块新出现的饼，刚好对应了第三条线上的三小段。或者说：当我们增加第三条线时，由于与前面的两条线相交，第三条线会被分割成三小段，每一小段都会把之前的一块饼分割成两块饼，从而增加了三块新饼。

你能把这个结论拓展应用到一般情况中吗？那应该是：切饼问题中为了获得尽量多的块数，第 n 条线必须与前面（n–1）条线都相交，第 n 条线上会出现（n–1）个交点，将第 n 条线分割成 n 段。每一段对应了一个新的区域，因此新增出 n 个区域，即

$$a_n = a_{n-1} + n.$$

这就是切饼问题的递推式。

我们还要求出首项：如果一刀都不切，饼自然只有一块，所以

$$a_0 = 1.$$

这样，按照首项和递推式，我们就能推算出后面的情况：

$$a_1 = a_0 + 1 = 1 + 1 = 2;$$
$$a_2 = a_1 + 2 = 1 + 1 + 2 = 4;$$
$$a_3 = a_2 + 3 = 1 + 1 + 2 + 3 = 7;$$
$$\cdots$$
$$a_n = a_{n-1} + n = 1 + 1 + 2 + 3 + \cdots + n = 1 + \frac{1}{2}n(n+1).$$

这就是切饼问题的答案。

二、切西瓜问题

那么，4 刀能把一个西瓜切成几块呢？西瓜和饼的不同在于：西瓜是三维的。我们还是从最简单的情况开始。

如图 3.7–3，西瓜切 1 刀，自然是 2 块；切 2 刀，就变成了 4 块；如果 3 刀互相垂直，西瓜就变成了 8 块。

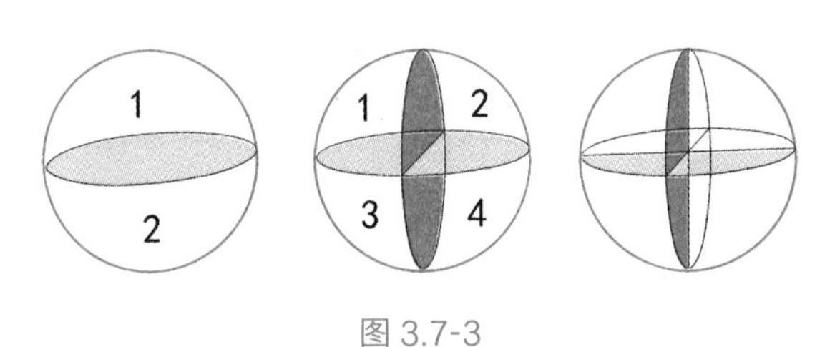

图 3.7-3

我们用 b_n 表示切 n 刀最多能把西瓜分成的块数，可以看出：$b_1 = 2$，$b_2 = 4$，$b_3 = 8$。

那么 b_4 等于多少呢？

也许不少同学会认为是 16，因为 2，4，8，每次都加倍。但是很遗憾，4 刀最多只能把西瓜分成 15 块。我们想通过画图找到这个答案非常困难，必须通过理论计算。你会发现，这个推导过程与切饼问题非常相似。

首先，如果我们在西瓜上切第 n 刀，为了获得最多的块数，这一刀所在的平面必须与前（n–1）刀的平面都相交，于是，第 n 刀的平面上会出现（n–1）条相交线。如图 3.7–4，你看，如果只切 1 刀，刀面上没有相交线；如果切 2 刀，第 2 刀上有一条相交线；如果切 3 刀，第 3 刀上有 2 条相交线。

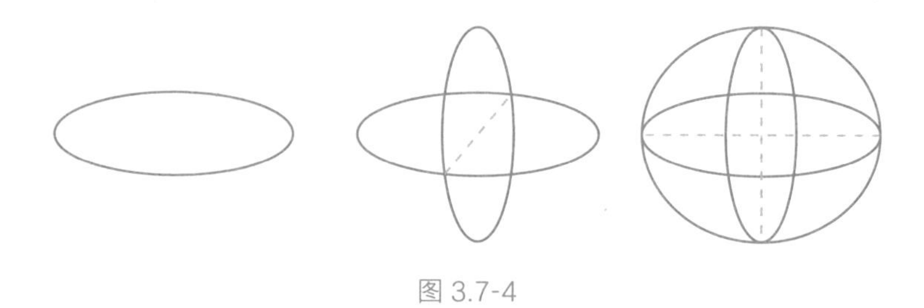

图 3.7-4

那么，（n–1）条相交线最多能把第 n 刀这个平面分割成几个区域呢？这个问题是不是似曾相识？这不就是切饼问题吗！（n–1）条线，最多能把平面分割成 a_{n-1} 个区域。

我们已经知道：第 n 刀会有（n–1）条相交线，平面被分割成了 a_{n-1} 个二维区域，而每个二维区域，都能让西瓜新增一块。现在第 n 刀被相交线分割成了 a_{n-1} 个区域，自然就能让西瓜增加 a_{n-1} 块了！所以，如果（n–1）刀能把西瓜分割成 b_{n-1} 块，n 刀就能把西瓜分割成 b_n 块，它们之间有关系：

$$b_n = b_{n-1} + a_{n-1}.$$

原来计算切西瓜问题，首先要解决切饼问题。

显然，一刀也不切时，西瓜就是一块，所以

$$b_0 = 1.$$

随后运用公式，可以得到：

$$b_1 = b_0 + a_0 = 1 + 1 = 2;$$
$$b_2 = b_1 + a_1 = 2 + 2 = 4;$$
$$b_3 = b_2 + a_2 = 4 + 4 = 8;$$
$$b_4 = b_3 + a_3 = 8 + 7 = 15.$$

其中，$a_n = a_{n-1} + n$，$a_0 = 1$。

因此，4 刀最多能把一个西瓜切割成 15 块！

实际上，我们通过一个不太复杂的计算，还可以得到结论：n 刀最多能把一个西瓜切成的块数为

$$b_n=\frac{1}{6}n^3+\frac{5}{6}n+1.$$

比较方便的推导方法是使用待定系数法，即假设 $b_n=c_1n^3+c_2n^2+c_3n+c_4$，然后代入 b_1，b_2，b_3，b_4 的值，求出系数 c_1，c_2，c_3，c_4 即可。

最后给大家留一个思考题吧！假如有一个甜甜圈，4 刀最多能把它切割成多少份呢？

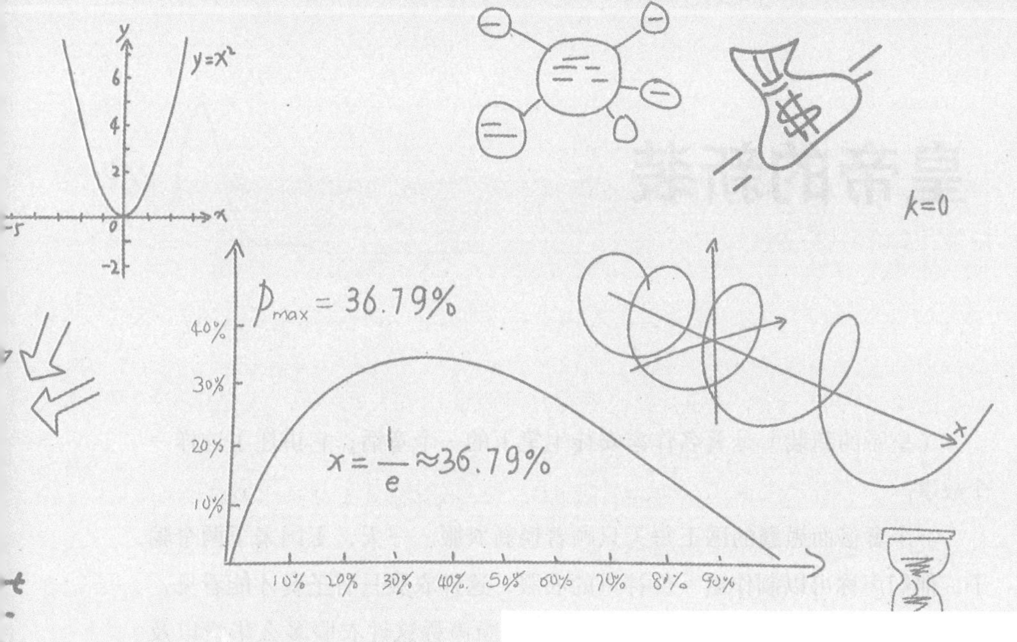

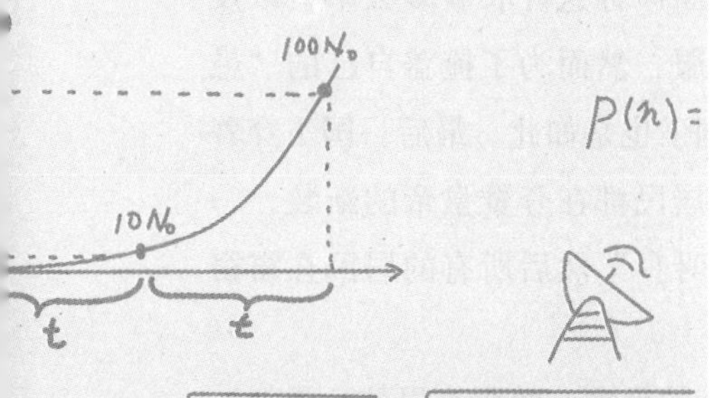

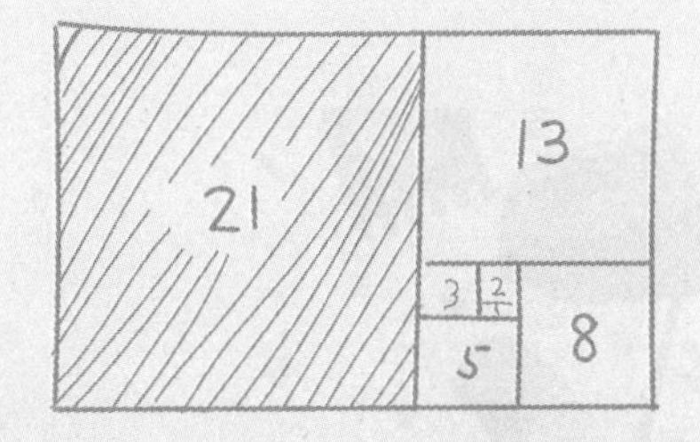

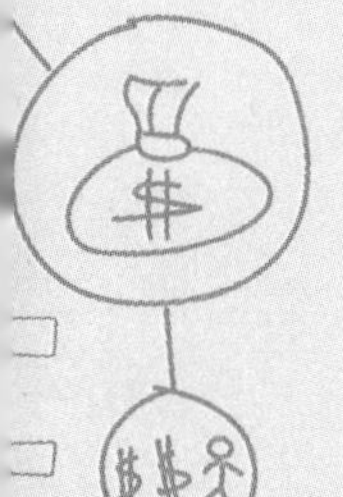

第四章
逻辑问题

皇帝的新装

《皇帝的新装》是著名作家安徒生笔下的一个童话，它讲述了这样一个故事。

一个奢侈而愚蠢的国王每天只顾着换新衣服。一天，王国来了两个骗子，他们声称可以制作出一件神奇的衣服，这件衣服只有圣贤才能看见，愚人不能看见。骗子索要了大量财宝，不断声称这件衣服多么华贵以及光彩夺目。被派去的官员都看不见这件衣服，然而为了掩盖自己的“愚昧”，他们都说自己能看见这件衣服，而国王也是如此。最后，国王穿着这件看不见的“衣服”上街游行。两旁的居民都在夸赞皇帝的新装，一个孩子大声喊道：“可是皇帝什么也没穿呀！”然后所有的居民在窃窃私语。

小时候，我们读这篇童话，会嘲笑皇帝的愚蠢，佩服小男孩的勇气。今天我们再读它，会不会有新的感悟呢?

一、红眼睛和蓝眼睛

我们先来讨论一个逻辑问题——“红眼睛和蓝眼睛问题”，这个问题最早是由华裔数学家陶哲轩提出的。

一个村子中有一百个人，其中九十五个人的眼睛是蓝色的，五个人的眼睛是红色的。村子里有一个奇怪的规矩：虽然每个人都能看到其他人的眼睛是什么颜色，但是都不知道自己眼睛的颜色，并且禁止讨论有关眼睛颜色的任何话题。一旦出于某些原因，例如照镜子，一个人知道了自己眼睛的颜色，他就必须在第二天中午到村子的广场上自杀。

有一天，村子里来了一个外乡人，这个外乡人在村子里度过了一段愉快的时光。临走前，村子举办舞会欢送这个外乡人。外乡人说：“我这几天非常开心，最让我开心的是，我在村子里发现了和我一样的红眼睛的人。”

这句话一说出，村子里的空气凝固了。外乡人立刻感觉到自己讨论眼睛的颜色违背了村子的风俗，于是尴尬地离开了。不过他回头一想：其实自己也没说出什么，因为村子里有五个红眼睛的人，就算他不说，每个人也都能看到村子里有红眼睛的人，自己并没有带去什么新的信息。这样一想，外乡人的负罪感就轻了一些。

结果，到了第五天，村子里五个红眼睛的人到村子的广场上集体自杀了。

为什么到了第五天，红眼睛的人会集体自杀呢？他们是如何知道自己眼睛颜色的？让我们一步步来讨论这个逻辑。

首先我们假设：村子里只有一个红眼睛的人和九十九个蓝眼睛的人。红眼睛的人会看到九十九个蓝眼睛的人，但是不知道自己的眼睛是什么颜色。当外乡人说出带“村子里有红眼睛的人”之意的话时，这个红眼睛的人立刻会想到：村子里其他人都是蓝眼睛，那唯一一个红眼睛的人只能是自己。于是，外乡人走后的第一天中午，这个红眼睛的人就会在广场上自杀。

我们继续想：假如村子里有两个红眼睛的人 A 和 B，以及和九十八个蓝眼睛的人。A 和 B 都会看到九十八个蓝眼睛的人和一个红眼睛的人，但他们不知道自己的眼睛什么颜色。当外乡人说出带“村子里有红眼睛的人”之意的话时，A村民就会想到：假如自己不是红眼睛，那么B村民将看到九十九个人都不是红眼睛，于是B村民立刻会知道自己是红眼睛，这个倒霉蛋明天中午就会自杀了。同样，B村民也会这样想：A村民会在明天中午自杀。

然而，到了转天的中午，A村民和B村民都没有自杀。这时他们猛然反应过来：自己的想法是错的，村子里不可能只有一个红眼睛。那么除了对方以外，另外一个红眼睛的人一定是自己了。于是，外乡人走后的第二天中午，两个人就都会在广场上自杀……

按照这种逻辑，如果村子里有五个红眼睛的人，从外乡人离开那天夜里开始数，到了第五天中午，这五个人就都会在村子的广场上自杀。幸好，外乡人没有说村子里有蓝眼睛的人，否则这个村子就一个人都剩不下了。

二、共有知识和公共知识

如果我们回过头来思考问题本身：每一个村民的确早就知道其他人眼睛的颜色，也都知道村子里有红眼睛的人，外乡人并没有说出什么新花样。为什么他说出了一句每个人都知道的话，却有这么大的杀伤力呢?

经济学家威廉·阿瑟·刘易斯提出了一对概念——共有知识和公共知识，恰好可以解释这个问题。

共有知识是说：每个人都知道的知识，但不确定别人是否知道，也不确定别人是否知道自己知道。例如：一个警察抓住了一个嫌犯，警察判定嫌犯有罪，嫌犯当然也知道自己有罪。但是嫌犯认为：只要自己不承认，警察就不能定自己有罪。此时嫌犯有罪这件事就是共有知识。

公共知识是说：不光每个人都知道，而且每个人都知道其他人也知道，以及每个人都知道其他人知道每个人都知道。假如刚才的嫌犯招供了，在认罪书上签字，那么无论是警察还是嫌犯，都知道了嫌犯有罪的事实，而且还知道这个事实对方也知道了，于是共有知识就变成了公共知识。

我们再举一个例子：假如有一个男孩和一个女孩，他们彼此相爱，但是又羞于说出口。从两个人的言谈举止，两人都知道自己爱对方，对方也爱自己，但他们无法确定对方是否也跟自己一样知道这件事，此时相爱就是共有知识。一旦有一方表白，另一方接受，不光每个人都知道彼此相爱，而且也知道了对方也知道这件事……共有知识就变成了公共知识。

实际上，一件事情要变为公共知识，它的严格定义是一个无限嵌套的过程：

1. 大家都知道这件事；

2. 大家都知道（大家都知道这件事）；

3. 大家都知道［大家都知道（大家都知道这件事）］；

4. ……

如果一件事情只满足条件1，它就是共有知识，只有满足所有条件时，才能变为公共知识。

一个知识如何才能从共有知识变为公共知识呢？只需一个很简单的步骤：公开讨论。

例如：在刚才的逻辑问题中，“村子里有红眼睛的人”这件事每个人都心知肚明，但是因为没有经过讨论，它只是共有知识——人们并不清楚其他人是否知道这件事，也不知道其他人是否知道自己知道这件事。

当外乡人说出带“村子里有红眼睛的人”之意的话时，每个村民都知道了：不光自己知道村子里有红眼睛的人，所有其他人都知道这件事了，而且其他人也知道自己知道这件事……共有知识就变成了公共知识。一句简单的话，改变了整个村子的知识构成。

三、呐喊的力量

我们再来研究一下《皇帝的新装》这个童话。当皇帝穿上骗子的“衣服”在街上游行时，所有人都看到了皇帝是赤身裸体的，但是没有人说出来，此时“皇帝没穿衣服”就是共有知识。当小男孩说“可是皇帝什么也没穿呀”的时候，所有人窃窃私语的结果是每个人都知道：不光我知道“皇帝没穿衣服”，所有人都知道“皇帝没穿衣服”……共有知识就变成了公共知识。

共有知识和公共知识的作用是不一样的，从共有知识变为公共知识的方法就是公开讨论。鲁迅写了一本文集《呐喊》，因为他知道：只有大家把心知肚明的事情说出来，这件事才能影响社会。

例如股票市场上有些垃圾股，虽然公司盈利能力很差，但是股价长期维持在高位。每一个购买这只股票的投资者可能都知道这是一只垃圾股，但是他们并不清楚别人是否也知道这件事。于是，他们期待着有更傻的人来接盘。也许有一天，一篇报道突然揭露了这只股票是垃圾股的事实，结果每个人都知道：不光自己知道它是垃圾股，所有人都知道它是垃圾股了……再也不会有人接盘了。于是，股价一落千丈。

再比如市场上有很多“智商税”产品，宣称它们有多么大的作用，但实际上它们可能什么作用都没有。你知道，我知道，大家都知道，此时这件事就是共有知识。除非有一天，有人喊出了这句话：“这是一个垃圾产品，大家不要买！”共有知识才能变成公共知识。这时厂商会非常害怕，他们会想尽一切办法让这样的声音消失，不让共有知识变成公共知识。

在很多年前，哥白尼小心翼翼地提出了“日心说”，而布鲁诺则大声呐喊：“地球是围绕太阳转的！”只有更多的“布鲁诺”出现，“地球围绕太阳转”才能从共有知识变成公共知识，真理才能真正地深入人心。

如何公平地切蛋糕？

在生活中我们会遇到各种纷争，如小时候和兄弟姐妹争抢一份蛋糕，长大了和同事争抢荣誉和奖金。世界上的许多纷争，都来源于“不公平”和“嫉妒心”。

“不公平”就是感觉自己应得的没有得到，“嫉妒心”就是自己没得到但其他人得到了，或者虽然自己得到了应得的，但是其他人得到的更多。如果设计一种方案，让每一个人都感觉自己拿到了最多的利益，纷争就会少很多。

那么，如何把一个蛋糕分给几个人，才能让所有人都满意呢？

一、两人分蛋糕：我切你选

两个小孩分一个蛋糕，如果父母帮着切，经常会有孩子大喊：他的那一块比我的大。甚至有的时候，两个孩子都会这样喊。如果两个孩子都这样喊，父母倒可以干脆让两个小孩交换蛋糕。可如果只有一个小孩这样喊，也就是说两个小孩都看上了同一块蛋糕，那父母可就发愁了。

这时我们可以这样做：让一个孩子决定如何把这块蛋糕切成两份，让另一个孩子先选。切蛋糕的孩子为了不吃亏会尽量把蛋糕分得均匀，选蛋糕的孩子有优先选择权，他可以选择自己认为大的一块。所以，最终谁也不会觉得吃亏了。这就是经典的"我切你选"方法。

让我们举一个更生活化的例子：一位老人去世了，留下了一套房产和100万元现金。老人有两个儿子，但并没有留下遗嘱。于是，兄弟俩决定对房产进行评估，然后平分包括房产和现金在内的总遗产。

不过，在评估房产价格时，兄弟俩产生了不同的意见——想要房产的哥哥把房产价格评估得很低，这样他除了拿到房子，还可以获得一大笔钱；不想要房产的弟弟把房产价格评估得很高，如果哥哥要房产，还要补偿弟弟一笔钱。这可怎么办?

其实这个问题不难解决，采用经典的"我切你选"的方法就可以了。首先，哥哥对房产价格进行评估，然后将总财产分成两份：一份包含房产和一部分现金，另一份完全是现金。然后，让弟弟先选继承哪一份，剩下的一份留给哥哥。

对哥哥来讲，他知道自己是后选择的，为了防止吃亏，他必须将遗产分配得尽量公平。如果一边明显占优，弟弟完全可以选择这份更优厚的遗产，让哥哥吃亏。

如图 4.2–1，假如哥哥刚好要结婚买房，他去市场上看了一圈，发现买相同的房子大约需要 50 万元，于是他认为老人留下的遗产总价值是 150 万元，就会把房子和 25 万元现金作为一半遗产，把另外 75 万元现金作为另外一半遗产。这两份遗产对哥哥来讲，效用是相等的，均为 $\frac{1}{2}$。无论弟弟如何选择，哥哥都不会感到吃亏。

对弟弟来说，也许他在国外读大学，以后也不准备回老家工作了，所以这套房产的作用不大，他更需要钱维持自己在国外的学业。于是他评估：老人的房子只值 25 万元。这样，第一份遗产对弟弟来讲就值 50 万元，而第二份遗产为 75 万元，效用分别是 $\frac{2}{5}$ 和 $\frac{3}{5}$。显然，弟弟会选择第二份遗产，把第一份遗产留给哥哥。

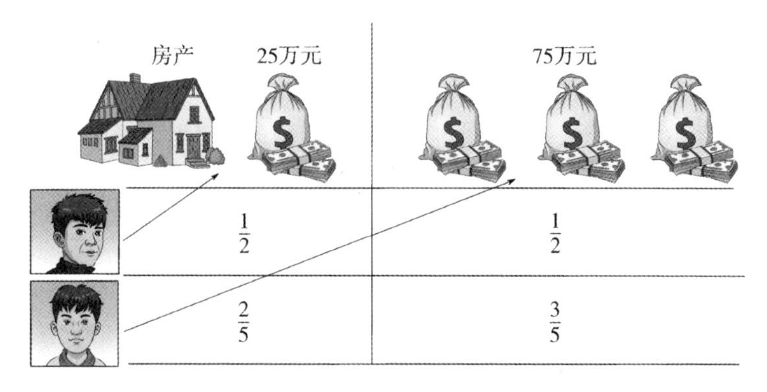

图 4.2-1　兄弟二人对遗产价值的看法和选择

兄弟二人都觉得自己拿到了至少$\frac{1}{2}$的遗产，这就是“公平”；而且，对方拿到的都不比自己更多，这就是“无嫉妒”。由于两人对房产价值的看法不同，弟弟还觉得自己比哥哥多拿了不少，非但不会有纷争，反而还会因为内心惭愧而让兄弟关系变得更加和睦。

这种“我切你选”的方法，在很多故事中都被采用过。比如《圣经》中有这样的记载：亚伯拉罕与洛特分配迦南之地，为了公平，亚伯拉罕把这块地分为东西两块，并让洛特先选。

另一个应用是在《联合国海洋法公约》里。发达国家具有对公海矿藏进行开采的能力，但是公海矿藏应该属于全人类。于是，联合国设计了这样一种方案：如果有国家申请对公海区域进行矿产开发，需要提交两个类似区域的评估报告，联合国将在两个区域中选择一个留给发展中国家，另一个允许发达国家进行开采。为了自身利益，发达国家必须公正地分割区域，并如实提交报告——否则，联合国可能就会选择那个矿产资源更丰富的海域留给发展中国家。

一个好的制度，不光能让人说实话，还能让所有人都觉得自己占了便宜。现在，你应该了解如何让两个人分配利益了。

二、三人切蛋糕：公平但是有嫉妒

我们把问题升级：假如三个人要分一块蛋糕，又该怎么做呢？1961 年，数学家杜宾斯和斯巴尼尔提出了一种“移动刀法”，可以让三人“公平”地分蛋糕。

假设蛋糕是一个长条，你注意，你不能使用刻度尺把蛋糕按长度均分，因为可能蛋糕左侧有更多的草莓，而右侧有更多的奶油，有人喜欢草莓，有人喜欢奶油，同样尺寸的蛋糕，效用也是不一样的。

那怎么办呢？如图 4.2–2，你可以这样做：让一个人拿着刀，缓慢地从左向右移动，三个等着分蛋糕的小朋友 A，B，C 紧紧盯着刀的位置，计算自己最喜欢的蛋糕部分。

突然，小朋友 A 喊：“停！”于是，刀就在这里切下一块，并把它分给喊“停”的小朋友。随后，刀口继续移动，小朋友 B 又喊了一声“停”，刀又会在这里切下一块给 B，余下的一块就是 C 拿到的蛋糕了。

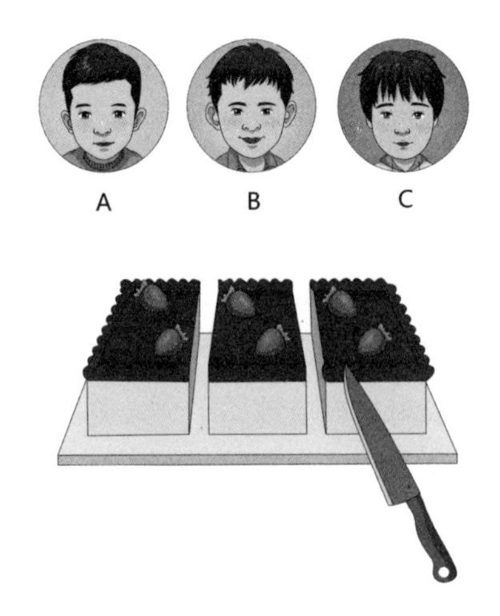

图 4.2-2

让我们来分析一下三个人的内心活动：每个人都希望自己拿到不少于 $\frac{1}{3}$ 的蛋糕，这才是公平的。

比如，A 可能特别喜欢草莓，而草莓位于蛋糕的左边。当刀移动时，A 看到自己喜欢的部分被包含进来，内心激动万分，当他认为这一部分蛋糕的价值已经超过了 $\frac{1}{3}$ 时，就会迫不及待地喊“停”，因为他已经不吃亏了。

B 对草莓和奶油有同样的喜好，当 A 喊停时，在 B 的眼中，这一块蛋糕只有 $\frac{1}{4}$ 的价值，所以 B 会选择继续等待。余下的蛋糕还有 $\frac{3}{4}$ 的价值，只剩下 2 个人，每人一半，自己可以拿到 $\frac{3}{8}$ 价值的蛋糕。当刀口移动到余下的蛋糕的一半的位置时，B 就会喊“停”，拿走这一部分。

C 特别讨厌草莓，又特别喜欢奶油，所以他认为 A 拿走的蛋糕只有 $\frac{1}{5}$ 的价值，B 拿走的蛋糕只有 $\frac{1}{4}$ 的价值，余下的部分有 $\frac{11}{20}$，结果全都被自己拿走了，C 是最高兴的（图 4.2–3）。

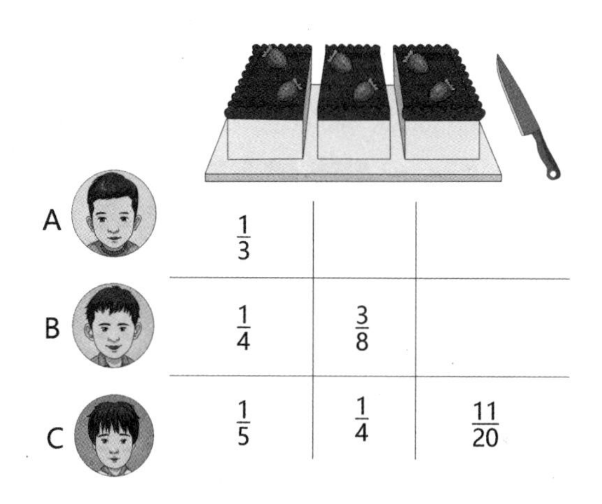

图 4.2-3　不同的人对每部分蛋糕效用的感受不同

有人会有疑问：为什么 A 在刀口到达 $\frac{1}{3}$ 效用的位置时一定要喊“停”呢？假如他再等一会儿，不就能拿到更多的蛋糕了吗？

他这样做是有风险的，因为在这个时刻，对 A 来讲，左侧蛋糕的价值为 $\frac{1}{3}$，右侧蛋糕的价值为 $\frac{2}{3}$。A 喊“停”，可以保证拿走 $\frac{1}{3}$ 的蛋糕；如果 A 选择等待，右侧部分将会少于 $\frac{2}{3}$，假如此时被 B 喊了“停”，A 将只能和 C 一起得到少于 $\frac{2}{3}$ 的蛋糕，很有可能，A 将没有机会获得 $\frac{1}{3}$ 的蛋糕了。因此，A 一定会诚实地说出自己的感受，这样他才能获得确定的、公平的蛋糕。对 B 来讲，情况也是类似的。

可是如果我们继续分析，就会发现这种方法尽管“公平”，却不是“无嫉妒”的。如图 4.2–4，设想：在蛋糕分配完毕后，三个人重新检视了别人拿到的部分。

① C 感觉 A 拿到 $\frac{1}{5}$，B 拿到 $\frac{1}{4}$，自己拿到 $\frac{11}{20}$，自己拿到的最多，非常开心。

② B 感觉 A 拿到 $\frac{1}{4}$，自己拿到 $\frac{3}{8}$，C 拿到 $\frac{3}{8}$，自己和 C 拿到的并列最多，心情也不错。

③ A 认为自己拿到了 $\frac{1}{3}$，他又看了看 B 和 C 拿到的部分，他可能会觉得 B 拿到的部分实在糟透了，价值只有 $\frac{1}{4}$，但是 C 因为一直没有喊“停”，反而拿到了最大的一块，价值是 $\frac{5}{12}$，比自己的还要大！

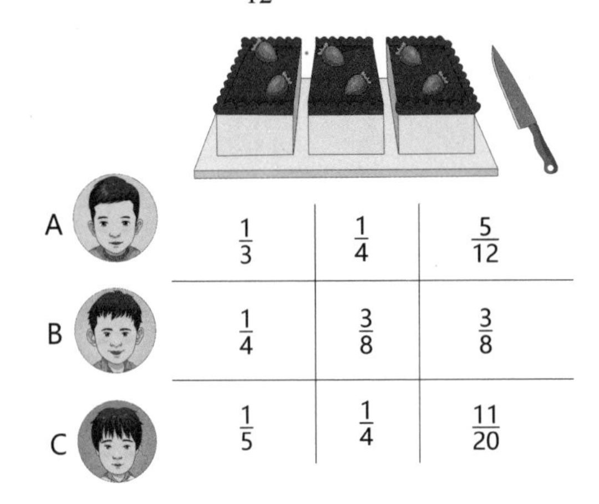

A	$\frac{1}{3}$	$\frac{1}{4}$	$\frac{5}{12}$
B	$\frac{1}{4}$	$\frac{3}{8}$	$\frac{3}{8}$
C	$\frac{1}{5}$	$\frac{1}{4}$	$\frac{11}{20}$

图 4.2-4　不同的人对每部分蛋糕效用的感受不同

这时，A 的内心就不平静了。他想，虽然我拿到了全部蛋糕的 $\frac{1}{3}$，我并没有吃亏，但是居然有人比我拿的多，这就不行！于是，嫉妒心就产生了。

这样的情景在生活中并不少见。几个朋友一起创业，大赚了一笔，每个人都分到了不少钱，远远超过了自己的预期。可是，还是有人认为别人拿到的超过了自己，于是产生了内讧。

也许你在单位中是一名兢兢业业的技术工人，有一天获得了一点荣誉或者奖金，立刻就有人红着眼睛在背后议论你。你感觉到很委屈：自己明明只拿到了应得的部分啊！为什么还会被人嫉恨呢？还是那句话，因为每个人对利益的看法不同。你认为你只拿到了自己应得的部分，但是其他人却可能觉得你比他拿的多得多。现在，你明白了吗？

三、如何消灭嫉妒心？

还有更好的三个人分蛋糕的方法吗？既要公平，还要没有嫉妒，让每个人都觉得自己拿到的部分最大或并列最大？

这并不是一个容易的数学问题。在 20 世纪 60 年代，数学家塞尔福里奇和康威提出了一个方案——三个人公平且无嫉妒地分蛋糕的方法，这个方法着实有点复杂。

如图 4.2-5，首先，让 A 将蛋糕分成三份，并且让 B 和 C 先选，A 拿余下的那一块。因为 A 知道自己将会最后选择，所以他一定会尽力将三块蛋糕分成均等价值的三份，否则吃亏的一定是自己。

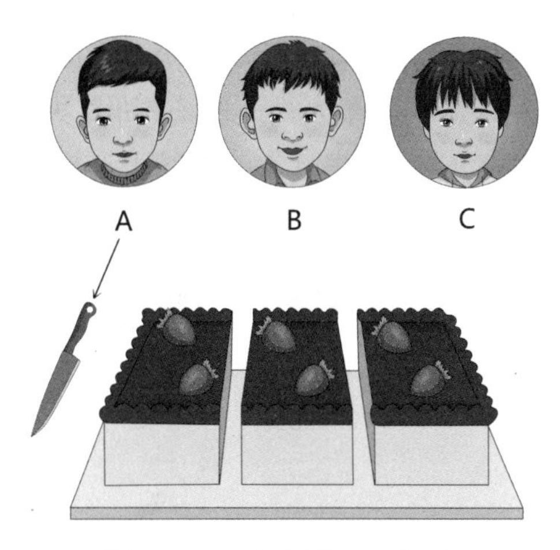

图 4.2-5　A 切蛋糕，B 选蛋糕

由于每个人的喜好不同，在 B 和 C 眼中，三块蛋糕的价值并不是相同的，他们都会选择自己认为最大的那一块。

如图 4.2-6，如果 B 和 C 的选择不同，他们各自拿走了自己认为价值大的一块，A 拿余下的一块，那么问题就解决了。此时 B 和 C 都认为自己占了最大的便宜，而A认为三块一样大，也没有人超过自己。三个人都非常开心，这种分配方案是公平且无嫉妒的。

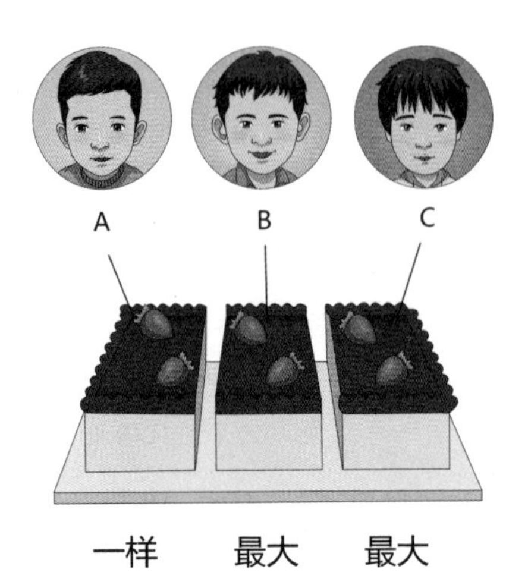

图 4.2-6　若 B 和 C 选择不同，每人眼中蛋糕的价值

不过，如果B和C都看上了同一块蛋糕，那问题就复杂了。比如，B和C都认为右边的一块蛋糕最大，他们就必须遵循下面的步骤分蛋糕。

①如图4.2–7，由B操刀，将最大的一块（右侧蛋糕块）再切下来一小条，使得这块蛋糕余下的部分与B眼中第二大的蛋糕块一样大。

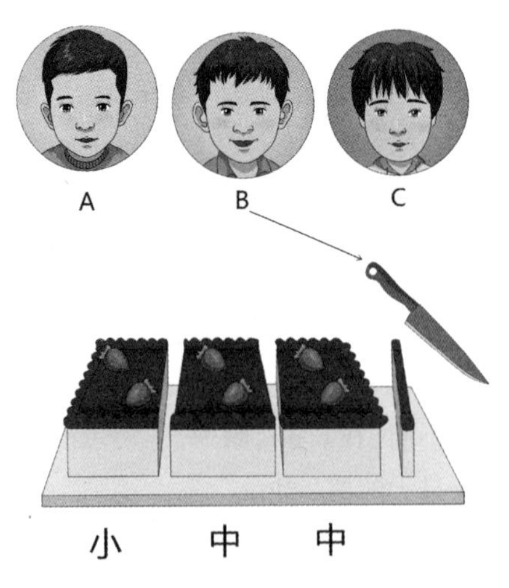

图 4.2-7　B 眼中三块蛋糕的效用

②不考虑切下来的小条，按照 C，B，A 的顺序选择蛋糕。

③如果 C 没有选择 B 切过的那一大块蛋糕（右侧蛋糕），那么 B 必须自己拿走这一块。

按照这个步骤，三人在第一次分配的过程中，都感觉自己是占便宜的。

① C 先选，C 一定选择自己心目中最好的一块，他没有理由嫉妒别人。

② B 再选，因为经过自己操刀，三块蛋糕中有两块相同而且最大（比如中间的和右侧的），C 不可能把两块都拿走，所以 B 总有机会拿走最大的两块中的一块，他认为自己与 C 同样拿到了最大的。

③ A 最后选，原本他将蛋糕切成了三块一样大的，现在由于 B 将最右侧的蛋糕又切下来一块，最右侧的蛋糕变小了，左侧和中间的蛋糕一样大。不过好在，如果 C 没有把最右侧的蛋糕拿走，按照规则 B 就会把这一块拿走，这块小的蛋糕一定不会留给 A，A 也非常开心。

大块分完了，现在开始分切下来的一小条。如果刚才 C 拿走了最右侧的一块（被 B 切过的）蛋糕，那么就继续由 B 将这一小条分成均匀的三块，并且按照 C，A，B 的顺序选择这三块，如图 4.2–8，这样同样是无嫉妒的。

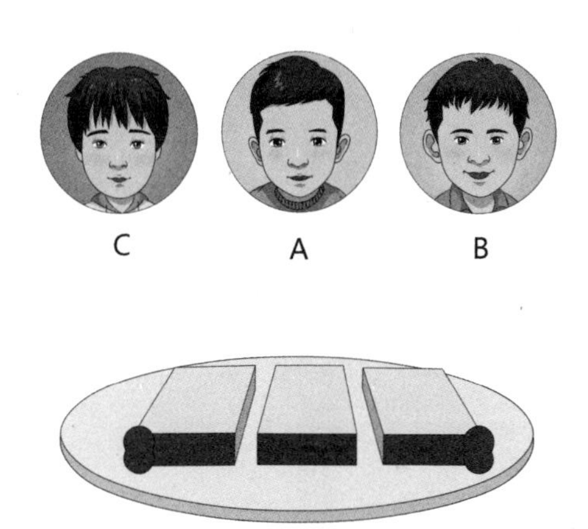

图 4.2-8

这是因为：

① C 第一个选，所以他会选择自己心目中最好的那块，第二次分配他不会嫉妒别人。

② A 比 B 先选，所以 A 不会嫉妒 B。

③在 A 心中，现在分的这一小条，本来就是从刚刚被 C 选走的那一块（最右侧）蛋糕上分割下来的。在 A 的眼中，C 这个傻瓜上一次选了最小的，现在就算把这三个部分全都给 C，C 也只是拿到跟自己一样多的蛋糕而已。于是，A 也不会嫉妒 C。

④B 最后选，他一定会尽力将三块分得均匀——无论自己拿到哪一块，都不会嫉妒别人。

这样，整个蛋糕被分配完毕。三个人都觉得自己拿到了最大的一块，这样就不会有人嫉妒别人，这真是一个精妙绝伦的方法！

那么，如果刚才是 B 选择了被切过的蛋糕块（最右侧），那么就由 C 来分配这小块，再按照 B，A，C 的顺序选择，结论和刚才一样（图 4.2–9）。

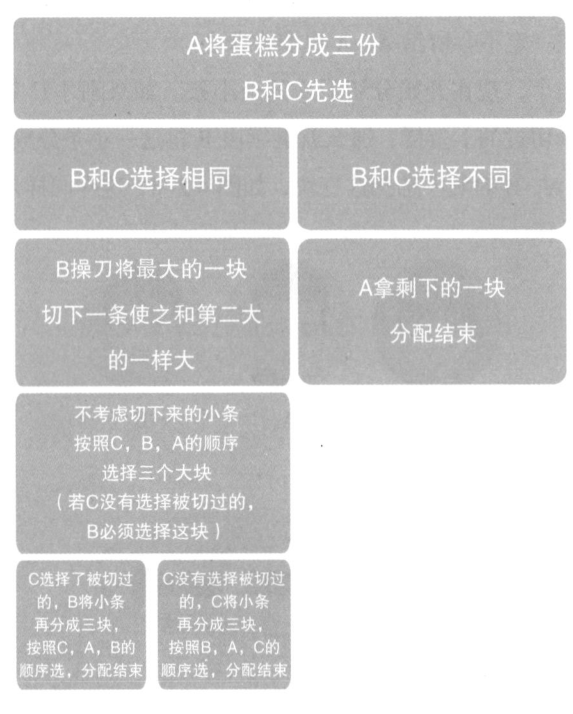

图 4.2-9

如果人数比三个人还多，又该怎么做才能公平且无嫉妒地分蛋糕呢？1995 年，数学家布拉姆斯和泰勒证明了无论有多少人，都存在这样的分配蛋糕方案。只是，在人数比较多的时候，这个分配方法会变得更加复杂。

到了2016年，阿奇兹和麦肯奇又证明了N个人公平且无嫉妒地分配一个蛋糕，所需要的步骤数的上界是

$$N^{N^{N^{N^{N^{N}}}}}$$

这么多种。

尽管这个问题在数学上的解非常复杂，但是它依然能为我们看待社会问题带来很多的启发。比如作为公司员工，我们会明白自己为何会嫉妒别人，以及为何会被别人嫉妒；作为公司管理者，我们自认为是客观公正的，但是员工却都觉得自己偏心。

家长们自认为是客观公正的，费尽心血地设计方法分蛋糕，反而经常会落个不公平的结局。相反，设计一个合理的制度，让孩子们参与分蛋糕的过程，没准能获得一个让所有人都满意的结果。

零知识证明

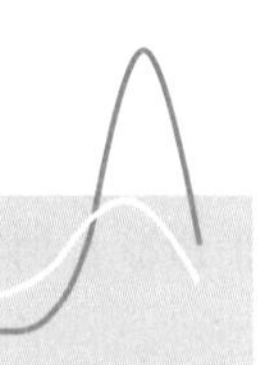

假如有一天，你证明了一个奇难的数学猜想，例如黎曼猜想、哥德巴赫猜想等，却没有人相信你，你也不敢轻易地把证明过程公布出来，因为这样就有可能被人窃取成果。那么，有没有这样一种方法，既不公开你的证明过程，又让别人相信你的确已经证明了这个猜想呢？

其实，这样的问题在现实中很有意义。例如，一位富翁希望别人相信自己很有钱，却不愿意向别人公布自己的任何财产；一个聪明人希望别人知道自己很有才华，却不愿意展示自己哪怕一丁点的知识。他们能成功吗？

其实是可以的，这就是零知识证明问题。

一、零知识证明

1985 年，麻省理工学院和多伦多大学的几位科学家提出了一个问题：能否不向他人展示任何一点技术或者能力细节，却让别人相信自己已经掌握了这项技术或者能力？

在问题中，存在一个证明者 P，他要让其他人相信自己具有某种知识或能力。还有一个验证者 V，通过不断地向 P 提问，来验证 P 是否真的具备某种知识或能力。但是得注意，在提问和回答的过程中，P 不能提供任何有意义的信息，却依旧要让 V 相信自己。

零知识证明一般需要三个条件：完备性、合理性和零知识。完备性是指：如果证明者 P 具有某种知识或者能力，那么他就很容易回答出验证者 V 的问题，俗称“真的假不了”。合理性是指：如果证明者 P 不具有某种知识或者能力，那么他便将难以准确回答出验证者 V 的问题，俗称“假的真不了”。零知识是指：验证结束后，验证者 V 除了承认 P 具有某种知识和能力外，对这种知识和能力的细节一无所知。

举例来说：把一个数分解为几个质数的乘积，叫作分解质因数，例如 15=3×5，85=17×5。如果要分解的数很大，这个问题就会变得异常困难，没有办法在很短的时间内得出结果。假如你掌握了一种快速对大数进行质因数分解的方法，你并不需要向别人展示这种方法的细节，只需要让验证者给你几个大数，你快速进行质因数分解后，把结果告诉验证者，验证者就不得不相信你已经掌握这项技能了。

然而，这并不是真正的“零知识”，因为此时，验证者至少掌握了几个大数质因数分解的结果。为了让大家真正掌握这种方法，让我借用一个名为《阿里巴巴与四十大盗》的童话故事，一步步带领大家探索零知识证明的奥秘吧。

二、阿里巴巴与四十大盗

有一天，四十大盗获得了一张藏宝图，显示在某个山洞里藏有价值连城的宝藏。但是，在通往宝藏的道路上有很多关卡，只有具有特殊技能的人才能破解这些关卡。于是，四十大盗抓住了阿里巴巴，逼问他是否具有这种技能。

阿里巴巴心想：“如果我帮助大盗解开关卡，大盗就会因为我失去了利用价值而把我杀掉；如果我不帮大盗解开关卡，大盗又会觉得我根本就一无所知，进而也会把我杀掉。我怎么才能既不帮大盗解开关卡，又能让他们相信我的确具有这种技能呢？”

第一关：分球问题

第一个关卡是有一堆同样大小和材料的球，有的是红色的，有的是绿色的，把红色和绿色的球分开才能过关。这对色觉正常的阿里巴巴来讲，是轻而易举的事。可惜，四十大盗是同一个色盲妈妈的孩子，他们都是红绿色盲，所以他们无法区分红球和绿球。

阿里巴巴为了向四十大盗证明自己能够区分红球和绿球，开始了零知识证明过程。如图 4.3–1，首先，阿里巴巴选出一个红球和一个绿球，让一名大盗分别拿在左手和右手。然后，大盗在身后随机交换或者不交换两个球，再拿到身前展示给阿里巴巴，并且对阿里巴巴提问：“我是交换了球还是没交换？”

图 4.3-1

这是什么意思呢？

大家想：假如阿里巴巴色觉正常，他很容易就能看出两个球是否交换了，并且做出正确的回答。大盗虽然不能区分颜色，但是交换与否是大盗决定的，大盗也很容易验证阿里巴巴说的对不对。如果阿里巴巴连续回答正确 10 次，就说明他极有可能能够区分两个球的颜色。否则，阿里巴巴采取“瞎蒙”的方法，每次只有 50% 的可能性答对，连续答对 10 次的概率就低于 0.1% 了。

可是，除了以极大概率确定阿里巴巴能够区分球的颜色外，大盗的确对两个球的颜色一无所知。大盗不知道哪个球是红色，哪个球是绿色，这就是零知识证明的魅力。

前面我们谈到过《皇帝的新装》这则童话。两个骗子说自己能造出一件华丽的衣服，只有聪明人才能看见它。皇帝要想辨别骗子说的是真是假，就可以采用零知识证明的方法：把两个骗子分在两个房间里，找来两个侍卫，让其中一个骗子把衣服穿在某个侍卫身上。然后，让侍卫们来到另一个房间，让另一个骗子指出衣服在谁的身上。如果骗子连续几次都指对了，就说明衣服真的存在。如果指错了，就说明衣服根本不存在。

第二关：开门的咒语

第二关是从山洞里的一扇石门通过，而只有念出正确的咒语才能打开石门。阿里巴巴知道咒语，但是不能告诉四十大盗，他应该怎么做？

这座山洞是环形的，有 A 和 B 两个入口，里面隔着石门。如图 4.3-2，首先，阿里巴巴先随机进入一个洞口，并且藏起来，这个过程不让大盗看到。然后，大盗随机指定一个洞口，让阿里巴巴从这个洞口出来。

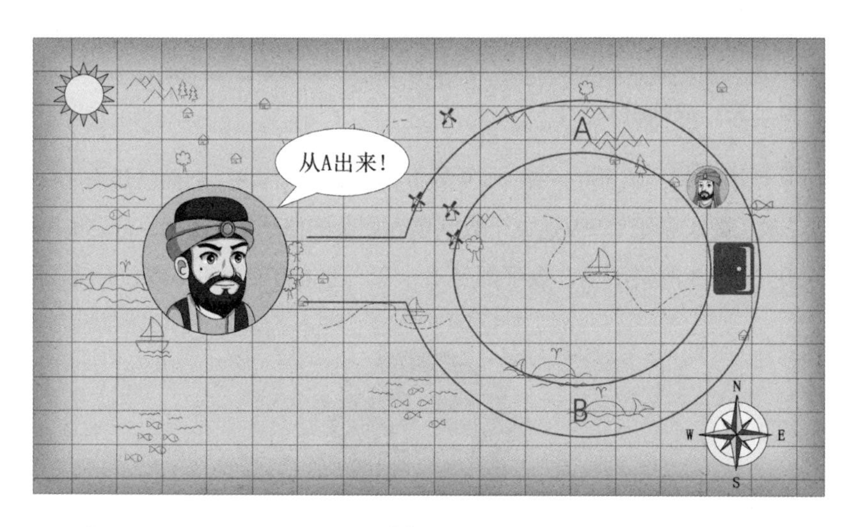

图 4.3-2

比如：阿里巴巴进了 A 洞口，大盗让他从 A 出来，阿里巴巴无须打开石门，就能从 A 出来。可是如果阿里巴巴进了 B 洞口，大盗让他从 A 出来，阿里巴巴便只需念咒语，打开石门，就能从 B 洞进入 A 洞，然后从 A 出来。

显然，阿里巴巴藏身的洞口不可能每次都和大盗指定的洞口相同。如果连续十几次，阿里巴巴都能从大盗指定的洞口出来，就说明他知道打开石门的咒语。

也许有同学说：干吗要这么复杂呢？干脆让阿里巴巴和大盗一起站在洞口，阿里巴巴从 A 进去，再从 B 出来，不就证明了阿里巴巴能够打开石门吗？

的确如此，这样做“确凿无疑”地证明了阿里巴巴知道咒语。可是“确凿无疑”与“零知识”是矛盾的。阿里巴巴只能向大盗证明自己具有这种本领，让四十大盗获得“阿里巴巴知道咒语”的观点，却不能让这种观点变为四十大盗可以向其他人证明的事实。

你看：采用刚才我们说的随机进入的方法，四十大盗的确相信阿里巴巴知道咒语，但是其他人并不一定相信，因为其他人可能认为四十大盗和阿里巴巴是串通好的。如果真的让四十大盗监督阿里巴巴从 A 进，从 B 出，那么不光四十大盗，世界上所有人都知道阿里巴巴“确凿无疑”地知道咒语，它就成了事实。零知识证明最神奇的地方就在于：这种信任只在证明者和验证者之间。

第三关：数独游戏

来到第三关，关卡是一个 9×9 的方格，如图 4.3–3，上面已经有了一些数字，通关要求是把 1 ～ 9 这九个数字填到剩余的格子里，让每一行、每一列，以及 9 个 3×3 的格子里，数字都是 1 ～ 9。这样的游戏叫作数独游戏。

图 4.3-3

聪明的阿里巴巴自然知道这个数独游戏该怎么填，但是他不想给四十大盗透露哪怕一点点信息，于是他可以这么操作。

如图 4.3–4，首先把 1 ～ 9 这九个数字写到卡片上，按照数独游戏的解，把卡片放在对应的格子里，但是要注意扣着放，这样四十大盗就不知道每个格子里是什么数字了。

图 4.3-4

然后，如图 4.3–5，让四十大盗随机选定是要按行、列还是九宫格进行检查。如果四十大盗选择行，就把每一行的 9 张卡片收到一个袋子里，抖落一下再拿出来看。四十大盗会发现：每个袋子里都刚好有 1 ～ 9 这九个数字，满足数独的要求。

图 4.3-5

当然，一次检查并不能证明阿里巴巴真的会数独游戏，因为有可能他的操作只满足了每行的要求。阿里巴巴要重新把牌扣好，让四十大盗重新选择检查行、列或者九宫格。如果四十大盗选择列，就把每一列都放在一个袋子里，然后拿出来供四十大盗检查；如果选择九宫格，方法也是一样的。

因为阿里巴巴不可能每次都猜中四十大盗检查的方式，所以只有他真的会数独游戏，才能通过一轮又一轮的检查。然而，在这个过程中，四十大盗除了相信阿里巴巴知道数独游戏的解法之外，又对具体的解法一无所知，实现了零知识证明。同样地，在外人看来，阿里巴巴和四十大盗可能是在表演双簧，外人不可能相信阿里巴巴真的知道数独游戏的解法。

第四关：三染色问题

大家也许听过四色问题：是否可以用四种颜色填满一张世界地图，每个国家一种颜色，并且相邻的国家颜色不同。数学家们已经在计算机的帮助下解决了这个问题，证明了任何一张世界地图，都可以四染色。

但是，能否用三种颜色填满一张地图，让相邻的国家颜色不同呢？这就是三染色问题。显然，有些地图是可以三染色的，也有一些是不能的。比如在图 4.3–6 中，左图就可以三染色，右图就不能。

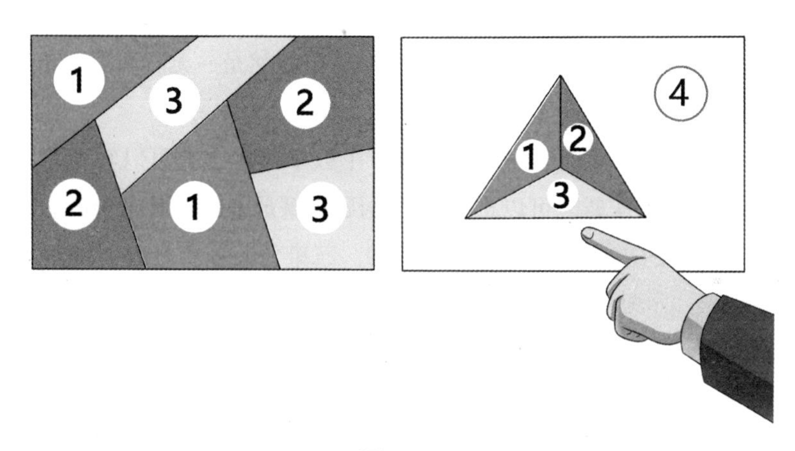

图 4.3-6

假如宝藏的最后一关是一个三染色问题，阿里巴巴要向四十大盗证明自己能够成功三染色，却不透露具体的方法，他可以这样做。

首先，把三种颜色的卡片装到不透明的袋子里，然后把每个袋子放在不同的格子里，完成三染色。

然后，让四十大盗检查任何两个相邻的格子，拿出颜色卡，检查这两张卡片的颜色是否不同。

检查完毕后，阿里巴巴需要把所有袋子收回，随机调换三种颜色卡，再重新铺满整个图，比如将第一次的深蓝色卡换成浅蓝色卡，浅蓝色卡换成灰色卡，灰色卡换成深蓝色卡，一样能满足“相邻不同色”的要求（图4.3-7）。然后，让四十大盗再进行一次检查。

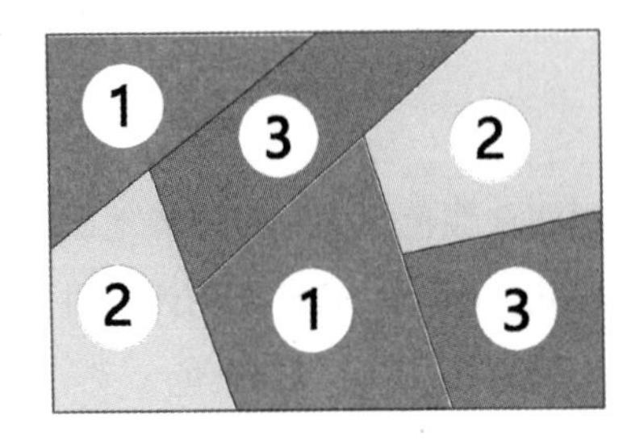

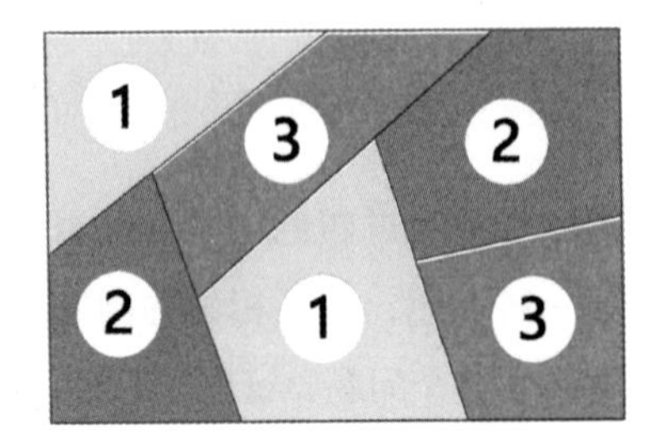

图 4.3-7

经过许多次检查，四十大盗会发现：阿里巴巴总是能做到相邻的格子颜色不同，所以四十大盗相信阿里巴巴真的能够三染色。但是因为颜色在不停地随机调换，四十大盗对地图的具体涂法依然是一无所知的。于是，零知识证明过程便完成了。

美国数学家威格森证明了，任何一个数学命题，都可以转化为一个NP完全问题（大家暂时可以把NP完全问题理解成一类非常困难的数学问题），而所有的NP完全问题都是等价的。三染色问题就是一个NP完全问题。所以，一个复杂的数学问题，例如哥德巴赫猜想、费马大定理或者黎曼猜想，都可以转化为不同形状地图的三染色问题。只要你能解决这个三染色问题，就能解决对应的数学猜想了。

所以，理论上讲，如果有一天你证明了一个奇难的数学猜想，既想让别人承认自己，又不想透露这个猜想的具体证明过程，那就可以把它转化成一张地图，然后进行三染色，再通过零知识证明的方法展示给其他人——如果你“不嫌麻烦”的话。

最后给大家留一个思考题吧！童话中阿里巴巴后来杀死了四十大盗，独享了财宝，变得非常富有。阿里巴巴的哥哥也非常富有。假如有一天，他们俩想比较一下谁的财富更多，但是都不想告诉对方自己的财富状况，他们有什么方法吗？

100名囚犯问题

有 100 名囚犯，编号分别是 1 ～ 100。监狱长想处死他们，但是又苦于没有借口，于是监狱长想出了一个主意。

他对囚犯们说：“我给你们一个获得赦免的机会。首先我会准备 100 个盒子，盒子的编号是 1 ～ 100。每个盒子里有一个号码牌，号码牌的编号也是 1 ～ 100，但是它们之间显然并不存在对应关系。”（图 4.4–1）

图 4.4-1

如图 4.4–2，每一个囚犯单独进入储存盒子的房间，检查 50 个盒子中的号牌。如果在这 50 个盒子中找到了与囚犯自身编号相同的号码牌，那么就算成功。

图 4.4-2

如果 100 名囚犯都成功了，那么所有人都将得到释放。但是，哪怕只有一个囚犯没有找到自己的号码牌，所有囚犯都将被处死。

现在，囚犯可以一起商量策略。但是一旦程序启动，囚犯就不能相互交流了。请问，囚犯有什么方法能够提高自己生存的希望吗？

这个问题其实是由法国科学家菲利普和美国科学家罗伯特提出的，他们也给出了相应的解答。我们就一起来了解一下，这个有趣的 100 个囚犯问题。

一、囚犯的策略

如果囚犯完全不采取任何策略，每个囚犯都随机地打开 50 个盒子，那么他们得到赦免的概率有多大呢？

一共有 100 个盒子，囚犯只能打开 50 个，所以每个囚犯只有 $\frac{1}{2}$ 的可能性会成功。只有 100 个囚犯都成功了，所有人才能得到豁免，概率为

$$P=\left(\frac{1}{2}\right)^{100}\approx 8\times10^{-31} .$$

这个概率实在太低了，大约相当于一个人连续买了 4 期双色球，每次

都中了头奖，所以，囚犯基本上都要被处死。

可是，囚犯如果懂一点数学，就能大大提高自己生存的概率。他们可以采用这样的策略：

1. 进入房间后，打开自己编号对应的盒子；

2. 如果盒子里的号码牌等于自己的编号，那么就成功地退出房间；

3. 如果盒子里的号码不等于自己的编号，就继续打开盒子里的号码牌对应的盒子；

4. 重复第 2 ～ 3 步。

举个例子，如图 4.4–3，如果囚犯的号码是 3 号，他进入房间后就打开 3 号盒子。结果他发现 3 号盒子里的号码牌是 5 号，不是自己的编号。然后他就打开 5 号盒子，他发现 5 号盒子里的号码牌是 16 号。他继续打开 16 号盒子，结果发现 16 号盒子里的号码牌是 3 号，他就成功了。

图 4.4-3

当然，如果他连续开 50 个盒子都没有找到自己的号码，他就失败了，所有囚犯都会被处死。

尽管存在失败的可能，但是这种策略会让所有囚犯成功被赦免的概率提高到 31.2%，相比于随机选择，概率几乎提高了 39 万亿亿亿倍。你知道这是为什么吗？

二、闭环

为了讨论这种策略为什么优秀，我们首先要指出：采用这种策略时，开多少个盒子能够成功，取决于你的号码牌在一个多长的环之内。

我们以 8 个盒子为例，每个盒子的编号写在盒子表面，里面装有 1 ～ 8 号的某个号码牌。如果我们按照刚才的策略，把开盒子的顺序用箭头连接起来，就有可能形成图 4.4–4：

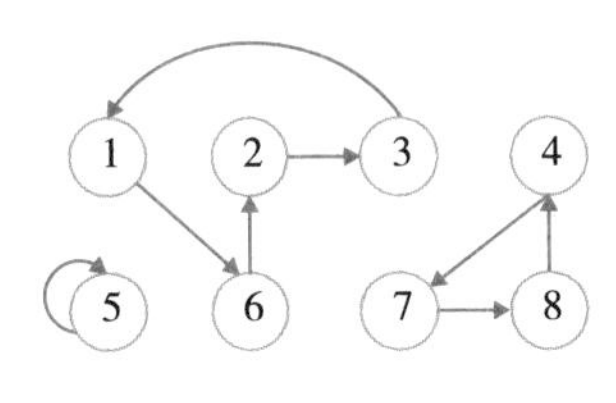

图 4.4-4

这表示：如果我们打开 1 号盒子，会发现 6 号号码牌；打开 6 号盒子，会发现 2 号号码牌；打开 2 号盒子，会发现 3 号号码牌，打开 3 号盒子，会发现 1 号号码牌，从而完成闭环，在这个闭环中有四个盒子。同样，4，7，8 也构成了一个闭环，有三个盒子。而 5 号盒子中装有自己的号码牌，所以它的闭环只有一个盒子。

所以，利用这种策略需要打开多少个盒子，其实取决于自己的号码在一个多长的闭环内。如果囚犯希望被赦免，那么在这 100 个盒子中，不能出现长度大于 50 的环，否则囚犯都无法在 50 次机会内找到自己的号码。反之，如果在 100 个盒子中，所有的环长度都不超过 50，那么囚犯就能全部被赦免了。

三、这个概率有多大?

如何计算策略的成功率呢？这等价于计算所有的环长度都不大于 50 的概率。这有一点复杂，我们可以按照下面的步骤进行计算。

（1）计算 100 个盒子中装 100 个号码牌，一共有多少种可能。

显然，第一个盒子有 100 种可能，第二个盒子不能与第一个盒子相同，有 99 种可能，第三个盒子有 98 种可能……最后一个盒子只能装余下的一个号码牌。所以，100 个盒子装有 100 个号码牌，一共的可能数为

$$n = 100 \times 99 \times 98 \times \cdots \times 1 = 100\,!.$$

100！叫作 100 的阶乘，它表示从 1 乘到 100。

（2）计算一个环中有 m 个盒子，一共有多少种可能。

如图 4.4–5，先从一种简单情况开始：假如 100 个盒子都在一个环中，一共有多少种可能呢？

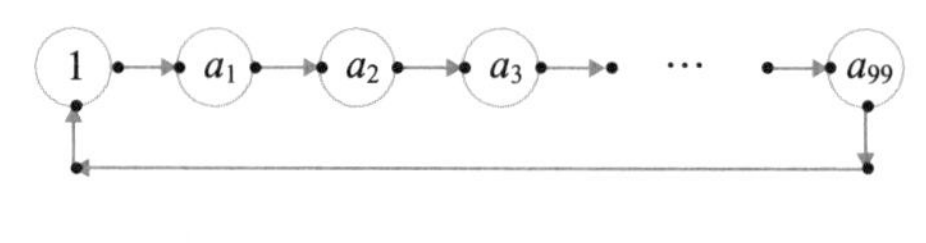

图 4.4-5

从 1 号盒子开始，假设它链接到 a_1 号，a_1 号又链接到 a_2 号，一直链接到 a_{99} 号，那么 a_1，a_2，…，a_{99} 一共有多少种不同的可能？

1 号盒子里的号牌 a_1 不可能等于 1，它有 99 种可能；

a_1 号盒子里的号牌 a_2 既不是 1，也不是 a_1，所以 a_2 有 98 种可能；

a_2 号盒子里的号牌 a_3 既不能是 1，也不能是 a_1，a_2，所以它有 97 种可能；

…

最后，a_{99} 号盒子里的号牌只能是 1 号，只有 1 种可能。

于是，整个链条的可能数为

$$m_{100} = 99 \times 98 \times 97 \times \cdots \times 1 = 99\,!.$$

你看，100 个盒子装号牌一共有 100！种可能，所有盒子成了一个大环，有 99！种可能，所以概率是

$$P_{100} = \frac{m_{100}}{n} = \frac{99\,!}{100\,!} = \frac{1}{100}.$$

组成 100 个盒子的大环概率是 $\frac{1}{100}$，这其实并不是偶然。实际上，存在 m 个盒子的环，概率是 $\frac{1}{m}$，这个规律对 50 个盒子以上的大环都是适用的。也就是说：要组成 99 个盒子的大环，概率是 $\frac{1}{99}$；组成 98 个盒子的大环概率是 $\frac{1}{98}$；……直到组成 51 个盒子的大环，概率是 $\frac{1}{51}$。这个证明比较烦琐，这里就不详细解释了，留给学有余力的小伙伴自己推导。

（3）计算囚犯获救的概率。

按照我们刚才的论证，如果囚犯采用我们的策略，只要每一个环里元素的个数都不超过 50，那么囚犯就能全部获救。这就不能存在长度为 51，52，53，…，100 个盒子的环。只需要在全部情况中去掉这些情况就可以了。所以，囚犯获救的概率为

$$P=1-\frac{1}{51}-\frac{1}{52}-\frac{1}{53}-\cdots-\frac{1}{100}\approx 31.2\%.$$

四、如果人数更多

假如囚犯不是 100 个，而是 1 000 个，10 000 个……这种方法还能奏效吗?

我们假设囚犯有 $2n$ 个，n 是一个非常大的数。那么按照我们的策略执行时，只要不出现大于 n 个盒子的环，囚犯就能全部获释，所以获释的概率是

$$P=1-\frac{1}{n+1}-\frac{1}{n+2}-\frac{1}{n+3}-\cdots-\frac{1}{2n}.$$

伟大的数学家欧拉告诉我们，自然数的倒数叫作调和级数，调和级数是有求和公式的：不严格地说，在 n 很大时，有

$$1+\frac{1}{2}+\frac{1}{3}+\cdots+\frac{1}{n}\approx \ln n+\gamma.$$

其中 γ 是一个无理数，叫作欧拉常数 $\gamma = 0.577\cdots\cdots$

现在我们利用这个公式，就能计算在囚犯很多时采用这种策略的成功率了。你看：

$$1+\frac{1}{2}+\frac{1}{3}+\cdots+\frac{1}{n}\approx \ln n+\gamma,$$
$$1+\frac{1}{2}+\frac{1}{3}+\cdots+\frac{1}{n}+\frac{1}{n+1}+\cdots+\frac{1}{2n}\approx \ln(2n)+\gamma.$$

我们用上面两个式子作差，就能得到

$$\frac{1}{n+1}+\frac{1}{n+2}+\cdots+\frac{1}{2n}\approx \ln(2n)-\ln n=\ln 2.$$

所以，采用这种策略时，囚犯全部获释的概率是

$$P=1-\left(\frac{1}{n+1}+\frac{1}{n+2}+\frac{1}{n+3}+\cdots+\frac{1}{2n}\right)\approx 1-\ln 2\approx 30.68\%.$$

即便囚犯成千上万，利用这种策略依然能够获得约 30.68% 的成功概率！

五、还能再给力一点吗？

可是，万一这个策略被监狱长知道了怎么办？他可能会故意设计一个长度超过 50 的环，这样就会让策略失败了。囚犯还有什么应对方法吗？

有，方法是囚犯协商一个数 x，每次打开的盒子是盒子中的号牌加上 x。

例如，$x=5$，那么 1 号囚犯进入屋子后，打开 1+5=6 号盒子；如果发现 6 号盒子里装的是 12 号牌子，那么就打开 12+5=17 号盒子……如果这个过程中加 5 后的和超过了 100，就减去 100。

按照这种方法，就完全打乱了盒子的链条顺序。在图 4.4-6 中，我举了个例子：如果 8 个盒子原本形成一个环，经过加 5 的策略之后，就会形成 1，7，3 和 2，8，4，5，6 两个较小的环。当然，打乱链条顺序并不一定能形成较小的环，所以也无法保证囚犯们一定能成功逃脱。

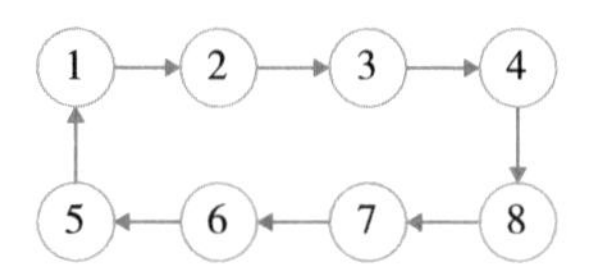

原本形成了一个大环

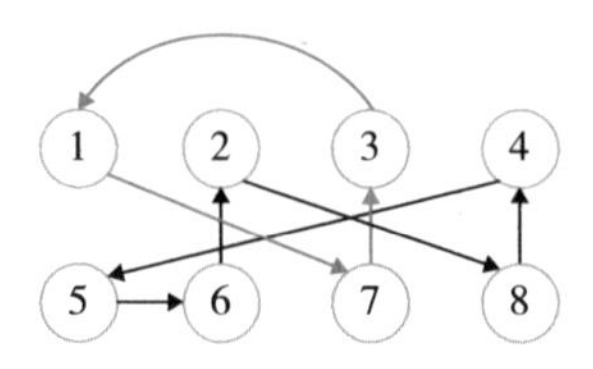

图 4.4-6

其实，关于囚犯的数学和逻辑问题还有很多，如果你喜欢这样的问题，不妨再来想一个思考题。

若干个囚犯关在一个监狱里，每个囚犯都在一个暗无天日的小房间里，无法看到外面，也看不到其他囚犯。如果监狱长某天开心了，就会随机选择一名囚犯到院子里放风 10 分钟。院子里有一盏灯，囚犯可以把灯打开，也可以把灯关闭，除了囚犯，没有人会碰这盏灯。

有一天，监狱长对所有囚犯说："如果哪天一名囚犯猜测出所有囚犯都已经被放过风了，而且他的猜测正确，那么所有囚犯都将被释放；但如果猜错了，所有囚犯都将被处死。"

那么，如果囚犯们可以协商出一种策略，他们究竟采用什么方法，才能确定所有人都被放过风了呢？

找次品问题

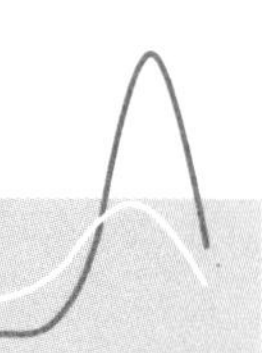

曾经有个小朋友问了我一个问题：

“在 12 个小球里有一个次品，质量与其他 11 个球不同。用一个没有砝码的天平，最少称几次，才能保证找到那个次品，并且区分出次品是轻还是重呢？”

这个问题看似简单，做起来还真不容易。

一、9个球，已知次品轻重

我们首先来研究一个简化版本，这是在小学五年级课本上的一道题：

“已知 9 个球中有 1 个次品球比其他球更重，用天平至少称几次才能保证找到这个次品球？”

相比于原问题，简化版本多了一个条件——我们知道次品球比其他球更重。这样问题就简单多了，你能解出答案吗？

也许有人会说：我可以用二分法，先把球均分成两堆，上天平比较，找到重的一堆，次品就在这里。再把重的一堆均分成两堆，上天平比较……这样，每次就能把球去掉一半，从而尽快找到次品啦！

其实，二分法并不是步骤最少的。因为天平称一次，有三种状态：左边重、右边重或者平衡。二分法只利用了其中的两种情况。我们应该在每一次称量的时候充分利用天平的特点，减小问题的不确定性。

以 9 球为例，首先将 9 个球编号 1 ～ 9，然后把它们分成均匀的三堆：1、2、3 号一堆；4、5、6 号一堆；7、8、9 号一堆。

如图 4.5-1，第一次称量时：把 1、2、3 号球放在天平左盘；4、5、6 号球放在天平右盘；7、8、9 号球放在天平下。

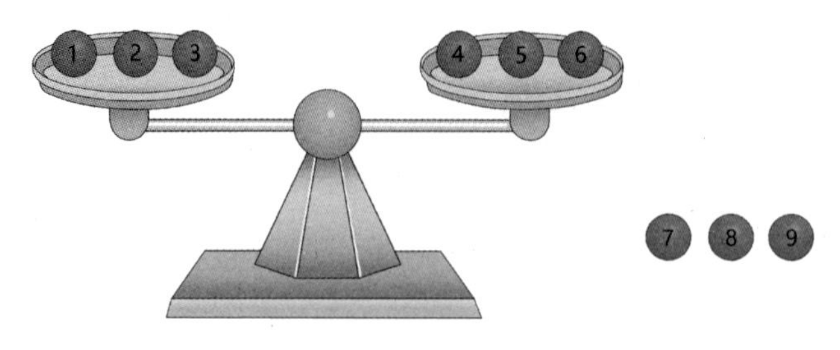

图 4.5-1

如表 4.5-1，因为次品球更重，所以如果天平向左边倾斜，就说明次品在 1、2、3 号中；如果向右边倾斜，说明次品在 4、5、6 号中；如果平衡，说明次品在 7、8、9 号中。

表 4.5-1

天平左侧重	天平右侧重	天平平衡
1号重，2号重，3号重	4号重，5号重，6号重	7号重，8号重，9号重

我们发现：无论出现哪一种结果，都把“从 9 个球中找次品”的问题转化成了“从 3 个球中找次品”的问题，不确定性大大缩小了。

不妨假设次品在 1、2、3 号球中，我们就需要再把这 3 个球平均分成三份，每一份就只有一个球了。然后，如图 4.5-2，把 1 号球放在天平左盘，2 号球放在天平右盘，3 号球放在天平下，进行第二次称量。

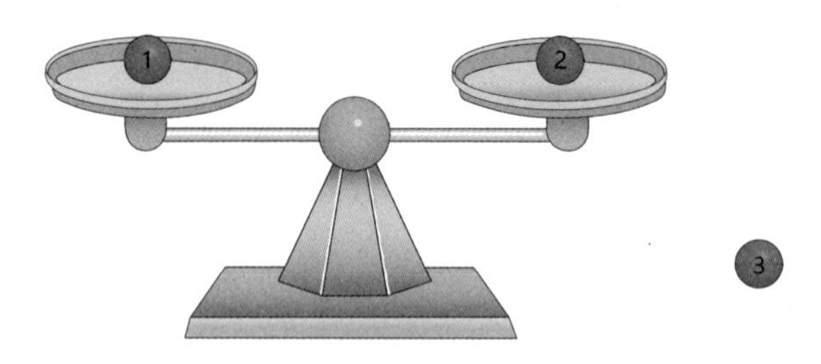

图 4.5-2

如果天平向左边倾斜，1 号球是次品；天平向右边倾斜，2 号球是次品；天平平衡，3 号球是次品。第二次称量，我们把次品的可能范围从 3 个球压缩到 1 个球。

利用每次均分成 3 份的方法，我们只需要 2 次称量，就能从 9 个球中找到那个较重的次品了。

二、N个球，已知次品轻重

根据前面的例子，我们发现：如果在已知次品轻重的前提下，想最快找到次品，应该每次将剩余的球均分成 3 堆，通过天平称量，理想情况下可以把次品的可能性压缩到$\frac{1}{3}$。

假如有 N 个球，每测一次，次品可能性就被压缩到$\frac{1}{3}$，称量 k 次后，次品的可能性小于等于 1，我们就保证找到了这个次品。所以，需要满足的条件是

$$N\times\left(\frac{1}{3}\right)^k\leqslant 1.$$

反过来，称量 k 次，最多能从 N 个球中找到一个已知轻重的次品球，N 必须满足条件

$$N\leqslant 3^k.$$

表 4.5-2 可以帮助大家快速寻找答案。

表 4.5-2

称量次数k	1	2	3	4	…
球的总数N	1～3	4～9	10～27	28～81	…

注：如果球的数量不能均分，只需要把不相等的数放在天平下即可。例如有 26 个球，可以分成 9、9、8 三堆，两堆 9 球放在天平上，8 球在下方，结果不变。

消除不确定性，其实是信息熵的作用。大家是否玩过一个游戏，叫作“我想你猜”。我心里想个人物，你问我问题，我回答是或者否。例如：

问：是中国的吗？

答：是。

问：是武将吗？

答：是。

问：是三国时代的吗？

答：不是。

问：是李云龙吗？

答：是！

每一次回答“是或者否”，都能消除一半的不确定性。如果我只认识1 024个人，那么你最多问我10个问题，就能猜到我心里想的是谁。同样，在天平称小球的问题中，因为每次有3种可能的结果，所以每次消除的不确定性更多。如果每个问题有3种回答，理论上10个问题，可以从3^{10}=59 049个人物中找到答案。

三、6个球，不知次品轻重

如果我们只知道次品质量不同，但是不知道次品是轻是重，至少需要称量多少次，才能保证找到次品，并且测出次品的轻重呢？

显然，如果不知道次品的轻重，那么问题的不确定性就多了。我们还是从简单的情况开始。

有6个球，从中找到一个次品，次品的可能性共有12种：

1号球轻，2号球轻，3号球轻，4号球轻，5号球轻，6号球轻，

1号球重，2号球重，3号球重，4号球重，5号球重，6号球重。

第一次称量，如图4.5–3，将6个球中的1、2号放在天平左盘，3、4号放在天平右盘，5、6号放在天平下。这样分配的原则与之前相同：尽量充分利用平衡的三种可能结果。

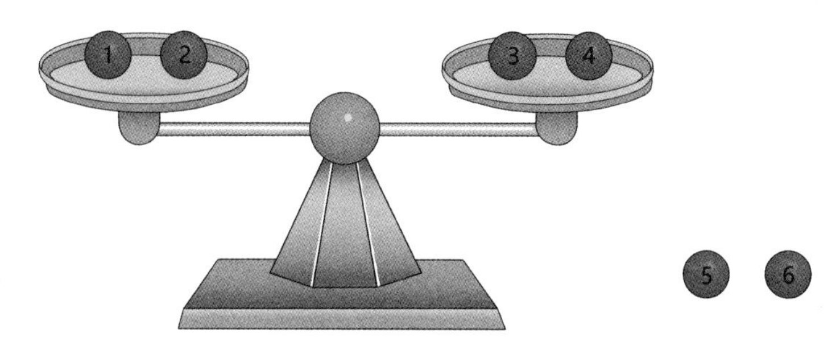

图 4.5-3

称量结果和可能性如表 4.5–3 所示：

表 4.5-3

天平左侧重	天平右侧重	天平平衡
1号球重，2号球重 3号球轻，4号球轻	1号球轻，2号球轻 3号球重，4号球重	5号球轻，6号球轻 5号球重，6号球重

这样，无论获得什么结果，第一次称量后，我们都把 12 种可能压缩为 4 种了。

（1）若第一次称量，天平不平衡。

如果第一次称量天平左侧重，我们就知道坏球在 1、2、3、4 号球之间，而 5 号和 6 号是好球。如图 4.5–4，第二次称量可以使用这样的策略：1 号和 3 号球放在天平左盘，4 号球和一个好球（如 5 号球）放在天平右盘。

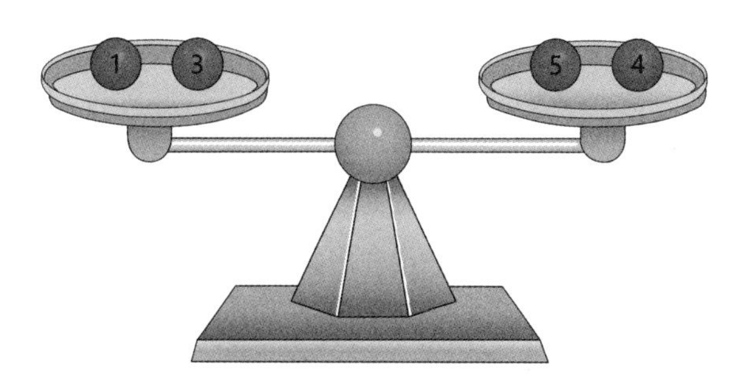

图 4.5-4

根据之前已经获得的信息，容易分析出这时 3 种结果对应的情况如表 4.5–4 所示：

表 4.5-4

天平左侧重	天平右侧重	天平平衡
1号球重，4号球轻	3号球轻	2号球重

这样，我们就把 4 种情况又分为 2—1—1 三类了。

如果第一次称量，天平右侧重，方法是类似的。

（2）若第一次称量，天平平衡。

如果第一次称量天平平衡，我们知道次品在 5、6 号球中，对应四种可能。如图 4.5–5，此时，我们可以用 5 号球与一个合格球（比如 1 号）比较：

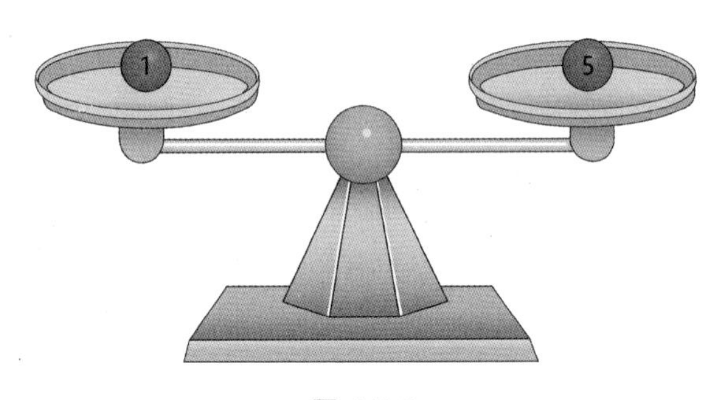

图 4.5-5

结果如表 4.5–5 所示：

表 4.5-5

天平左侧重	天平右侧重	天平平衡
5号球轻	5号球重	6号球轻，6号球重

按照这样的方法，在第二次称量结束后，我们把 4 种情况压缩到 1 种

或者 2 种情况之中了。

如果只剩下 1 种情况，那么我们就找到了次品，并且知道了次品的轻重。

如果还剩下 2 种情况，我们只需让它和合格球比一比，就能找到最终答案了。例如：只剩下 1 号球重和 4 号球轻 2 种情况，我们只要拿一个合格球和 1 号球比较就可以了。

综上所述，N=6 时，我们只需要称量 3 次，就能保证找到次品，并且知道轻重。

四、N个球，不知次品轻重

现在我们开始讨论最一般的情况：如果 N 个球中有一个次品，不知道次品的轻重，至少需要称几次才能找到这个次品，并且区分它的轻重呢？这个问题有一点费脑子，你准备挑战一下自我吗？

我们知道：次品最初的可能性有 $2N$ 种，即 1 号球重、2 号球重、3 号球重……，1 号球轻、2 号球轻、3 号球轻……。理想情况下，如果每次称量都能将可能性压缩为$\frac{1}{3}$，经过 k 次称量，找到次品球并区分轻重，那么需要满足

$$2N\times\left(\frac{1}{3}\right)^k\leqslant 1.$$

反过来，称量 k 次最多能从 N 个球中选出那个不知轻重的次品并区分轻重，N 需要满足

$$N\leqslant\frac{3^k}{2}.$$

貌似已经得出结论了。但实际上，这只是 N 的上限，而这个上限不一定能取到。

接下来，我们就来进一步“压缩”N 的上限。

假设一共有 N 个球，其中有一个次品不知轻重，我们称量 k 次保证能找出这个次品。如图 4.5–6 所示，假设第一次称量的策略是将 N 个球分为 $N=a+a+b$，天平两边各放上 a 个球比较。

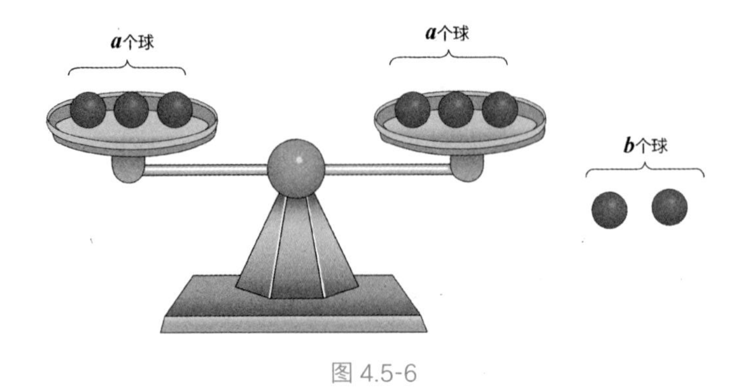

图 4.5-6

（1）如果天平平衡，次品一定位于天平下方的 b 个球里，情况有 $2b$ 种。因为再称量（$k-1$）次，必须保证找到坏球，所以有

$$2b\times\left(\frac{1}{3}\right)^{k-1}\leqslant 1.$$

b 需要满足条件

$$b\leqslant\frac{3^{k-1}}{2}.$$

大家注意，右边 3^{k-1} 是一个奇数，除以 2 并不能得到整数，但是 b 必须是整数。所以，

$$b\leqslant\frac{3^{k-1}-1}{2}.$$

这样，右边是个整数，上面两个表达式其实没有区别。

（2）如果天平不平衡，左边重，说明左侧的 a 个球中有一个比较重的次品，或者右侧的 a 个球中有一个比较轻的次品，情况有 $2a$ 种。再经过（$k-1$）次称量，必须找到坏球，所以与刚刚的推导类似，我们依然有

$$2a\times\left(\frac{1}{3}\right)^{k-1}\leqslant 1,$$

$$a\leqslant\frac{3^{k-1}}{2},$$

$$a \leqslant \frac{3^{k-1}-1}{2}.$$

现在我们已经知道了 a 和 b 满足的条件，因为 $N=2a+b$，所以

$$N = 2a+b \leqslant \frac{3^{k}-3}{2}.$$

这就是称量 k 次最多能从多少个球中找到那个不知道轻重的次品的方法，你可以从表 4.5–6 中快速找到这个问题的答案：

表 4.5-6

称量次数k	2	3	4	5	…
球的总数N	1～3	4～12	13～39	40～120	…

从表 4.5–6 中很容易找到，如果有 12 个球，那么 3 次称量就能找到次品，并且区分出次品的轻重。

五、课后讨论

对于这个问题，其实还有许多值得讨论的地方。

首先，我们在讨论出 N 个不知轻重的球找次品的公式时，进行了一步缩小。为什么只进行一次缩小，而不是称量几次就进行几次缩小呢？

其次，我们现在的问题是：寻找到次品，并且区分次品的轻重。如果我们只想找到这个次品，而不关心它是轻是重，结论又应该是怎样呢？

还有一个更直接的问题：12 个不知道轻重的小球，称量 3 次就保证找到次品，并且区分轻重。可是，具体通过什么步骤，才能找到这个次品呢？这个问题依然需要耗费一点脑细胞。

双蛋问题

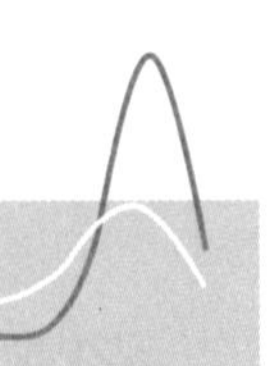

有这样一个有趣的问题：

你手里有两个鸡蛋，这两个鸡蛋从低处掉落都不会碎，从高处掉落都一定会碎。但是，你不知道到底从多高开始掉落才会碎掉。如图 4.6–1，现在有一座 100 层高的楼，你希望知道鸡蛋从多少层楼掉下刚好碎掉（或者从 100 层楼掉下都不会碎掉），请问你最少需要扔几次鸡蛋呢？请注意，你设计的算法必须保证在最不利的情况下，也能找到临界楼层（刚好摔碎鸡蛋的楼层）。

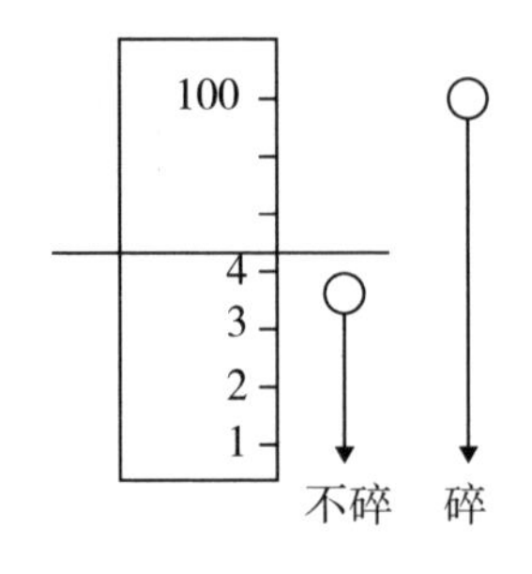

图 4.6-1

这个问题其实是一个有趣的递归问题，让我们一步步来探究它。

一、双蛋问题

如果你手里只有一个鸡蛋，你一定不会第一次就从 50 层楼向下扔，因为鸡蛋一旦碎了，就不能再用了，你只能知道蛋碎的楼层在 1 ～ 50 之间，却不知道具体是从哪一层开始。

鸡蛋可能会恰好在 1，2，⋯，100 层碎，或者 100 层都不碎，总共

101 种可能性。而你只有一种保险的方法：从 1 层开始扔，如果鸡蛋不碎，就从 2 层扔；如果还不碎，就从 3 层扔……最不利的情况下，鸡蛋到了 99 层都不碎，那么我们还要再验证从 100 层扔是否会碎。也就是说，我们总共需要扔鸡蛋 100 次，才能从这 101 种可能性中找到正确答案。

如果你只有 1 个鸡蛋，那么有几层楼，最不利的情况下就需要扔几次。那么，如果你有 2 个鸡蛋，有没有更好的方法呢？

这时候，第一个鸡蛋可以先从 10 层向下扔，如果碎了，就说明临界楼层在 1 ～ 10 层之间。再把第二个鸡蛋从 1，2，3，…，9 层扔下，就能找到临界楼层了。最不利的情况下，一共需要扔 1+9=10（次）鸡蛋。

如果第一个鸡蛋从 10 层扔下没碎，就把它继续从 20 层扔下，如果这回碎了，说明临界楼层在 11 ～ 20 层之间。把第二个鸡蛋从 11，12，13，…，19 层楼扔下，就能找到临界楼层了。最不利的情况下，一共需要扔 2+9=11（次）鸡蛋。

就按照这样的方法，第一个鸡蛋分别从 10，20，30，…，100 层扔下，找到大致的范围后，再用第二个鸡蛋去做仔细的检查。最不利的情况下，如果鸡蛋到了 99 层都不碎，我们还要再验证从 100 层扔是否会碎，两个鸡蛋一共需要扔 10+9=19（次），如表 4.6–1 所示。

表 4.6-1

第一个鸡蛋碎的楼层	第一个鸡蛋扔的次数	最不利时第二个鸡蛋扔的次数	最不利时一共扔的次数
10	1	9	10
20	2	9	11
30	3	9	12
40	4	9	13
50	5	9	14
60	6	9	15
70	7	9	16
80	8	9	17

续表

第一个鸡蛋碎的楼层	第一个鸡蛋扔的次数	最不利时第二个鸡蛋扔的次数	最不利时一共扔的次数
90	9	9	18
100	10	9	19

这个方法还能再优化吗?

我们发现,扔蛋次数的增加,主要是由于第一个鸡蛋扔的次数有多有少,而第二次扔鸡蛋的最不利次数不变。那么，我们有没有可能让第一个鸡蛋扔的次数多的时候，第二个鸡蛋扔的次数变少呢?

比如第一个鸡蛋第一次从 n 层楼开始向下扔，如果不碎，第二次就增加（n–1）层；如果还不碎，第三次就增加（n–2）层……这样一来，楼层越高,间隔越小,就能保证第一个鸡蛋每多扔一次,第二个鸡蛋就少扔一次,总的扔蛋次数不会增加。

我们知道首项和公差均为 1 的等差数列的求和公式为

$$1+2+3+\cdots+n=\frac{1}{2}n(n+1).$$

如果这个数要大于 100，n 至少需要为 14。所以，第一个鸡蛋应该从 14 层开始扔，如果不碎，就让第一个鸡蛋从 14+13=27 层扔；如果还不碎，就继续从 14+13+12=39 层扔……一旦某次第一个鸡蛋碎了，就用第二个鸡蛋检查具体是哪个楼层。最不利的情况下，扔鸡蛋的次数如表 4.6–2 所示：

表 4.6-2

第一个鸡蛋碎的楼层	第一个鸡蛋扔的次数	最不利时第二个鸡蛋扔的次数	最不利时一共扔的次数
14	1	13	14
27	2	12	14
39	3	11	14
50	4	10	14

续表

第一个鸡蛋碎的楼层	第一个鸡蛋扔的次数	最不利时第二个鸡蛋扔的次数	最不利时一共扔的次数
60	5	9	14
69	6	8	14
77	7	7	14
84	8	6	14
90	9	5	14
95	10	4	14
99	11	3	14
100	12	0	12
100层不碎	12	0	12

你瞧，经过一番操作，最不利的情况下，需要扔鸡蛋的次数变成了14次，低于之前的19次了。

二、还能更给力一点吗?

认真读了本书的读者应该都知道，我不会随随便便讲一个问题，它的背后一定有更深刻的数学思维。

我们来看一个更加普遍的双蛋问题。假如一栋楼，有 T 层高。你手中有 N 个蛋，那么你在最不利的情况下，检查出临界楼层的次数 M（T，N）是多少？为了叙述方便，当在最高层 T 层都不碎时，我们把临界楼层计作 T+1。T 层高的楼临界楼层可能是 1，2，…，T+1 层，共（T+1）种可能性。

这个问题需要使用动态规划思想。我们把 M 看作一个函数，它有两个参数 T 和 N，也就是在楼层数为 T，鸡蛋个数为 N 时，最不利的情况下检查出临界楼层的最优解。下面的问题就是想办法求出这个函数 M 的值。

大家看，无论我有多少个鸡蛋，也无论有多少层楼，我都首先要从某个楼层 k 扔下第一个鸡蛋。

如果第一个鸡蛋碎了，说明临界楼层在 1 ～ k 层之间。此时，我们剩下的问题变成了：我手中剩下（N–1）个鸡蛋，鸡蛋可能在 1，2，…，k–1 层碎，或 k 层碎（k–1 层不碎），共 k 种可能性。这相当于“共有（k–1）层楼、（N–1）个鸡蛋”的一个子问题。此时，查出临界楼层的次数是 M（k–1，N–1）。

如果第一个鸡蛋没碎，说明临界楼层在（k+1）层到（T+1）层之间。此时楼层变为了（T–k）层，我手中仍然有 N 个鸡蛋，最不利的情况下，查出临界楼层的次数是 M（T–k，N），如图 4.6–2 所示：

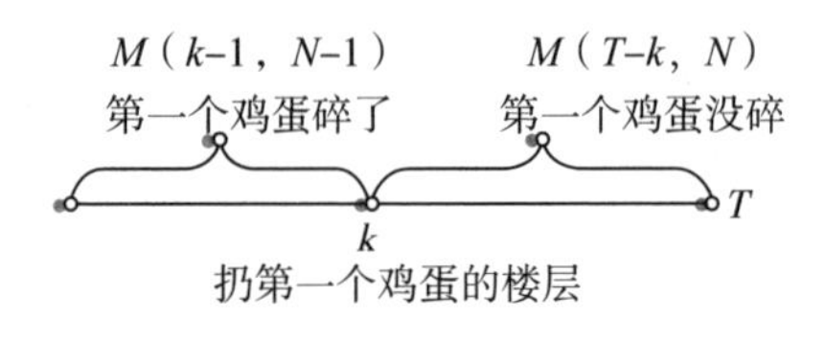

图 4.6-2

那么，扔完了第一个鸡蛋，还需要扔多少次呢？因为有两种情况，分别是 M（k–1，N–1）次和 M（T–k，N）次，哪个次数多，哪个就是更不利的情况。所以，这时在最不利的情况下还需要扔的次数是

$$\max[M(k-1,\ N-1),\ M(T-k,\ N)].$$

那么，式子中的 k 取多少呢？它可以取 1，2，3，4，…，T 之间的任何一个数，只要能够让后续扔蛋的次数最小就好。所以，最不利的情况下，后续扔蛋次数的最优解应该写作

$$\min_{k=1,2,3,\cdots,T}\{\max[M(k-1,\ N-1),\ M(T-k,\ N)]\}.$$

这表示我要让 k 遍取 1，2，3，4，…，T，直到找到上面表达式的最优解，即所有最大值中的最小值。别忘了最初扔的一个鸡蛋，所以 T 层楼，N 个鸡蛋所需要的扔蛋的次数是

$$M(T,\ N)=1+\min_{k=1,2,3,\cdots,T}\{\max[M(k-1,\ N-1),\ M(T-k,\ N)]\}.$$

我们还需要写出一些初始项，例如只有一个鸡蛋时，有多少层楼，就需要扔多少次，所以 $M(T,\ 1)=T$；如果只有 1 层楼，无论有多少个鸡蛋，

都只需要扔 1 次，所以 $T(1, N)=1$。这样再加上刚才的递推关系，就能列出一份完整的表格（表 4.6–3）。

表 4.6-3

楼层高度	鸡蛋数量									
	1	2	3	4	5	6	7	8	9	10
1	1	1	1	1	1	1	1	1	1	1
2	2	2	2	2	2	2	2	2	2	2
3	3	2	2	2	2	2	2	2	2	2
4	4	3	3	3	3	3	3	3	3	3
5	5	3	3	3	3	3	3	3	3	3
6	6	3	3	3	3	3	3	3	3	3
7	7	4	3	3	3	3	3	3	3	3
8	8	4	4	4	4	4	4	4	4	4
9	9	4	4	4	4	4	4	4	4	4
10	10	4	4	4	4	4	4	4	4	4
11	11	5	4	4	4	4	4	4	4	4
12	12	5	4	4	4	4	4	4	4	4
13	13	5	4	4	4	4	4	4	4	4
14	14	5	4	4	4	4	4	4	4	4
15	15	5	5	4	4	4	4	4	4	4
16	16	6	5	5	5	5	5	5	5	5
17	17	6	5	5	5	5	5	5	5	5
18	18	6	5	5	5	5	5	5	5	5
19	19	6	5	5	5	5	5	5	5	5
20	20	6	5	5	5	5	5	5	5	5
21	21	6	5	5	5	5	5	5	5	5
22	22	7	5	5	5	5	5	5	5	5
23	23	7	5	5	5	5	5	5	5	5
24	24	7	5	5	5	5	5	5	5	5
25	25	7	5	5	5	5	5	5	5	5
30	30	8	6	5	5	5	5	5	5	5

看上去简单的双蛋问题，居然衍生出这么复杂的关系，这就是数学的魅力所在。

双蛋问题其实是许多大厂面试时的考题，主要考察程序员的动态规划思想。说到面试题，不妨再给大家留一个思考题当作业。你站在一个圆形的小岛上，一只鳄鱼在小岛周围游弋，鳄鱼游泳的速度是你跑步速度的4倍。因为鳄鱼想吃人，所以它总是希望待在离你最近的位置。请问，你是否有方法，能够比鳄鱼更早到达小岛的边缘呢？

约瑟夫环问题

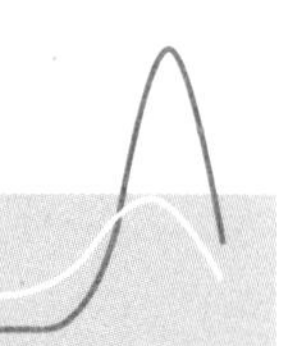

假如 100 个囚犯站成一排从 1 开始报数，奇数就枪毙，偶数就留下，一轮之后剩下的人重新站成一排报数，奇数就枪毙，偶数就留下……最后余下一个人可以获得赦免。那么最后活下来的人，最初是站在几号位置呢？

真是一个残忍的问题！我想,这个问题许多小伙伴都能轻易回答出来:64 号。因为每一次都枪毙奇数，留下偶数，其实就是让每个人的编号除以 2。比如第一轮枪毙之后，2 号变为了 1 号，4 号变为了 2 号，6 号变为了 3 号……100 号变为了 50 号。如果除以 2 后仍然是偶数，这个人就能在下一轮中活下来；如果是奇数，就会被枪毙。所以，100 以内能够整除 2 次数最多的数，就是最终活下来的人的编号。表 4.7–1 是 10 个人进行报数得出的情况。

表 4.7-1　10 个人报数，最终 8 号活下来

第一轮	第二轮	第三轮	第四轮
1			
2	1		
3			
4	2	1	
5			
6	3		
7			
8	4	2	1
9			
10	5		

我们知道 $64 = 2^6$，是 100 以内最大的 2 的幂次，它可以被 2 整除 6 次，所以能够支撑住 6 轮游戏，这足以把其他狱友都熬死。

这样的问题在现实中发生过吗?

一、约瑟夫环问题

2000 年前，有一名犹太历史学家约瑟夫，他曾带领犹太人反抗罗马人的统治。有一次，他和他的 40 个战友被罗马军队包围在洞中，士兵们决定宁死也不向罗马人投降。但是，自杀不符合犹太人的传统，所以他们决定围成一个环，用相互残杀的方式结束彼此的生命。

具体来说：41 个人围成一个环，1 号杀掉 2 号，3 号杀掉 4 号……直到 39 号杀掉 40 号，然后 41 号就会杀掉身边的 1 号，这样一轮一轮下去，直到剩下最后一个人，他再自杀。

可是，最终剩下了约瑟夫和另一位士兵时，约瑟夫突然改了主意，他说服了另一个人，一起向罗马军队投降。

约瑟夫把自己能够活下来归为天意，但是实际上，他可能一开始就已经计算好了位置。你知道约瑟夫在哪个位置能保证自己活下来吗？这个问题就被称为“约瑟夫环问题”（图 4.7–1）。

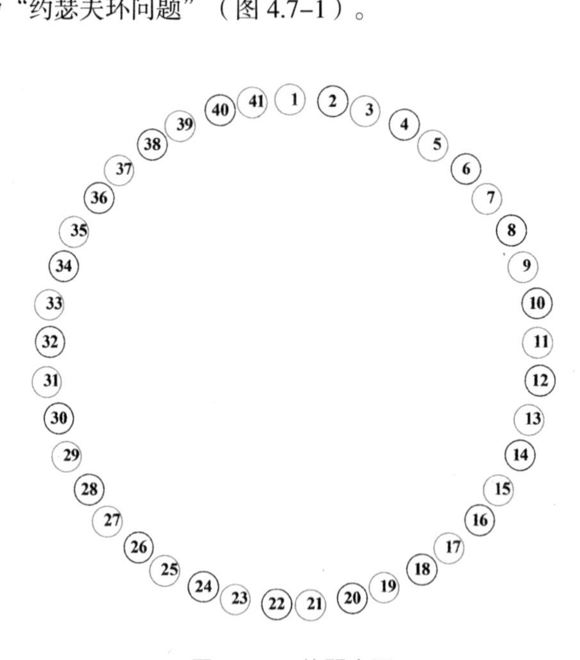

图 4.7-1　约瑟夫环

如果数学化一些，我们可以把约瑟夫环问题描述如下：

有 N 个士兵站成一个环，从某人开始顺时针编号，每 2 个人杀 1 人，请问最后剩下的人编号 f 是几？

我们从最简单的情况开始讨论（图 4.7–2）：

如果只有 1 名士兵，N=1，那么最后剩下的也就是他，所以胜利者编号 f=1；

如果有 2 名士兵，N=2，1 号杀掉了 2 号，胜利者编号还是 f=1；

如果有 3 名士兵，N=3，1 号杀掉了 2 号，3 号杀掉了 1 号，胜利者编号 f=3；

如果有 4 名士兵，N=4，1 号杀掉了 2 号，3 号杀掉了 4 号，1 号杀掉了 3 号，胜利者编号 f=1；

……

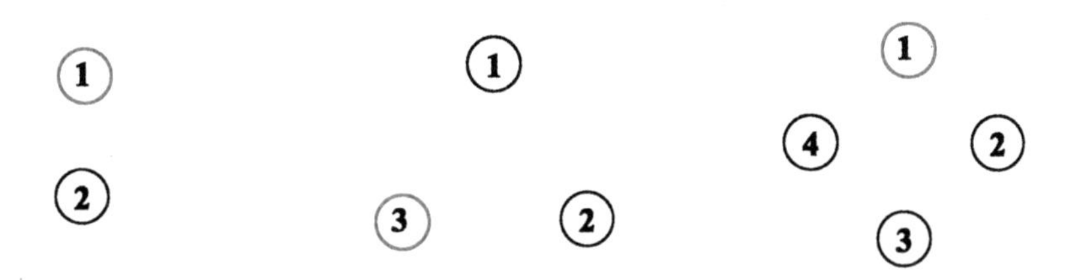

图 4.7-2

按照这样的方法，我计算了 1 ～ 16 名士兵时，最后胜利者的编号，情况如表 4.7–2 所示：

表 4.7-2

N	1	2	3	4	5	6	7	8
f	1	1	3	1	3	5	7	1
N	9	10	11	12	13	14	15	16
f	3	5	7	9	11	13	15	1

大家能发现什么规律吗？

首先，无论有多少人，胜利者的编号都是奇数。原因是显而易见的：在第一轮中偶数都被消灭了。

其次，很多种情况下，最后胜利者的编号都是1号。比如当有N=1，2，4，8，16名士兵时，胜利者的编号都是1号。而且，1，2，4，8，16这些数都有一个共同的特点：它们都是2的正整数次幂。推而广之，可以猜测：当士兵人数$N=2^a$，且a是一个正整数的时候，最后的胜利者就是1号。

我们还可以对表格进行仔细观察，你会发现：胜利者的编号f有一定的规律，它总是按照1，3，5，7，9，…的顺序排列的。具体来说：

N=1时，f=1；

N=2，3时，f=1，3；

N=4，5，6，7时，f=1，3，5，7；

N=8，9，10，11，12，13，14，15时，f=1，3，5，7，9，11，13，15…

按照这个规律，当士兵人数$N=2^a+b(b<2^a)$时，最终胜利者的编号是

$$f=2b+1.$$

我们通过探讨简单情况，猜测出了一般性的规律。那么让我们来看最初的问题，约瑟夫和40名士兵一共41人组成一个环，即

$$N=41=32+9=2^5+9,$$

所以最终生存者的编号是

$$f=2\times9+1=19.$$

约瑟夫只要站在第19号的位置，就能保证自己能活到最后，并向罗马士兵投降。要是不信，你就在纸上画一画，看看是不是这个结果。

二、证明约瑟夫环问题的解

刚才我们猜出了约瑟夫环问题的解：如果有$N=2^a+b(b<2^a)$名士兵

站成一个环，每 2 个人杀一人，最终胜利者的编号是 $f=2b+1$。可是，我们能证明这个结论吗？

大家想：如果士兵人数刚好是 2 的正整数次幂，也就是 $N=2^a$，那么每一轮下来，人数都刚好减半，1 号士兵永远是杀手，也成为最终的胜利者，所以 f=1，这满足我们刚才所说的规律。

那么，如果人数不是 2 的正整数次幂，而是 $N=2^a+b$ 呢？这时我们可以这样做：先让屠杀进行 b 次，也就是 1 号士兵杀掉 2 号士兵，3 号士兵杀掉 4 号士兵，5 号士兵杀掉 6 号士兵……（$2b-1$）号士兵杀掉 $2b$ 号士兵，此时剩余的人数就刚好是 2^a 了。

按照刚才所说的，当剩余 2^a 个人时，最后的胜利者就是最开始的行刑者，这个人在新的序列中是 1 号，在原来序列中是（$2b+1$）号，多么漂亮的证明啊！

我上学的时候看过一个笑话，一名数学家应聘消防员，他和面试官发生了下面的对话：

面试官：如果你发现干草堆着火，你该怎么办？

数学家：接上消防水管，把火扑灭。

面试官：说得很好。那么如果你发现干草堆正在冒烟，你该怎么办？

数学家：那我就把火点着。

面试官：什么？你为什么要这么做？

数学家：因为这样我就把问题变成了一个我研究过的问题了。

刚才我们把 $N=2^a+b$ 的问题，转化成了 $N=2^a$ 的问题，就是把一个新的问题，转化成一个已经研究过的问题，这是一种重要的数学方法。

三、更加一般的约瑟夫环问题

我们可以让约瑟夫环问题推广到更加一般的情况。

假如 N 名士兵站成一个环，每 k 个士兵杀死一人，那么最后余下的士兵的编号 $f(N, k)$ 是多少？

这个问题并不像原始版本的约瑟夫环问题一样简单，但是我们的研究方法是类似的。我们依然从最简单的情况着手。

假如士兵只有 N=1 人，那么无论 k 取多少，最后剩下的士兵都是 1 号，所以

$$f(1,\ k)=1.$$

那么，有 N 名士兵时又该怎样？联想到我们刚才的处理方法和消防员的笑话，我们应该想办法把 N 名士兵的问题转化成已经研究过的问题。

例如：原来有 9 名士兵，每 3 个人杀 1 人，那么第一次被杀死的是 3 号士兵。此后，环中只剩下 8 名士兵了，这时问题不就变成了 8 名士兵，每 3 人杀 1 人了吗？只不过最初的 9 名士兵中的 4，5，6，7，8，9，1，2 号，变成了新游戏中的 1，2，3，4，5，6，7，8 号，如表 4.7–3 所示：

表 4.7-3

9名士兵的编号	4	5	6	7	8	9	1	2	3
8名士兵的编号	1	2	3	4	5	6	7	8	X

你能发现3号士兵死亡前后，军队编号之间的规律吗？3号士兵死掉后，重新编号的8名士兵每个人的编号加上3，就变回了原来9名士兵时的编号。如果这个数超过了9，就会减掉9。仔细观察表格中的编号，可以很容易地发现这个规律。

把这个规律推广到一般情况：当有 N 名士兵，每 k 名杀死一人时，总可以转化成一个（N–1）名士兵的问题，而这之间存在递推关系

$$f(N,\ k)=\begin{cases}f(N-1,\ k)+k（当结果小于等于N），\\ f(N-1,\ k)+k-N（当结果大于N）.\end{cases}$$

这又是一个“点燃干草堆”的操作。我们从这个递推式，加上 $f(1,\ k)=1$，就能推导出任意情况下最后的胜利者了。例如，一共有 N=9 名士兵，每 k=3 人杀 1 人，最后生存的士兵编号是多少？按照递推式，有

$$f(1, 3)=1;$$

$$f(2, 3)=f(1, 3)+3-2=2;$$

$$f(3, 3)=f(2, 3)+3-3=2;$$

$$f(4, 3)=f(3, 3)+3-4=1;$$

$$f(5, 3)=f(4, 3)+3=4;$$

$$f(6, 3)=f(5, 3)+3-6=1;$$

$$f(7, 3)=f(6, 3)+3=4;$$

$$f(8, 3)=f(7, 3)+3=7;$$

$$f(9, 3)=f(8, 3)+3-9=1.$$

9 名士兵每 3 个人杀 1 人，最后活下来的人编号是 1 号!

其实这样的问题不仅仅在西方有，在东方也有。比如在日本，这个问题被称为“继子立问题”，说的是一个富豪有 30 个儿子，富豪无法决定由谁来继承家产，于是决定让 30 个人围成一个圈，每 10 个人去掉一人，直到最后剩下一个人继承家产。你知道最后继承家产的人编号是多少吗？日本数学家方孝和曾对这个问题进行过一般性的讨论。显然，这就是我们刚才讨论的问题，但问题的描述要比约瑟夫环问题“善良”得多。

中国数学家方中通也曾讨论过类似的问题：有 20 个棋子围成一圈，其中有两个黑子是挨在一起的，其余的 18 个都是白子，从某一个棋子开始，每 9 个去掉 1 个，直到最后发现剩下的是两个黑子。请问，他是从哪个棋子开始去掉的？

这个问题留给读者自己思考。如果想不出来，拿出围棋摆一摆，也是很好的方法哟!

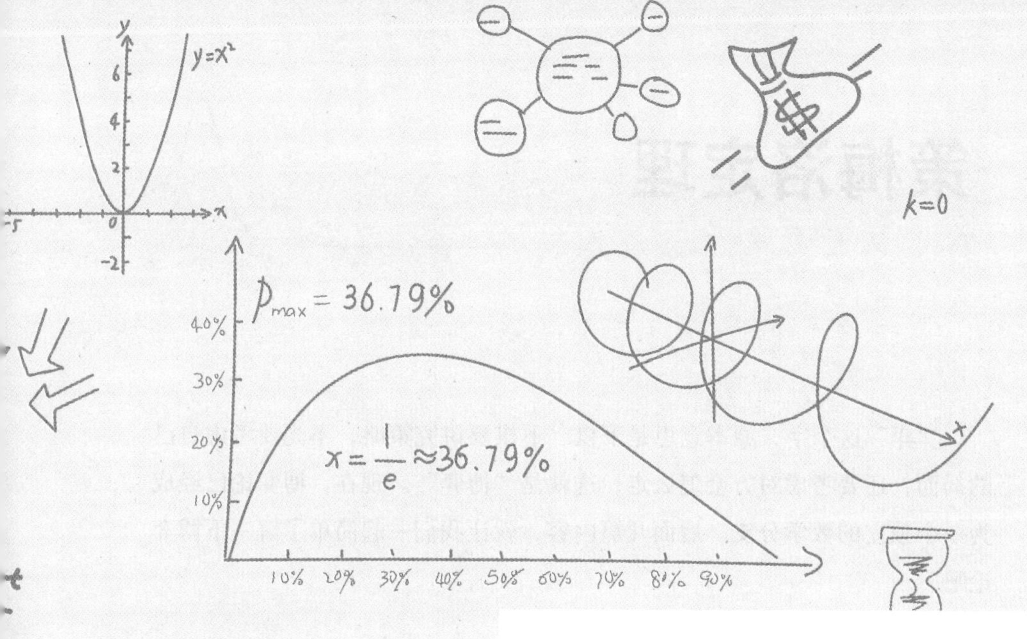

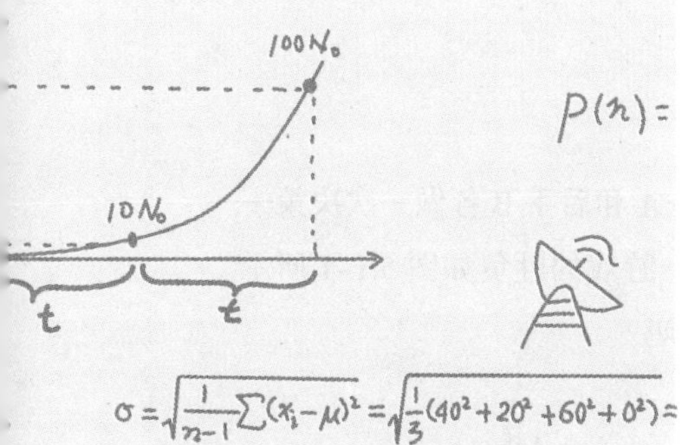

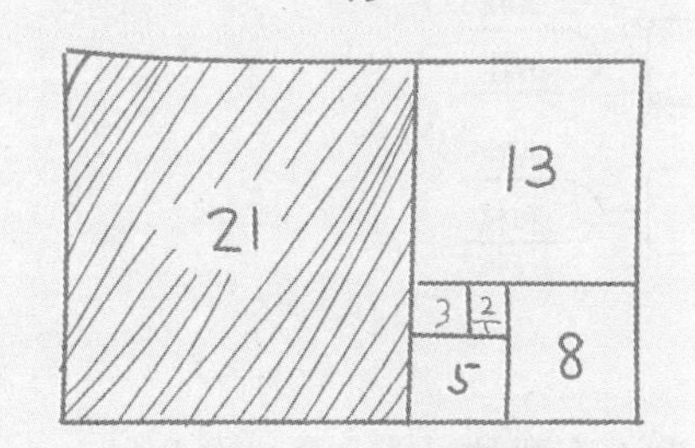

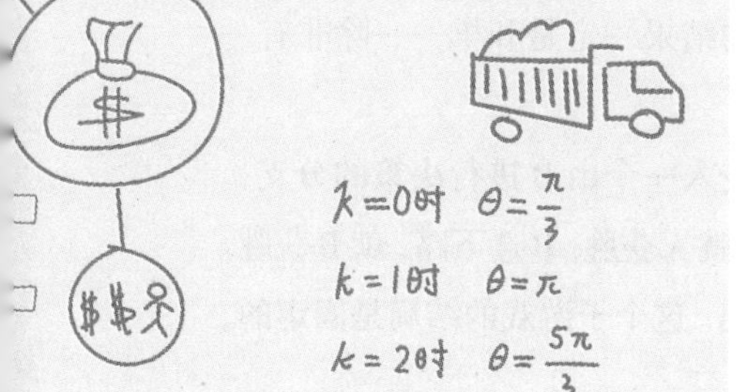

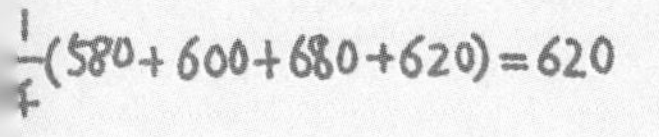

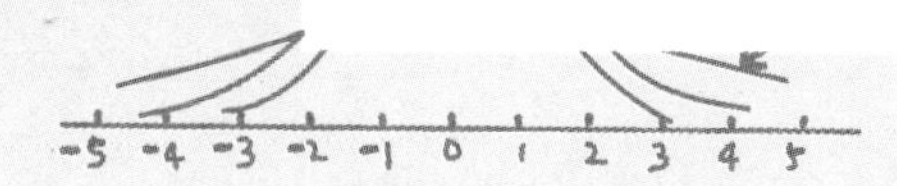

第五章
博弈论问题

· 策梅洛定理

· 囚徒困境

· 胆小鬼博弈

· 海盗分金币问题

· 田忌赛马

· 三个火枪手问题

策梅洛定理

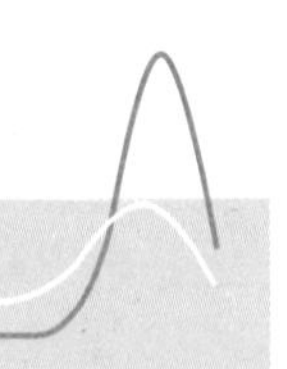

“弈”这个字，原本意思是下棋。下棋要讲究策略，不光要考虑自己的局面，还要考虑对方会怎么走，这就是“博弈”。现在，博弈论已经成为一个独立的数学分支。后面几篇内容，就让我们一起简单了解一下博弈论吧。

一、游戏的结局是一定的

我们假设有一个非常简单的游戏，先手 A 和后手 B 各做一次决策——选择上路或者下路，根据二人决策的结果，游戏的胜负如图 5.1–1 所示。通过这张图，你能知道游戏的结果是谁获胜吗？

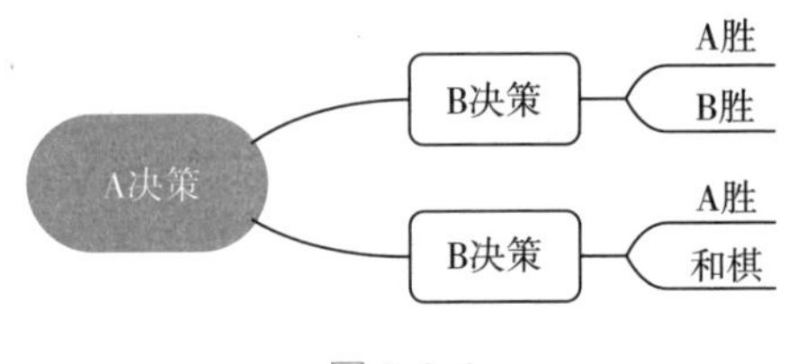

图 5.1-1

也许有读者认为：A 的赢面大一些，因为 A 有两种可能会赢，而 B 只有一种可能会赢。事实并非如此。这盘棋的结果一定是和棋——除非有一方实在脑子不太好用，才会输掉。

我们看：如果先手 A 选择上路，游戏进入一个由 B 进行决策的分支，这叫作子游戏。在这个子游戏中，B 选上路，就 A 获胜；B 选下路，就 B 获胜。B 要选择对自己有利的，所以他一定选择下路。这个子游戏的结局是固定的，就是 B 获胜。

如果先手 A 选择下路，游戏进入另一个由 B 做决策的子游戏中，这时 B 选上路，就 A 获胜；B 选下路，就和棋，B 要选择对自己有利的，所以这个子游戏的结局一定是和棋（图 5.1–2）。

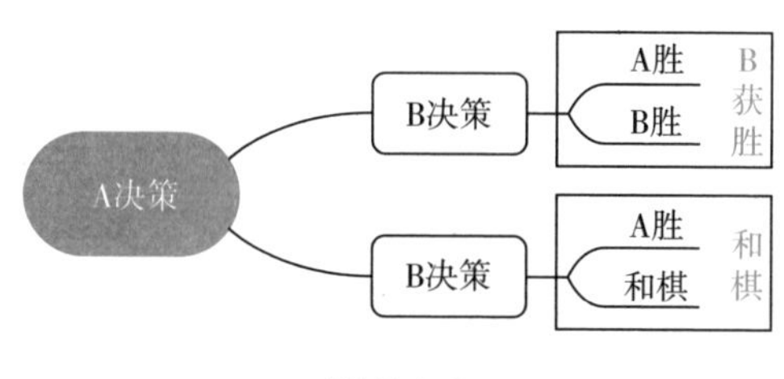

图 5.1-2

我们再来考虑 A 的决策：若 A 选上路，就会进入子游戏 1，结局刚刚讨论过——B 一定获胜；A 选下路，就会进入子游戏 2，结局一定和棋。A 也要选择对自己有利的，所以 A 一定选择下路。

这样，A 会选择下路，B 也会选择下路，最终的游戏结局就是和棋。

如果游戏复杂一些，也不过是分支变多，长度变长。但是只要我们从最后端的子游戏开始，一层层倒推，就一定能推算出在最优策略下，游戏到底是先手胜，还是后手胜，抑或和棋。在游戏双方都不犯错的情况下，这种胜负是不可避免的。

二、井字棋

一个典型的实际例子是井字棋。

井字棋非常简单。首先画一个井字，然后在九个格子中轮流画子，先手画叉，后手画圈。谁的三个子横竖斜连成一条线，谁就赢了。如果画满时双方都没有赢，那就是和棋。图 5.1–3 就是一局井字棋，最后叉赢了。

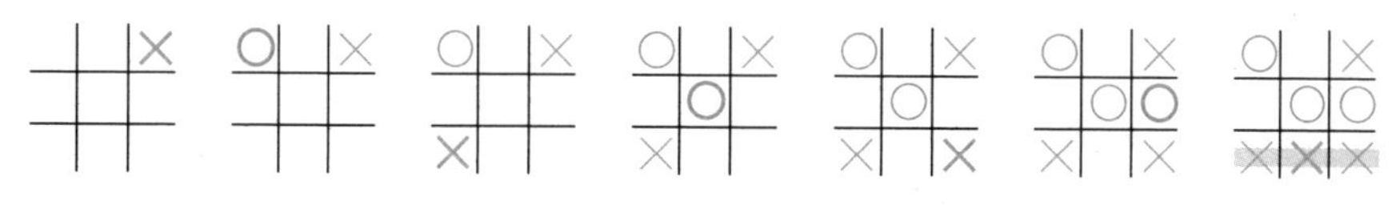

图 5.1-3

这个游戏的规则虽然简单，但是可玩性还是很高的，因为它也有不少变化。游戏可能出现的局面总数叫作游戏的状态复杂度。一般来讲，我们没办法准确算出一个游戏的状态复杂度，很多时候也没必要准确算出来，我们只要估算一个上限，或者一个数量级，就可以了。

比如井字棋，一共有 9 个格子，每一个格子都有叉、圈、空白三种可能，所以，最多能够出现的局面也不会超过 3^9=19 683 种。但是这里面有许多不符合规则的情况，比如叉的数量要么和圈相同，要么多 1 个，其他情况都不符合规则。还有一些对称的情况，其实应该算作一种情况。如果把这些不符合规则和重复的情况都去掉，最终余下的状态数是 765 种。井字棋是少数能够精确求解出状态数的游戏之一。

状态数并不是衡量游戏复杂程度的唯一方式，因为同一个局面状态，也可以从不同的路径得出。要考察游戏玩法总数，我们得计算游戏树的大小。

什么是游戏树呢？以井字棋为例：先手画第一个叉时，去掉对称性，其实只有三种画法：中间、边中点和角。如果先手画在中间，那么去掉对称性，后手只有两种画法；如果先手画在边中点上或者角上，后手分别将会有五种画法。之后，对于每一种状态，先手又有不同画法，直到最后有一方获胜或者和棋，这就叫作游戏树（图 5.1–4）。

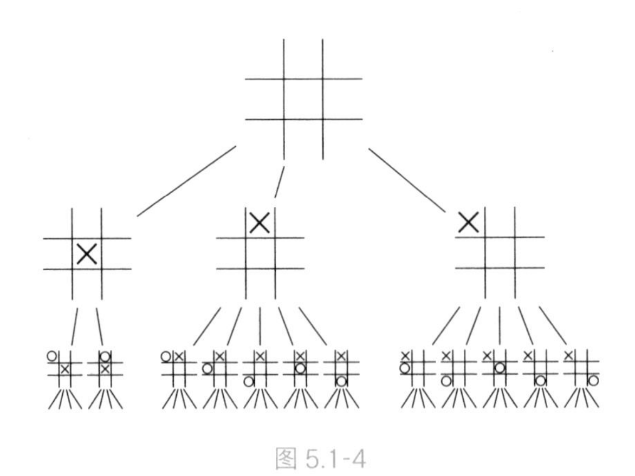

图 5.1-4

游戏树有多少个分支，就表示游戏一共有多少种可能的变化。在井字棋中，我们也可以估算游戏树的复杂度。先手先选位置，有 9 种可能；后手只剩下 8 种可能，先手又剩下 7 种可能……直到最后填满 9 个格子，所以游戏树复杂度不超过 9! =362 880 种。这里面有许多不符合规则的还需要去掉，如旋转或翻转后重复的，最终的游戏树复杂度为 26 830。也就是说，如果两个人下棋下 26 831 局，就一定会出现一模一样的两局棋。

人们已经考察了井字棋的 26 830 条路经，发现：如果双方都采用最优策略，那么井字棋一定是和棋。像这样能完整画出游戏树，找出最优策略的游戏叫作已解决游戏。

但是，大部分情况下，井字棋会出现输赢，这是因为有些人对游戏树掌握得好，有些人掌握得不好。一旦对方出现失误，对游戏树掌握信息好的人就能迅速抓住这个漏洞，让不会玩的人陷入必败的游戏树分支之中。这就是所谓玩得好和玩得不好的区别。

三、围棋

其实，象棋也好，围棋也罢，它们与我刚才举的例子没有本质不同。由于制定了一些胜负以及和棋规则，下棋的步骤也是有限的。只不过，它们的复杂度要高得多。而且，由于制定了一些胜负以及和棋规则，下棋的步骤也是有限的。

理论上讲，我们是可以画出围棋的游戏树的，如果我们遍历了所有情况，就能知道围棋结局到底是先手必胜，还是后手必胜，或者一定是和棋了。只是，这个过程过于复杂。

以围棋为例。围棋在 $19\times19=361$ 个格点上轮流放棋子，所以每个格子有黑、白、空三种可能，整个围棋棋盘上的状态数上限是 $3^{361}\approx1.7\times10^{172}$，去掉一些重复和对称，围棋的状态复杂度大约是 10^{171} 量级。

要知道：宇宙中的原子个数只有大约 10^{80} 个，就算用宇宙中的一个原子代表一个围棋局面，穷尽宇宙中所有的原子，也不能表示出围棋所有的棋局局面。

围棋的游戏树就更难画了。因为围棋可以提子，有了空白的地方可以继续下，所以并不一定是填满了棋盘就结束。不过，我们可以估计游戏树的总层数和每一层的平均分支。如图 5.1–5，根据统计和计算：一盘围棋的平均手数是 150 手，每一手的平均分支数是 250 种，所以整个围棋的游戏树复杂度大约是 $250^{150} \approx 10^{360}$。

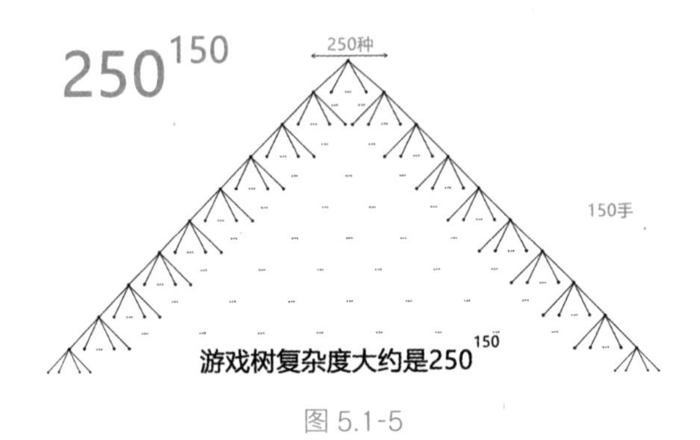

图 5.1-5

理论上讲，如果我们遍历了所有 10^{360} 种情况，就能知道围棋结局到底是先手必胜，还是后手必胜，或者一定是和棋了。但是，这个计算量实在太大了。之前世界上最快的超级计算机“富岳”每秒最高可以计算 100 亿亿次浮点运算，假如一次浮点运算就能算出一条路径，那么算完所有围棋游戏的可能情况，需要 10^{342} 秒，而宇宙的年龄只有约 138 亿年，大约只等于 10^{17} 秒。

虽然我们无法计算出围棋的最优策略，但是显然，这个最优策略一定是存在的。不仅仅是围棋，所有的明棋都是这样，只不过复杂度不同而已（表 5.1–1）。

表 5.1-1

	状态空间复杂度	游戏树复杂度
井字棋	10^{3}	10^{5}
五子棋	10^{105}	10^{70}
国际象棋	10^{47}	10^{123}
中国象棋	10^{40}	10^{150}
围棋	10^{171}	10^{360}

1913 年，数学家策梅洛证明：对于任何一种两人的完全信息游戏，一定存在一个策略，要么先手一定获胜，要么后手一定获胜，要么双方一定平局，这就是策梅洛定理。

策梅洛定理告诉我们：假设双方都是拥有无限算力的棋类大师，对游戏树了如指掌，这时候他们一定会采用统一的策略，让游戏向固定的方向发展，最终的结局也是固定的。

因为，任何一个人单方面的改变决策，都会对自己不利。正如我们最初举例的那个小游戏，如果 A 改变决策，将会让 B 获胜；如果 B 改变决策，将会让 A 获胜，双方都为了自己的利益考虑，一定会出现 A 选择下路，B 也选择下路的情况，最后游戏就一定是和棋。

实际上，许多博弈过程都和下棋很像，参与博弈的几方能采取的策略都是有限的。在 1950 年，著名的数学家约翰·纳什证明了一个更加普遍的结论：

只要参与博弈的几方策略都是有限的，那么就一定存在一种平衡状态，大家都会采用这种平衡策略，而没有单方面改变策略的动力。这种平衡状态就叫作纳什均衡。这个规律就叫作纳什定理。

刚才举的下棋的例子，最优策略就是纳什均衡，策梅洛定理其实是纳什定理的一个例子。在我们所处的世界中，无论是政治还是经济，都充满了博弈论和纳什均衡的例子。你想了解更多吗？

囚徒困境

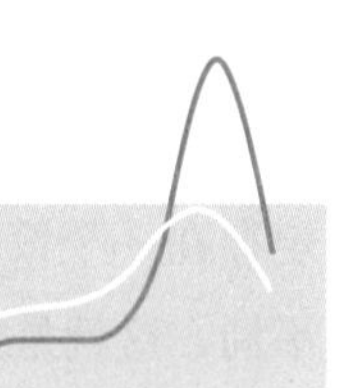

大家听说过囚徒困境吗？

有两个小偷集体作案，然后被警察捉住了。警察为了让他们坦白赃物的去向，对两个人分别审讯，并且告诉他们政策：

- 如果两个人都坦白作案过程和赃物去向，就可以定罪，两个人各判 3 年。
- 如果一个人坦白，另一个人坚决不交代，那么一样可以定罪。但是交代的人从宽处罚，批评教育后就释放。不交代的人从严处罚，判 5 年。
- 如果两个人都不交代，就都没法定罪，每个人只能各判 1 年。

如果两个囚徒都是理性的，你知道他们会做出怎样的决定吗？这就是囚徒困境问题。

我们把两个人的决策和刑期写在一个表格之中，这个表格叫作“收益矩阵”（表 5.2–1）。由于判刑是不好的，所以收益要写作负的。

表 5.2-1

	B坦白	B抗拒
A坦白	–3，–3	0，–5
A抗拒	–5，0	–1，–1

首先我们考虑 A 的决策。A 会想：我如何才能获得更大收益呢?

如果 B 坦白了，那么我坦白就会判 3 年，我抗拒就会判 5 年，为了让自己收益更大，我应该坦白（表 5.2–2）。

表 5.2-2

	B坦白	B抗拒
A坦白	–3，–3	0，–5
A抗拒	–5，0	–1，–1

如果 B 抗拒了，我坦白就会直接释放，我抗拒会判 1 年，我还是应该坦白（表 5.2–3）。

表 5.2-3

	B坦白	B抗拒
A坦白	–3，–3	0，–5
A抗拒	–5，0	–1，–1

所以，无论 B 如何做，A 都应该选择坦白，这样自己的收益最大。

同样，B 也会这样想：无论 A 如何做，B 都应该坦白，收益才最大。

因此，如果两个人都是理性的，最终两个人都会坦白，各判 3 年。而且此时，没有任何一方愿意单方面改变决策，因为一旦单方面改变决策，就会造成自己的收益下降（表 5.2–4）。这个都坦白的策略就称为“纳什均衡点”。

表 5.2-4

	B坦白	B抗拒
A坦白	−3，−3	0，−5
A抗拒	−5，0	−1，−1

奇怪的是：如果两个人都坦白，需要各判 3 年，但是假如两个人都抗拒，只会各判 1 年，集体最优解显然是两个人都抗拒，为什么他们不采用这个策略呢？

这是因为：两个人都抗拒并不是纳什均衡点，两人都坦白才是。这就说明个人理性产生的纳什均衡结果未必是集体最优解。

囚徒困境与开车夹塞的例子很像。如果大家都不夹塞，是整体的最优解，但是按照纳什均衡理论，任何一个司机都会考虑：无论别人是否夹塞，我夹塞都可以使自己的收益变大。于是最终大家都会夹塞，加剧拥堵，反而不如大家都不夹塞走得快。

经济学上讲市场的供给和需求是平衡的，而且，在平衡时，商品的价格往往会等于商家的成本。这是为什么呢？其实也是一种囚徒困境。

假如一件商品的成本是 100 元，其他厂商都卖 150 元，那我卖 149 元就能独占全部市场，对我是有利的。可是其他厂商也会这么想，他们会卖 148 元，于是在囚徒困境中，大家都会以成本价 100 元销售，每一个厂商都只能获得自己劳动所对应的利润，而无法获得超额利润。

那么，有没有办法使个人最优解变成集体最优解呢？方法就是共谋。

两个小偷在作案之前可以说好，咱们如果进去了，一定都抗拒。如果你这一次敢反悔，那就是不守规矩，出来之后道上的人一定会加倍“偿还”你。如果这个小偷还想以后继续作案，他一定不敢与行规作对，他会死不招供。在多次博弈过程中，共谋是可能的。但是如果这个小偷想干完这一票就走，共谋就是不牢靠的。

在商业领域，也可以依靠共谋完成价格锁定。比如上游厂家在给分销商供货时，有可能会签署最低价格协议，避免价格战，但这种方法有时候无法阻止分销商偷偷降价。

于是我们有时候会看到某些大型商场有这样的广告：如果在我们商场买的东西比别人家贵了，无条件退差价。这句话的意思看起来好像是让利给消费者。但实际上，这是在告诉其他商家：不要想着依靠价格战战胜我，你要是敢降价，我也跟着降，你降多少我也降多少，大家两败俱伤，何必呢？这种情况下，对手往往也不会干这种费力不讨好的事，而是会按照同样的价格出售商品，这就形成了共谋。

在社会领域，共谋是靠法律完成的。大家约定的共谋结论就是法律，如果有人不按照约定做，就会受到法律的惩罚。通过这种方式保证最终决策从作为个人最优解的纳什均衡点变为集体最优解。执法部门经常说"执法必严，违法必究"，目的就是震慑所有人，让大家形成共谋。让大家知道如果不按规矩做事，虽然可以获得短期利益，但是最终必定会受到惩罚，只有这样才能躲避无效的纳什均衡点。

有时候，抓住一个小偷的成本可能比小偷偷的钱还要多，为什么我们还一定要抓住小偷呢？因为假如有人发现破坏了规矩也没事，那么整个社会就将会奔向囚徒困境之中，这时再想重塑秩序，就非常困难了。

胆小鬼博弈

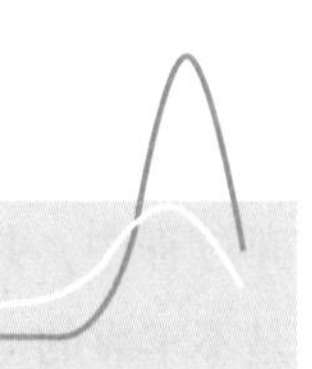

现在的世界正处于百年未有之变革中，博弈论能帮助我们理解国际形势的变化吗？

其实，国家之间无论是政治、经济、军事还是外交，经常能看到博弈论和纳什均衡的影子。这回我就举一个著名的例子——胆小鬼博弈和古巴导弹危机。

在冷战时，美苏两个超级大国进行军备竞赛，核战争有一触即发的风险。1959 年，英国数学家、哲学家罗素提出了胆小鬼博弈问题。

一、胆小鬼博弈

罗素说，两个人在一条车道上相对着开车，每个人都可以随时打方向盘驶出车道，最先驶出车道的人就会被对方嘲笑为胆小鬼，而一直在车道上狂飙的人就被称为英雄（图 5.3–1）。

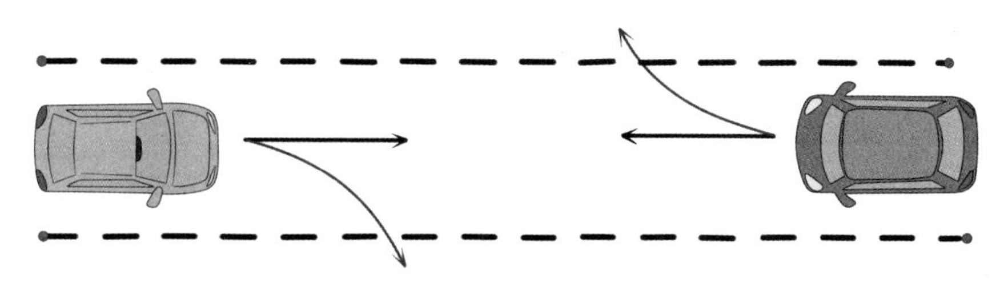

图 5.3-1

但是，如果两辆车都不驶出车道，最终两辆车就会撞在一起，同归于尽。

那么，双方会采取什么策略呢？

我们可以把两个人记作 A 和 B，他们可以选择示弱转向或者死磕到底。我们来分析一下不同选择下二者的收益情况。

假如 A 和 B 两个人都示弱，打方向让自己的车离开车道，这样大家打了个平手，还都保住了命，我们把收益写作 2 和 2。

假如 A 死磕到底，而 B 示弱打方向离开车道，这样 A 就成了胜利者，收益为 3，而 B 被嘲笑为胆小鬼，但是至少保住了命，收益为 1。反过来，如果 B 死磕而 A 示弱，B 的收益就是 3，A 的收益就是 1。

如果 A 和 B 都选择死磕到底，最后两辆车撞在一起，大家都得死，收益都是 –10（表 5.3–1）。显而易见，这是最坏的结果，每个人都不希望出现这种局面。

表 5.3-1

	B示弱	B死磕
A示弱	2，2	1，3
A死磕	3，1	–10，–10

在这样的情况下，双方会采用什么样的策略呢？

不妨我们先假设：A 已经决定死磕到底了，而且，这个消息被 B 获知了，这时如果 B 选择示弱转向，那么 A 获得胜利，收益为 3，B 成为胆小鬼，收益为 1；假如 B 也选择死磕，那么最终 A、B 同归于尽，收益都是 −10（表 5.3–2）。

表 5.3-2

	B示弱	B死磕
A示弱	2，2	1，3
A死磕	3，1	−10，−10

如果 B 是理性的，为了让自己收益更高，一定会选择示弱，于是 A 死磕而 B 示弱，收益为（3，1）就是一个纳什均衡点，双方都没有动力改变自己的决策（表 5.3–3）。

表 5.3-3

	B示弱	B死磕
A示弱	2，2	1，3
A死磕	3，1	−10，−10

反过来说，假如 B 选择了死磕到底，而 A 已获悉，A 也一定会示弱转向，于是 B 死磕而 A 示弱，收益为（1，3），也是一个纳什均衡点（表 5.3–4）。

表 5.3-4

	B示弱	B死磕
A示弱	2，2	1，3
A死磕	3，1	−10，−10

也就是说，任何一方决定死磕到底时，另一方的理性选择都是示弱转向。在胆小鬼博弈中，纳什均衡点至少有两个，一个对 A 有利，一个对 B 有

利。A 和 B 双方都希望让局面向有利于自己的方向发展，希望对方退让而自己获胜。在这样的前提下，双方必然都会选择一个策略：伪装死磕到底。

比如，A 上车之后，先把方向盘拔掉扔出车窗，然后开始踩油门。拔掉方向盘就不能转向了，A 实际上是在对 B 进行威胁，他告诉 B：自己决定死磕到底了。根据博弈模型，B 一定会转向，因此 A 会获得胜利，B 成为胆小鬼，没有人会死。

在国际上，我们经常能看到两个国家剑拔弩张，宛如下一刻就要爆发全面战争似的，但是最后真打起来的情况并不多，其实这往往是胆小鬼博弈过程。不过，在进行伪装时一定要考虑到对方获得的信息以及理智程度。如果对方是个疯子，他看到你把方向盘拔掉了，他也把方向盘拔掉了，那最后只能同归于尽了。

不要命的最大，这就是胆小鬼博弈。

二、古巴导弹危机

罗素用这个博弈，比喻冷战的双方——美国和苏联。两个超级大国都具有毁灭世界的核打击能力，冷战的过程就像是两个少年开着车撞向对方。最典型的例子就是 1962 年，古巴导弹危机爆发——这也许是有史以来人类最接近毁灭的危机。

我们回忆一下古巴导弹危机的产生过程。古巴革命之后，卡斯特罗上台，美国扶植了一些反对派武装试图推翻卡斯特罗政权，制造了著名的猪湾事件。美国策划的军事行动失败后，卡斯特罗不得已倒向了苏联的怀抱。

古巴正是苏联梦寐以求的前哨基地。当时，美国在欧洲的土耳其部署了一大批针对苏联的导弹，对苏联进行武力威慑，这些导弹在半个小时内就能打到莫斯科。苏联觉得有必要以牙还牙，在美国的后门也安装几枚导弹。

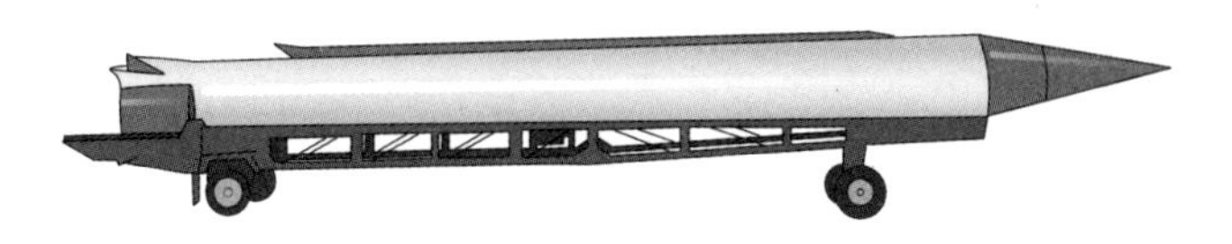

苏联 R-12 导弹，后来运送到古巴

1962 年 5 月，苏联制订阿纳德尔计划，决定在古巴部署核弹头导弹，偷偷向古巴运送材料。结果，这一行动被美国侦察发现。美国总统肯尼迪当即对苏联提出抗议，表示受不了，决定采取反制措施：对古巴实行封锁，禁止任何船只靠近古巴。

苏联最高领导人赫鲁晓夫对美国的态度强硬回击，他表示：如果苏联的船只受到美国阻拦，就要进行最激烈的回击。

当时的苏联和美国都具有二次核打击能力，先发制人的战争已经没有意义了。就算摧毁了对方大部分城市和核设施，对方依然可以利用第二次核打击跟你同归于尽。

事件从 1962 年 10 月 16 日正式开始，到 10 月 27 日发展到最高峰。那一天，美国"科尼号"驱逐舰对盘踞在古巴周围的一艘苏联狐步级潜艇使用了训练用深水炸弹，逼迫潜艇上浮。但是苏联和美国对上浮这个指令的用法不太一样，造成苏联潜艇没有听懂信号。当被炸弹炸得晕头转向的时候，苏联潜艇上的士兵都觉得战争已经开始了。可怕的是，这艘潜艇是携带了核弹头鱼雷的。

当时苏联军队有这样一条规定：如果联系不上莫斯科而战争已经开始，可以自行决定是否使用核弹头，但是需要舰上三名最高指挥官的同意。这三名指挥官分别是舰长、政委和大副。当时，舰长和政委都同意使用核弹头，但是大副死活不同意，他知道一旦使用核弹头，必然引发全面核战争。他说宁可让潜艇沉没，也不能拉上全人类陪葬。这个人的名字叫阿尔希波夫。

在阿尔希波夫的强烈反对下，潜艇决定上浮，把人类从死亡边缘拉了回来。

不仅仅是美国表现强硬，苏联的表现也毫不逊色。同一日，苏联在古巴使用防空导弹打下了美国的 U-2 侦察机，美国飞行员阵亡。针对这个消息，美国军方非常愤怒，要求肯尼迪下令对古巴进行空袭。可是对古巴进行空袭，就是对苏联的核设施进行打击，也会引发核战争。肯尼迪考虑再三，放弃了空袭。

美国和苏联就像两个开着车朝着对方狂飙的少年，他们都希望对方让步，自己获得最大的利益，所以都在努力伪装成要和对方死磕到底的样子。但无论是赫鲁晓夫还是肯尼迪，他们都承受不了同归于尽的后果。危机发生时，虽然表面上两个超级大国剑拔弩张，但是暗地里赫鲁晓夫和肯尼迪不停地通信，终于达成了一致。肯尼迪口头同意不再入侵古巴，撤除欧洲部署的针对苏联的导弹。

赫鲁晓夫得到消息后高兴得不得了。1962 年 10 月 28 日，赫鲁晓夫直接在莫斯科电台宣布：鉴于美国的保证，苏联同意撤回部署的导弹。几个月后，美国也从土耳其撤回了针对苏联的导弹，事件解决。

从 1962 年 10 月 16 日到 1962 年 10 月 28 日，事件一共只持续了 13 天，但是这 13 天全人类都走在了第三次世界大战的边缘，全面核战争几乎一触即发。美国前国务卿杜勒斯曾经说过这样一句话：“我们不怕走到战争边缘，但是必须学会走到战争边缘又不掉入战争的艺术。”显而易见，这种艺术是每一个领导人都必须具备的，而赫鲁晓夫和肯尼迪在这方面学得不错。

在生活中，开车抢道发生口角，员工和老板谈判，夫妻之间吵架，其实都是胆小鬼博弈。在这些博弈过程中，我们要学会“伪装死磕到底，但是又在关键时刻变成一个胆小鬼”的艺术。毕竟做胆小鬼比做死鬼强得多。

如今，强大的苏联已经土崩瓦解，俄罗斯取代苏联成了北约最大的敌人。俄乌冲突硝烟未散，甚至有人声称第三次世界大战已经开始。复习一下胆小鬼博弈，也许能给当代人的决策提供一些启示。

海盗分金币问题

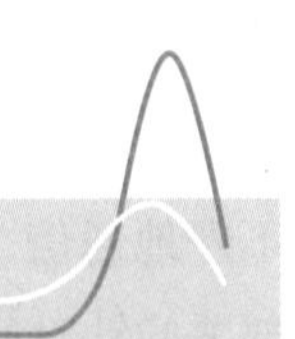

之前的两个问题“囚徒困境”和“胆小鬼博弈”都是两个人的博弈问题，而纳什定理告诉我们，即使是多人博弈，也一定存在纳什均衡。这里最典型的例子是海盗分金币问题。

一、海盗分金币问题

A，B，C，D，E 五个海盗抢了 100 金币，但是在如何分配金币的问题上产生了分歧。

最终，他们同意按照下面这样的方法分配。

如图 5.4–1，首先，A 提出分配方案，然后五人投票表决是否同意该方案。只有半数或者半数以上的海盗同意这个方案，方案才能通过，否则 A 将被扔入大海喂鲨鱼。

如果 A 被扔进大海里，就由 B 来提分配方案，剩下的四个人投票表决，同样必须有半数或者半数以上的人同意这个方案，方案才能通过。否则 B 也会被扔进大海喂鲨鱼。

图 5.4-1　五个海盗按顺序提出方案

如此这般，直到分配方案通过为止。

假设每一个海盗都是逻辑大师，他们能够充分了解自己决策的结果。每个海盗又都是自私而且理性的，他们不在乎其他人，唯一的目的就是获得更多的金币。那么，最终金币会如何分配呢？

这个问题分析难度并不大。我们还是从最简单的情况开始讨论。

假设最后只剩下D和E两个海盗。此时由D提出分配方案，因为D自己一个人就是半数，所以无论他提出什么样的方案都一定能通过。D为了让自己的利益最大化，一定会提出D拿100枚金币，E拿0枚金币的方案。所以，如果A，B，C都被丢到大海里了，那么E将会一无所有（图5.4–2）。

图 5.4-2　只剩下两个海盗时金币的分配方案

那么如果剩下C，D，E三个海盗，情况又如何呢？C在提方案时一定会想：如果自己死了，那么E将一无所有。所以只要给E一点点恩惠，E就一定会支持自己的计划。所以，C会提出方案：自己拿99枚金币，剩下的1枚金币给E，这样，他的方案会获得自己和E的支持，D反对已经没有什么意义了（图5.4–3）。

图 5.4-3　只剩下三个海盗时金币的分配方案

我们继续想：如果剩下 B，C，D，E 四个海盗又会怎样？此时，B 除了自己以外还需要得到另外一个海盗的支持，才能让自己的方案通过。显然，如果 B 死掉了，D 什么也得不到，所以只要 B 的方案里 D 能获得 1 枚金币，D 就会支持 B。于是，B 的方案是：自己拿 99 枚金币，余下 1 枚给 D，另外两个海盗 C 和 E 什么都没有。这个方案一定能获得 B 和 D 的支持，从而通过（图 5.4–4）。

图 5.4-4　剩下四个海盗时金币的分配方案

终于，我们可以讨论最初的问题了。如果有五个海盗，由 A 提出方案，他需要争取到除自己以外的另外两个人的支持。显而易见：C 和 E 是最好拉拢的，因为如果 A 死了，C 和 E 就什么也拿不到。所以，只要 A 的方案中给 C 和 E 各 1 枚金币，方案就能通过。最终，A 获得 98 枚金币，C 和 E 各获得 1 枚金币，B 和 D 什么都没有（图 5.4–5）。这就是五个海盗分金币问题的解。

图 5.4-5　五个海盗时金币的分配方案

也许有读者会对这个方案表示不解，B，C，D，E 拿得这么少，他们为什么不联合起来？比如他们商量好，否定 A 的方案，然后每人拿 25 枚金币？的确，他们有权这么做，可是当他们否定了 A 的方案，把 A 扔进大海喂鲨鱼之后，谁能保证 B 不会反悔呢？假如 B 在 A 死之后反悔了，提议自己拿 99 枚金币，那么 C 和 E 还是什么都拿不到，还不如刚才有 1 枚金币呢。

当然，如果 B 反悔了，C，D，E 也可以联合起来否定 B 的方案。可是当 B 死掉之后，谁也不能保证 C 就不会反悔。因为每个海盗都是自私和理性的，他们不会相信其他人的承诺，所以 A 海盗的方案才能通过。

按照这样的方法，如何计算更多人分金币的问题呢？比如：如果有 100 个海盗分金币，最终的分配方案是什么呢？这个问题是一个经典的计算机算法问题，留给读者自己思考。

二、现实中的海盗分金币问题

如果你仔细观察海盗分金币的过程，会发现一个规律：无论有多少个海盗，提出方案的人总是收益最大的，可是排在他身后的第二个海盗却总是什么都得不到。这是因为：提出方案的人具有先手优势，而且拉拢底层海盗要比拉拢“老二”代价小得多。

在现实生活中，这样的例子比比皆是。第一个海盗就像是一个大公司的老板，他可以为自己谋取最大的利益。底层海盗就好像底层员工，他们虽然收益很少，但是很容易成为老板拉拢的对象，就好像很多公司老板都对底层员工特别照顾，总是施以小恩小惠一样。

但是第二个海盗的位置很尴尬，他既没有先手优势，也不属于老板拉拢的对象。他要获得最大利益，就必须干掉老板，自己成为先手。所以历史上臣弑君、君杀臣的现象屡见不鲜。例如汉朝初期，刘邦册封了八个异姓王，后来他和吕后杀了其中的七个。朱元璋靠兄弟打天下，开国之后大肆杀戮权臣，包括胡惟庸、李善长、蓝玉等人，诛杀的高官数以万计。

国家之间的关系也是一样。美国在第二次世界大战后全力扶持日本，对抗苏联，现在又全力支持乌克兰对抗俄罗斯，都是这个道理。国际关系，本质上就是利益博弈。

国际关系太复杂，我们还是说回到数学上吧。通过海盗分金币问题，我们能看出：无论参与博弈的有多少人，只要规则是固定的，策略是有限的，那么大家最终会走向一种平衡解，结局是可以预料的。只要每个人都足够聪明和理性，就没有人会破坏这种平衡，否则就会让自己的利益受损，这就是多人博弈的纳什均衡。

田忌赛马

之前我们一直在说：如果参与博弈的几方都是足够理性的，那么博弈的结果一定是纳什均衡点。既然如此，为什么我们还经常说：国际形势瞬息万变呢？不确定性究竟来源于哪里？

一、田忌赛马

前面我举的几个例子，比如策梅洛定理、囚徒困境、胆小鬼博弈、海盗分金币问题，其实都存在明确的纳什均衡点。如果博弈几方都是理性的，博弈的结局就是确定的。但是也有一些情况，看起来博弈的几方并没有一个统一的固定策略，最典型的就是我们小时候常玩的“石头剪刀布”。

比如，两个小朋友张三和李四玩“石头剪刀布”，张三如果出石头，李四应该出布；这时如果张三能反悔，他应该出剪刀；这时如果李四能反悔，他应该出石头……如此这般，双方不可能找到一个固定的策略，那是不是纳什均衡点不存在了？

再比如，《史记·孙子吴起列传》里记载了田忌赛马的故事。齐国的大将田忌常同齐威王进行跑马比赛。他们在比赛前，双方各下赌注，每次比赛共设三局，胜两次以上的为赢家。然而，每次比赛，田忌总是输给齐威王。

孙膑说：“将军与大王的马我看了。其实，将军的三等马匹与大王的都差那么一点儿。只要让大王先出马，然后您用您的上等马对大王的中等马，用您的中等马对大王的下等马，用您的下等马对大王的上等马。这样您两胜一负，就能赢得比赛了。”

果然，用孙膑的策略，田忌赢了齐威王。

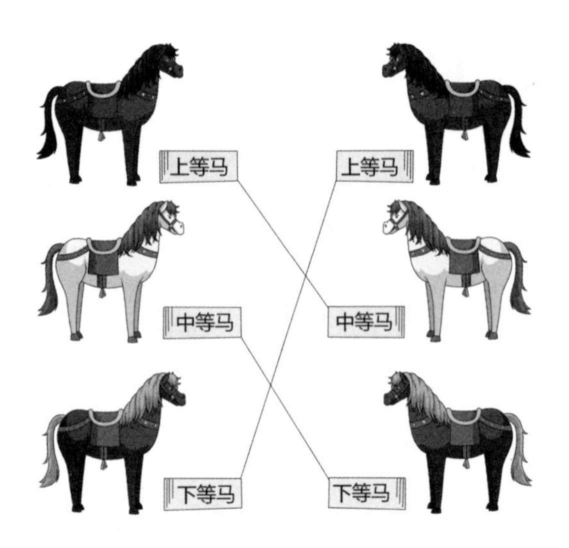

可是，显然，这种计策只能用一次。如果下次田忌再和齐威王赛马，齐威王一定不会再告诉田忌自己的出马策略了。当然，田忌也不会告诉齐威王，否则自己一点胜算也没有。那么双方就又陷入了一个石头、剪刀、布的循环之中。是不是纳什均衡不存在了？

不不不。纳什定理告诉我们：只要博弈双方的策略都是有限的，那么一定存在纳什均衡点。只是，我们之前讲的，博弈几方都会不约而同地走向一个固定的策略集合，这叫作纯策略下的纳什均衡点。但是，即使不存在纯策略的纳什均衡点，双方为了让自己的收益最大化，也一定会以固定的频率在几种策略之间切换，参与博弈的每一个人都会为每一种策略分配固定的频率，因为只有这样，才能让自己的收益最大化，这样的策略集合叫作混合策略的纳什均衡点。

以“石头剪刀布”为例，如果你和朋友不停地玩“石头剪刀布”，你想赢得最多，你应该多出石头，还是多出剪刀，还是多出布？你都不应该，因为你多出石头，对方就会发现规律，从而多出布，你便会输得多赢得少；如果你多出剪刀，对方发现之后就会多出石头，你还是输得多赢得少。为了让对方没办法占你的便宜，你必须使石头、剪刀、布各占$\frac{1}{3}$的频率，这样对方才能没办法占你的便宜。同样，对方也会这么想。

因此，“石头剪刀布”的混合策略纳什均衡点就是：双方都以$\frac{1}{3}$的频率出石头、剪刀、布，每个人的平均收益都是 0。

同样，如果齐威王和田忌反复赛马，齐威王也好，田忌也好，出马的顺序都是六种，也就是上中下、上下中、中上下、中下上、下中上、下上中。双方都采用这六种策略，对局的局面一共有三十六种，我们可以把所有的策略和双方的收益写成一个收益矩阵，在这个收益矩阵中，胜 1 局得 1 分，输 1 局扣 1 分（表 5.5–1）。

表 5.5-1

齐威王＼田忌	上中下	中下上	下上中	上下中	中上下	下中上
上中下	3，–3	1，–1	–1，1	1，–1	1，–1	1，–1
中下上	–1，1	3，–3	1，–1	1，–1	1，–1	1，–1
下上中	1，–1	–1，1	3，–3	1，–1	1，–1	1，–1
上下中	1，–1	1，–1	1，–1	3，–3	1，–1	–1，1
中上下	1，–1	1，–1	1，–1	–1，1	3，–3	1，–1
下中上	1，–1	1，–1	1，–1	1，–1	–1，1	3，–3

如果对方知道了自己采用哪一种策略，就能有针对性地选择他的策略，从而获胜。比如齐威王按照上中下的顺序出马，田忌就按下上中的顺序从而获胜；如果齐威王按照中下上的顺序，田忌就选择上中下的顺序从而获胜。

一旦被人知道了出马顺序，就必输无疑。所以和胆小鬼博弈拼命显示自己的决心不同，在田忌赛马中，双方都会隐藏自己每一局的具体顺序方案，甚至大放烟雾弹，让对方产生错觉。

可是，即便你在少数几局中可以骗过对方，只要博弈次数足够多，每一种策略的频率就可以被统计出来，这个频率是无法隐藏的。如果你用某种策略次数更多，对方就可以有针对性地选择应对的策略，获得更多利益。

既然如此，你知道田忌赛马的混合策略应该是怎样的了吗？事实上，双方都应该随机地选择策略，每种策略的频率各占 $\frac{1}{6}$，这样才能让对方不能有针对性地获利。

你会发现，如果双方都随机选择策略，那么无论齐威王如何选择，他都有 $\frac{5}{6}$ 的可能会获胜，只有 $\frac{1}{6}$ 的可能会输掉。反过来，无论田忌使用什么策略，他都有 $\frac{5}{6}$ 的可能会输掉，只有 $\frac{1}{6}$ 的可能会获胜（表 5.5–2）。

表 5.5-2

齐威王 \ 田忌	上中下	中下上	下上中	上下中	中上下	下中上
上中下	3，–3	1，–1	–1，1	1，–1	1，–1	1，–1
中下上	–1，1	3，–3	1，–1	1，–1	1，–1	1，–1
下上中	1，–1	–1，1	3，–3	1，–1	1，–1	1，–1
上下中	1，–1	1，–1	1，–1	3，–3	1，–1	–1，1
中上下	1，–1	1，–1	1，–1	–1，1	3，–3	1，–1
下中上	1，–1	1，–1	1，–1	1，–1	–1，1	3，–3

注：浅色方框为齐威王胜的情况，深色方框为田忌胜的情况。

虽然比赛依然有不确定性，但是齐威王能以更大的概率获胜。这种不对等性就体现了双方的实力差距。如果田忌不想着怎么提高自己的马的实力，那就必须想尽一切办法探听到齐威王的出马顺序，否则大概率无法获胜。在战争中，谍报工作非常重要，尤其是对弱势一方，这往往是克敌制胜的关键，例如官渡之战、赤壁之战都是如此。我们之所以总能记住那几场以弱胜强、以少胜多的战役，正是因为它们不太容易出现。在绝对实力面前，谋略的作用其实是有限的。

二、国家的合作与对抗

刚才我们讨论的问题："石头剪刀布"和田忌赛马，双方都是以相等频率选择策略的，这是由问题的对称性导致的。我们还可以举一个收益矩阵不对称的例子：两个国家的博弈问题。

假如 A 是一个强大的国家，B 是一个较为弱小的国家，他们可以采用合作策略，也可以采用对抗策略。双方都合作时，A 获得 3 份收益，B 获得 2 份收益。一方强势，对抗另一方采用合作策略时，强势的一方收益会更大。如果双方都强势对抗，就会爆发战争。A 获得 –5 份收益，B 获得 –10 份收益，这是双方都不愿意看到的。不同策略下两个国家的收益矩阵如表 5.5–3 所示：

表 5.5-3

	B合作	B对抗
A合作	3，2	1，4
A对抗	5，0	–5，–10

通过简单分析，我们就会发现这个问题中有两个纯策略纳什均衡点，也就是 A 合作 B 对抗，收益（1，4）；A 对抗 B 合作，收益（5，0）。双方都希望局面向有利于自己的纳什均衡点上发展，这就是以前说过的胆小鬼博弈。

数学家们证明了一个结论：绝大多数情况下，纳什均衡点都是奇数个。在这个问题中，除了两个纯策略纳什均衡点之外，至少还有一个混合策略纳什均衡点。现在我们来研究研究这个均衡点在哪里。

如表 5.5–4，我们假设：在多次博弈中，A 合作的频率是 x，对抗的频率是 $1-x$；B 合作的频率是 y，对抗的频率是 $1-y$。

表 5.5-4

	B合作的频率y	B对抗的频率$1-y$
A合作的频率x	3，2	1，4
A对抗的频率$1-x$	5，0	–5，–10

下面我们要分别求出 A 分别采用合作和对抗两种策略时，获得收益的期望。

如果 A 采用合作策略，B 有 y 的频率合作，此时 A 获得 3 份收益；B 有 $1-y$ 的频率对抗，此时 A 获得 1 份收益，所以 A 采用合作策略时收益的期望是

$$E_1(\mathrm{A})=3y+1-y=2y+1.$$

如果 A 采用对抗策略，B 有 y 的频率合作，此时 A 获得 5 份收益；B 有 $1-y$ 的频率对抗，此时 A 获得 –5 份收益，所以 A 采用对抗策略时收益的期望是

$$E_2(\mathrm{A})=5y-5(1-y)=10y-5.$$

这两种策略下，采用哪种策略时 A 的收益更高呢？如果 E_1 更高，那么 A 一定会选择合作策略，而不采用对抗策略；同样，如果 E_2 更高，A 一定会采用对抗策略，而不合作。无论哪种情况，都是纯策略下的纳什均衡。如果 A 以一定概率在两种策略中切换，那一定意味着 E_1 和 E_2 相等，即

$$2y+1=10y-5，y=\frac{3}{4}.$$

所以，如果存在混合策略纳什均衡点，那么一定是 B 会以 $\frac{3}{4}$ 的频率选择合作，$\frac{1}{4}$ 的频率选择对抗。此时，无论 A 选择合作还是对抗，它的期望收益都是

$$E(\mathrm{A})=2\times\frac{3}{4}+1=\frac{5}{2}.$$

我们利用同样的方法，可以求出 A 的策略：A 合作的频率 $x=\frac{5}{6}$，A 对抗的频率 $1-x=\frac{1}{6}$。此时，B 无论采取什么策略，期望收益都是 $E(\mathrm{B})=\frac{5}{3}$。

具体的证明求解过程留给读者自己思考。

你看，在这个问题中，的确存在一个混合策略纳什均衡点，那就是A以$\frac{5}{6}$频率合作，$\frac{1}{6}$频率对抗，B以$\frac{3}{4}$频率合作，$\frac{1}{4}$频率对抗。

所以，许多号称盟友的国家，意见也不会完全一致；许多敌对的国家，也不一定处处对抗。而且，以什么样的比例合作与对抗，这取决于双方的收益矩阵。当双方的力量对比发生变化时，这个策略也必须跟着变化，否则自己的利益就会受损。一个国家不可能以一开始就定好的策略，处理变化的国际问题。中国有句古话“将在外，君命有所不受”，讲的就是战场上必须根据实际情况的变化调整策略。也就是收益矩阵变了，策略也必须随之调整。

国家与国家的博弈都是如此。在国际上没有永远的朋友，也没有永远的敌人，有的只是收益矩阵和博弈论而已。

三个火枪手问题

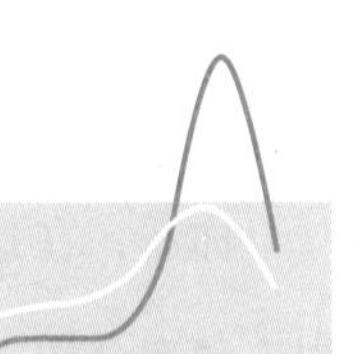

一千多年前的三国时代，诸侯割据纷争，充满了各种计谋和背叛。《三国演义》这部小说淋漓尽致地描述了这个过程，其中又以赤壁之战最为精彩。大家是否想过，赤壁之战中为什么孙权会和刘备结盟？战胜曹操后，诸葛亮又为何特意安排关羽守华容道，故意放走曹操呢？这里面的权谋，能否用数学解释呢？

一、赤壁之战

有一个经典的博弈论问题：三个火枪手问题。甲、乙、丙三个火枪手在一起决斗，他们彼此向对方射击，但是命中率各不相同。如图 5.6-1，甲的命中率最高，有 80%；乙其次，命中率 60%；丙的命中率最低，只有 40%。他们三个同时开枪，一轮射击后，谁的生存概率最大呢？

图 5.6-1　三个火枪手的命中率

一般人也许会认为：甲进攻能力最强，活下来的可能性大一些。但仔细推理后的结论却是，实力最差的丙活下来的概率最大。你知道这是为什么吗？

我们首先来分析甲的策略：对他来讲，敌人有两个——乙和丙，但是乙和丙的威胁大小不同。乙的命中率高，所以对甲的威胁更大。在第一轮中，甲只能向一个人开枪，他自然会把子弹射向乙。

对乙和丙来讲，他们同样有两个敌人。但是因为甲的命中率高，威胁更大，因此乙和丙都会不约而同地将自己的枪口对准甲（图 5.6–2）。

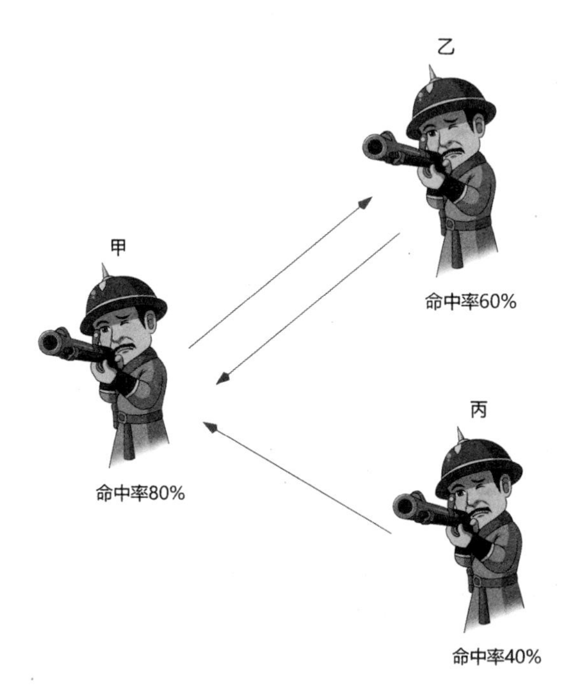

图 5.6-2　三人的射击选择

这样，我们就可以计算一下三个人的生存概率了。

甲：乙和丙都会朝甲开枪，如果两枪都不中，甲就能生存，概率为

$$P_1=(1-60\%)(1-40\%)=24\%.$$

乙：甲会朝乙开枪，如果不命中，乙就能生存，概率为

$$P_2=1-80\%=20\%.$$

丙：没有人进攻丙，所以丙一定会生存，概率为

$$P_3=100\%.$$

你瞧，实力弱小的乙和丙会结成一个联盟，进攻实力最强的甲，最弱小的丙反而是最安全的，这和赤壁之战何其相似！

孙权和刘备结成联盟对抗曹操，而曹操也一定会把孙权当成最大的敌人，却不会去考虑“天下英雄，唯使君与操尔”的刘备。在赤壁之战中，最弱小的刘备反而是最安全的。

在生活中，像曹操那样优秀的人往往会受到其他人的嫉妒甚至诋毁，“木秀于林，风必摧之”，而能力平庸的人却往往能在竞争中存活，让人发出“英雄创造历史，庸人繁衍子孙”的感慨。

二、高平陵之变

三国时代有无数的英雄，但最终天下落到了司马氏手中。司马懿也是有雄才大略的人，为何能够躲避其他豪杰的进攻，笑到最后呢？

刚才我们分析到：三个火枪手博弈里，实力最弱的生存概率最高。在现实生活中，由于信息不对称，每个博弈方都知道自己的实力，却不是很清楚别人的实力。为了提高生存概率，实力最强的人的最优决策就是大放烟雾弹，让别人觉得自己弱小，从而避免其他博弈方联合起来针对自己。

假如三个火枪手都大放烟雾弹，没有人清楚地了解其他人的命中率，那么他们只好采用等概率随机进攻的策略。此时，三人的生存概率又如何呢？

如表5.6–1，每一个人有两种进攻选择，三人的第一轮射击共有8种可能，我们计算出了每种情况下三人的生存概率。

表 5.6-1

情况	甲进攻	乙进攻	丙进攻	甲生存	乙生存	丙生存
1	乙	甲	甲	24%	20%	100%
2	乙	甲	乙	40%	12%	100%
3	乙	丙	甲	60%	20%	40%
4	乙	丙	乙	100%	12%	40%

续表

情况	甲进攻	乙进攻	丙进攻	甲生存	乙生存	丙生存
5	丙	甲	甲	24%	100%	20%
6	丙	甲	乙	40%	60%	20%
7	丙	丙	甲	60%	100%	8%
8	丙	丙	乙	100%	60%	8%

由于是等概率随机进攻，每一种可能性的概率都是$\frac{1}{8}$，因此一轮齐射后，三人的综合生存概率分别为

$$P_1=\frac{1}{8}(24\%+40\%+60\%+100\%+24\%+40\%+60\%+100\%)=56\%,$$

$$P_2=\frac{1}{8}(20\%+12\%+20\%+12\%+100\%+60\%+100\%+60\%)=48\%,$$

$$P_3=\frac{1}{8}(100\%+100\%+40\%+40\%+20\%+20\%+8\%+8\%)=42\%.$$

你瞧，实力最强的甲的生存概率就能变成最高的了。

在一个多方博弈的游戏中，如果能壮大自己实力的同时大放烟雾弹，就能最大限度地提升自己获胜的可能。中国有句俗话：闷声发大财。现实生活中，越是有成就的人，越是非常低调，原因也在于此。

在历史上，高平陵之变恰好可以用来说明这一点。曹魏后期，皇帝曹睿临终时，托孤皇室大臣曹爽和司马懿辅佐幼帝曹芳。曹爽通过一些方法

李胜探望司马懿

架空了司马懿，把持了朝政，而颇具野心的司马懿则一直装病不上朝。曹爽派亲信去探望司马懿时，司马懿持衣衣落，指口言渴，婢进粥，粥皆流出沾胸，一副临终状态。至此，司马懿彻底骗过了曹爽。

终于有一次，曹爽以及亲信陪着曹芳前往高平陵拜谒魏明帝，司马懿趁机发动了政变，控制了都城。此时，虽然都城被司马懿控制，但是皇帝在曹爽身边，而曹魏的兵马依然可以听曹爽调动。于是司马懿再次大放烟雾弹，指洛水为誓，说自己是为了完成先王遗命，只要曹爽交出权力，一定保证曹爽的人身安全，让他做一个大富翁。曹爽听信了司马懿，结果回到洛阳后，就被司马懿灭族了。从此以后，再也没有人能跟司马懿对抗了。

三、华容道

在大国博弈的过程中，我们经常看到小势力摇摆不定。《三国演义》里，赤壁之战后诸葛亮刻意安排关羽把守华容道，放走曹操，就是如此。我们能用火枪手的博弈模型解释这个现象吗?

我们对刚才的数学模型稍加修改，就能解释这个问题了。假设三个火枪手并不是一起开枪的，而是按照甲、乙、丙的顺序依次开枪，他们又会做出怎样的选择呢?

甲首先开枪，他一定会瞄准对自己威胁最大的乙。如图 5.6–3，第一枪结束后，乙有 80% 的可能被射中，还有 20% 的可能生存。

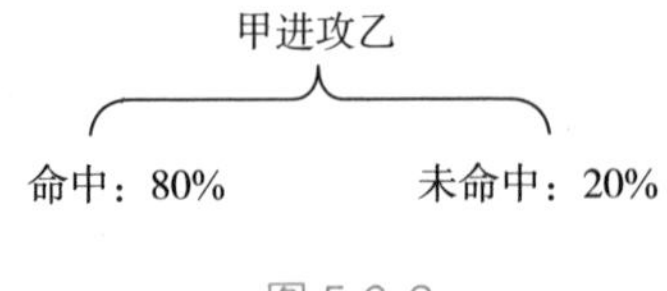

图 5.6-3

如图 5.6–4，假如乙被击中，就轮到丙开枪了，他只有甲一个目标。开枪后，丙有 40% 的可能命中，自己生存。就算这一枪没有把甲干掉，在后面和甲的互射中，丙还有一定的生存概率。综合来看，这种情况下丙整体的生存概率超过了 40%。

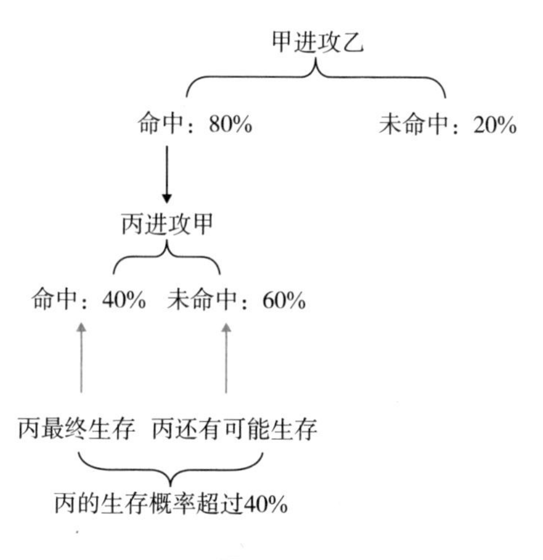

图 5.6-4

我们再回到第一枪，考虑另一种情况。假如第一枪中，乙没有被甲射中，接下来就由乙开枪，乙一定会对甲开枪，此时有两种结果：乙命中，或者乙未命中（图 5.6–5）。

如果乙将甲击毙，战场上只剩下乙和丙两个火枪手，并且轮到丙开枪，丙面临的局面与刚刚类似，整体生存概率超过 40%。

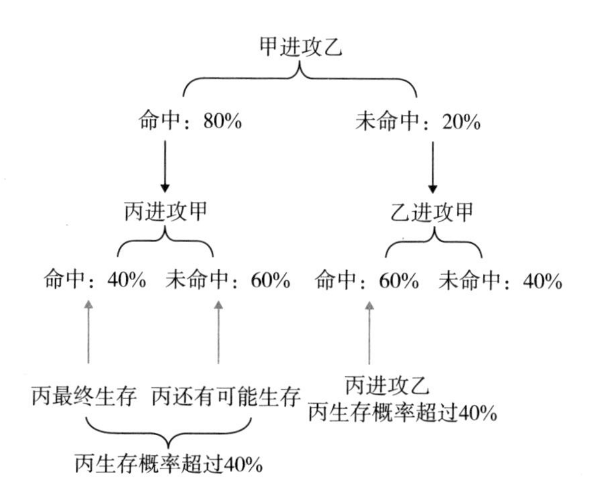

图 5.6-5

但是，假如乙第二枪没有命中甲，此时甲、乙、丙都生存，并且轮到丙开枪，丙会如何选择呢？

如图 5.6–6，按照我们之前所说，丙必然和乙结合成联盟对抗甲，丙应该把自己的子弹射向甲，因为他对自己的威胁更大。不过，如果丙真的一不小心把甲干掉了，就轮到乙开枪了，这时联盟就破裂了，乙有 60% 的可能一枪杀掉丙，就算第一枪没有杀掉，之后依然有杀掉丙的可能。这样一来，丙的生存概率就不到 40% 了。

相反，如果丙这一枪没有打中甲，那么第三枪过后，三个人都毫发无损，进攻进入第二轮，如果第二轮中甲干掉了乙，或者乙干掉了甲，丙的生存概率都超过 40%。

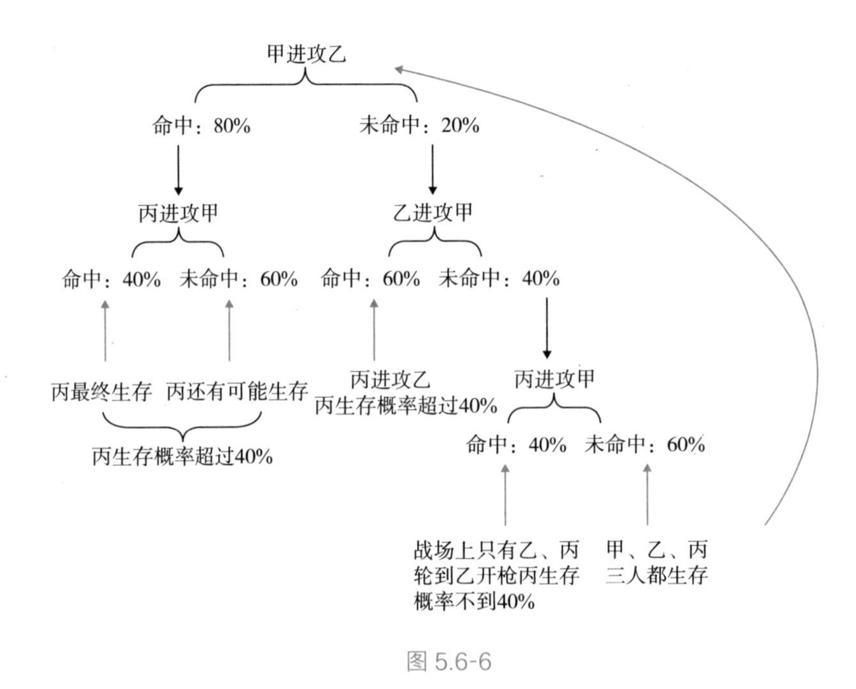

图 5.6-6

综上所述，从丙的观点看，无论是甲干掉乙，还是乙干掉甲，自己的生存概率都超过 40%。但如果甲和乙谁都没干掉谁，而丙却把甲干掉了，那么丙的生存概率就不到 40% 了。那么，你明白丙应该做什么了吗？

为了维护同盟，实力最弱小的丙一定会进攻甲，但是为了提高自己的生存概率，丙应该故意把子弹打歪，让甲活着。只要甲和乙都活着，他们就都不会把枪口对着自己，这样反而会提高自己的生存概率。

三个火枪手问题中，无论甲还是乙把对方干掉，丙都需要和另一个强大的对手直接对决。这里的关键在于，直接对决时是丙先开抢，所以丙综合生存概率高；如果丙干掉甲，变成乙先开抢，则丙生存概率变低。我们可以把轮流开抢看作一种派兵打仗后需要一段时间的休整期，这样类比到三国就可以说：赤壁之战曹操战败后，如果刘备全力追击曹操，可能曹操就会命丧于华容道了，而刘备的兵马也会元气大伤。此时，刘备还要用残兵和第二强大的孙权对决，这是刘备集团不希望看到的。

这时，诸葛亮的智慧就显现出来了，利用义薄云天的关羽守华容道放走曹操，既让曹操活了，孙权集团不敢对自己轻举妄动，也维护了孙刘联盟，让孙权哑巴吃黄连——有苦说不出。虽然这段情节是作者罗贯中的演绎，但是非常合情合理，精彩玄妙，蕴含着深刻的博弈理论。

现实生活比模型和小说更加复杂，尽管如此，了解一点博弈论知识，依然能让我们对历史与现实中的问题有更清楚的认识。从纷繁复杂的生活、社会、经济、国际关系中总结出最简单、最一般的理论进行研究，从而寻找更好的策略，这就是博弈论教给我们的东西。

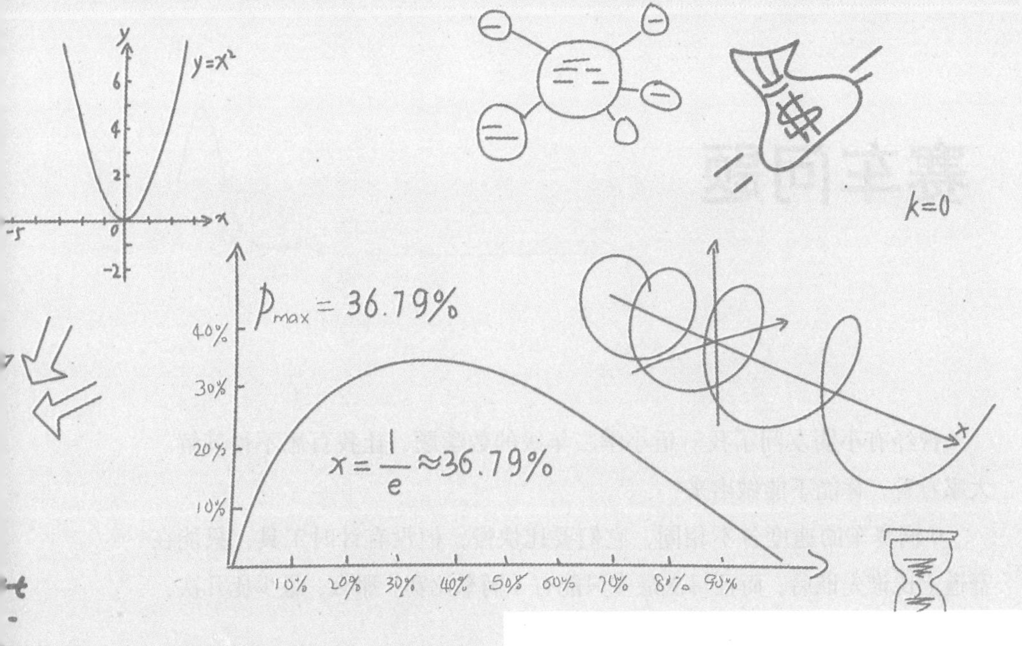

第六章 图形问题

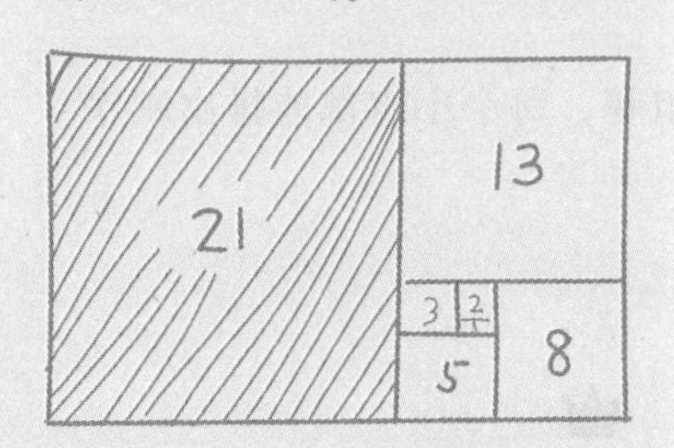

- 赛车问题
- 不走回头路的公园
- 马能走遍棋盘上的所有位置吗？
- 香蕉皮和橘子皮，谁能展成平面？
- 最速降线问题
- 如何用尺规作出正十七边形？
- 如何三等分任意角？

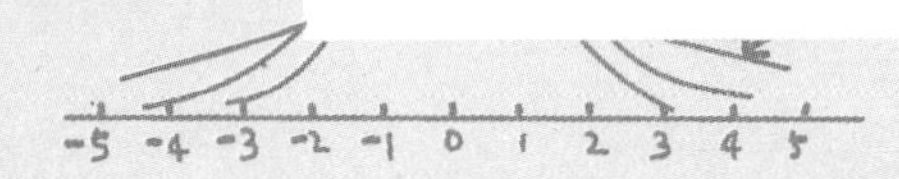

赛车问题

曾经有小朋友问了我一道小学二年级的数学题，让我百思不得其解。大家看看，你能不能做出来？

9 辆赛车的速度各不相同，它们要比快慢，但没有计时工具，只能在赛道上比谁先谁后，而且每次最多只能有 3 辆车比赛。那么，最少比几次，能保证选出最快的两辆赛车？

显然，比 4 次就能找到最快的一辆车。可是如何找出第二快的车呢？我做了好半天也没想出答案。于是我就咨询了我的学生鲁泠溪，她只花了 3 秒钟就告诉了我答案：5 次。

一、5次是可行的

鲁泠溪的方法是这样的：

首先每 3 辆车一组，分成三组进行小组赛，每个小组都能排出顺序（图6.1–1）。

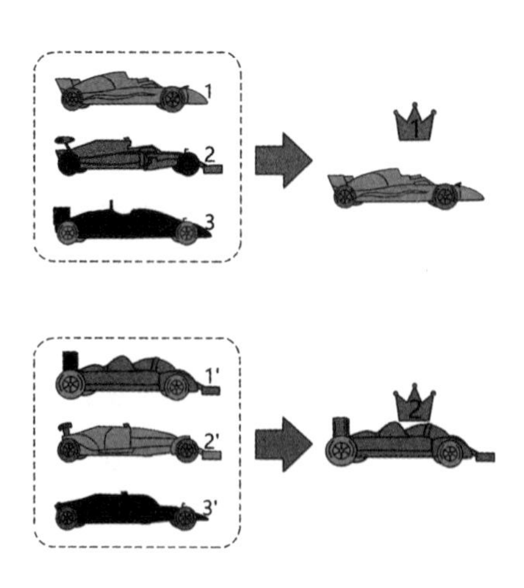

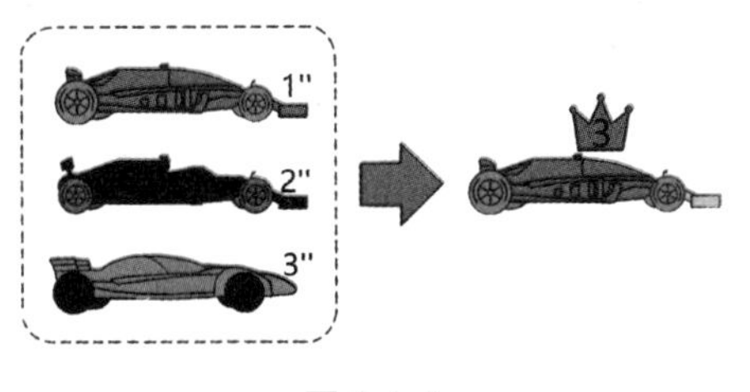

图 6.1-1

然后，让三个小组的第一名进行一场决赛，就能选出真正的第一名（图 6.1–2）。

决赛

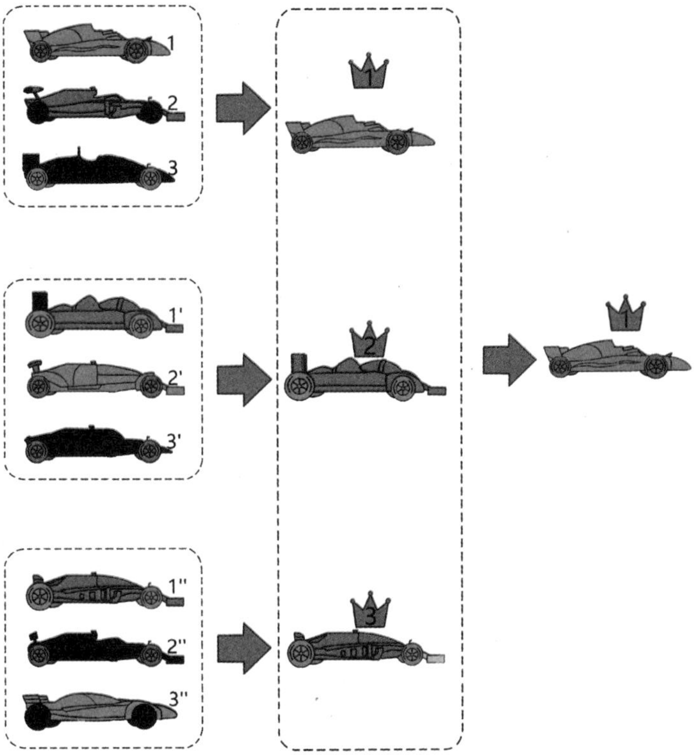

图 6.1-2

这时，决赛中的第二名和总冠军在小组赛时的第二名，都是只输给了总冠军，它们谁快呢？还要比一下。谁赢了，谁就是真正的第二名。所以，我们还需要一场附加赛（图 6.1–3）。

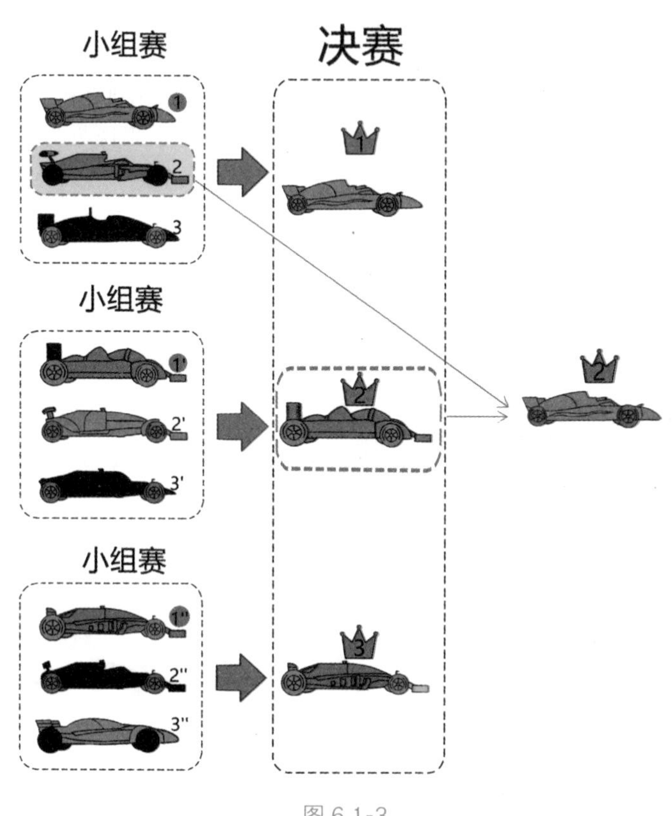

图 6.1-3

算起来，3 场小组赛，1 场总决赛，1 场附加赛。一共就是 5 场比赛啦！

二、4次为什么不行？

当时，我在朋友圈里发了这个问题，许多同学都很快给出了 5 次的答案。不过，有两名获得过国际金牌的同学，一直在讨论为什么 5 次就是最少的，4 次就不行？

后来，鲁泠溪又告诉了我一种方法，的确证明了 4 次是不行的。她采用的是“图论 + 反证法”的方法。

首先，我们把问题理解为：需要从 9 辆车中，区分出冠军和亚军。我们认为这样理解题意是合理的，而且处理起来比较方便。如果你不区分冠军和亚军，问题可能会稍微复杂一些。

然后，把每一辆车看作一个点，用每一场比赛的结果进行连线，这样就构成了一个图。具体来说：比赛的过程就是给三辆车排序，如果我们把相邻成绩的两辆车用有向线段连接起来，一场比赛就会出现两条线。比如，在一次比赛中，汽车 1 最快，汽车 2 其次，汽车 3 最慢，那么它们之间的图应该是像图 6.1–4 这样的：

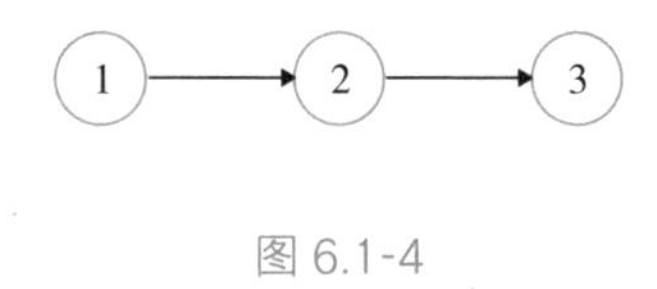

图 6.1-4

如果举行 4 场比赛，最多能够画出 8 条线。为了找到冠军和亚军，这 8 条线必须把 9 个点连起来，形成一个单一的、树状的、没有闭环的图，像图 6.1–5 这个样子：

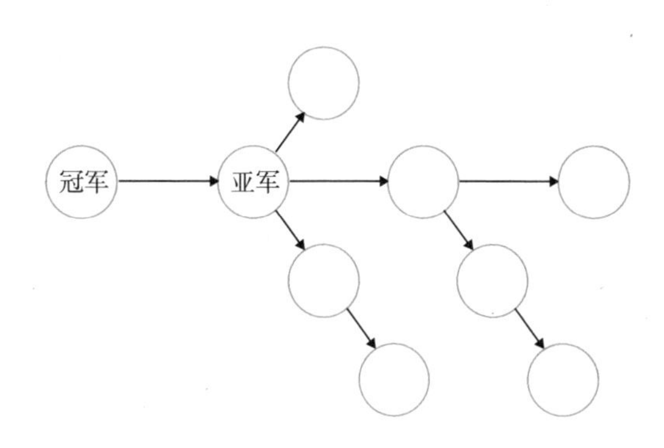

图 6.1-5　能够判断谁是冠军，谁是亚军

大家可以想想，如果图不是单一的，而是分成两支，那么就没办法判断谁才是真正的第一（图 6.1–6）。

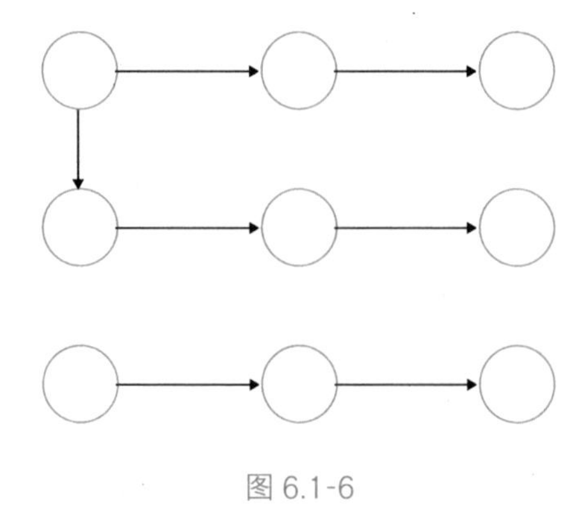

图 6.1-6

如果图不是树状，而是中间存在闭环，那么就浪费了一条线，8 条线绝不可能把 9 个点连接起来（图 6.1–7）。

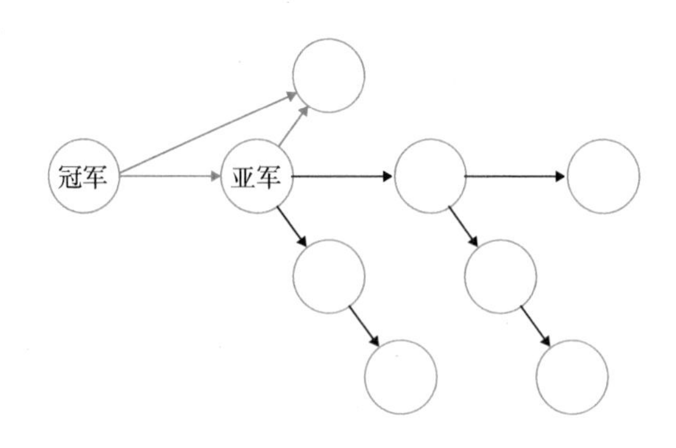

图 6.1-7

下面我们要论证：用 8 条线，不可能保证把 9 个点连成我们要求的图。

首先，为了找到冠军，冠军车和亚军车一定同场竞技过。因为，它们比其他车都快，如果它们没有比赛过，都会保持不败战绩，就无法区分出谁是冠军了。它们比赛时，冠军一定第一，亚军一定第二，所以冠军和亚军之间有连线。

然后，为了找到亚军，亚军车和季军车一定同场竞技过。因为，除了冠军车外，这两辆车比其他车都要快。如果它们没有比赛过，就无法区分出谁是亚军。所以，亚军和季军之间有连线（图 6.1–8）。

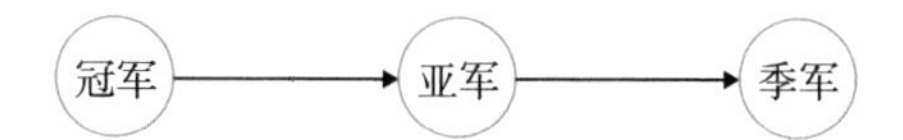

图 6.1-8　冠军与亚军，亚军与季军之间，一定有连线

根据刚才所说，图中不能形成闭环，既然冠军和亚军之间、亚军和季军之间一定有连线，那么冠军和季军之间就不可以有连线，否则就会形成闭环。

可是你要注意，在我们进行第一场比赛时，随机选择了 3 辆车，如果选择的 3 辆车分别是冠军、季军和第四名，那么比赛后，根据我们的构造规则，冠军和季军分列小组第一和第二，它们之间会有一条连线。这样，所有比赛结束后，冠军、亚军、季军就会出现一个闭环（图 6.1–9）。

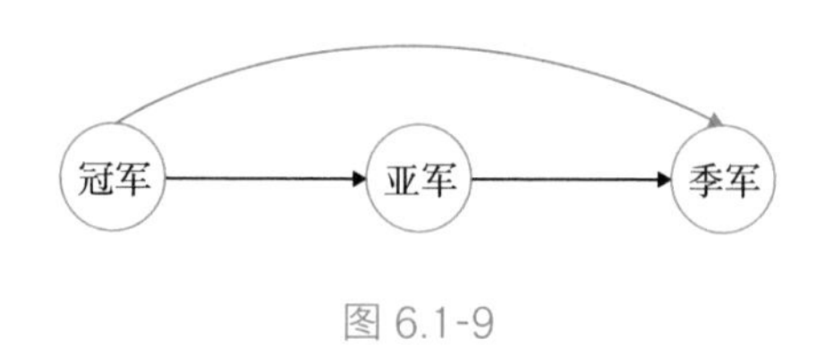

图 6.1-9

大家注意，冠军和季军之间的这条线不是一定存在，闭环也不一定存在。但是由于最初我们缺乏信息，随机选择车辆比赛，我们不能保证冠军、季军和第四名不会碰在一起，我们也无法保证避免闭环出现。而一旦出现闭环，就不可能用 8 条线把 9 个点连成一个单一的树状图，也就不能判断出冠军和亚军了。

如图 6.1–10，我们把整个逻辑梳理一遍，过程是这样的：

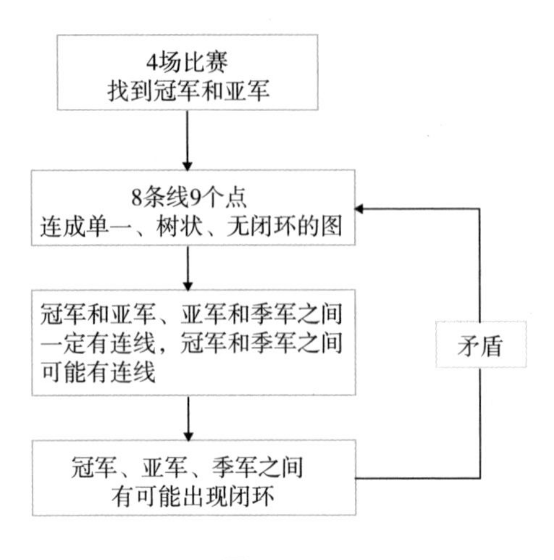

图 6.1-10

综上所述，8 条线不能保证把 9 个点连成满足条件的图，所以 4 场比赛也不能保证从 9 辆车中找到冠军和亚军，5 次比赛是最少的情况。

你看，一个小学二年级问题，居然连图论和反证法都用上了。

三、还能再给力一点吗?

我们能让这个问题变得更加一般一些吗?

比如：如果有 n^2 辆车，每次比赛只有 n 辆车参赛，在没有计时工具的情况下，至少比赛多少次，才能保证找到第一名和第二名?

这个问题方法也是类似的，你可以思考一下再往下看。

首先进行小组赛，每场比赛 n 辆车，共有 n 场比赛。按照刚才的构造方法，我们能把每一小组的赛车排序，并且进行连线（图 6.1–11）。

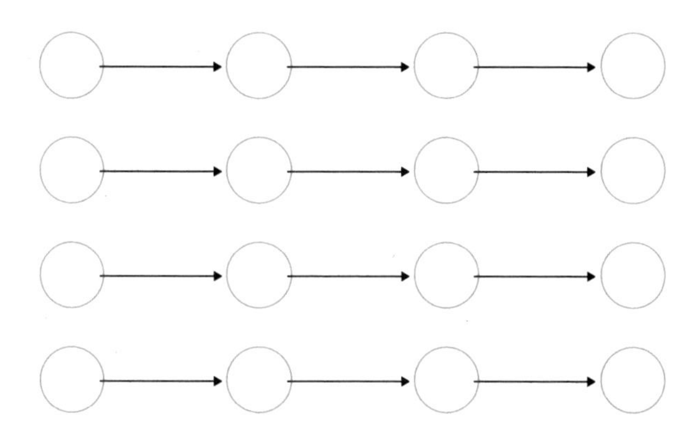

图 6.1-11　*n* 场小组赛后，每一小组的顺序都排好了

然后，我们再让每场小组赛的第一名集合起来，进行一场总决赛，找到冠军（图 6.1–12）。

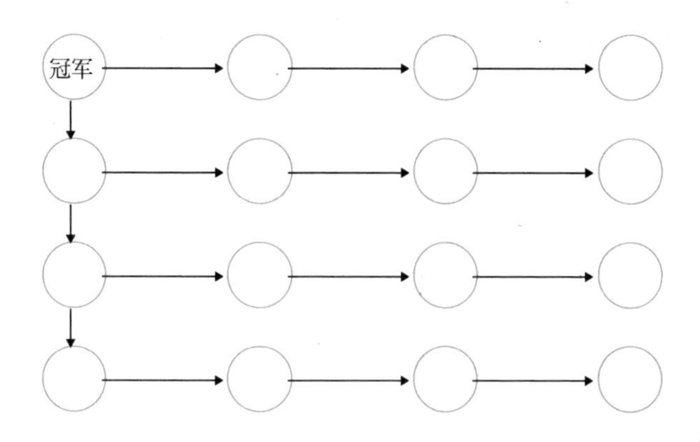

图 6.1-12　1 场决赛后，冠军找到了

最后，冠军小组赛时的第二名和总决赛的第二名再进行一场附加赛，便能找到亚军了。比如图 6.1–13 这种情况：

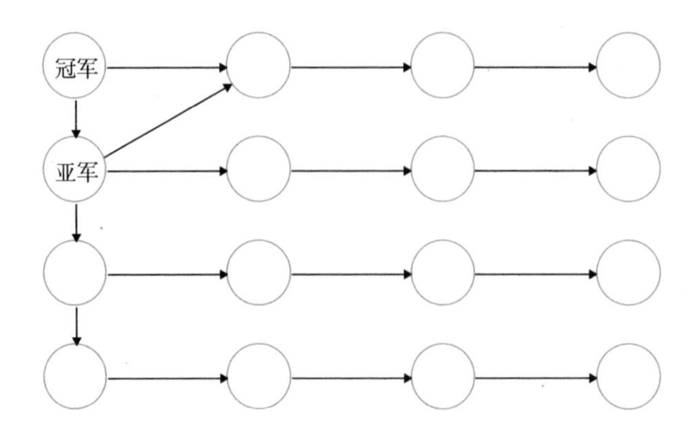

图 6.1-13　1 场附加赛后，找到亚军

最终，我们通过 n 场小组赛、1 场总决赛、1 场附加赛，找到了冠军和亚军，一共需要（n+2）场比赛。

你能证明（n+2）是最少的情况吗？方法和刚才是一样的。

这个小学二年级数学题，可能很多同学都能想到答案。只是要证明它，的确不是一件容易的事。而且，到目前为止，我们还没有找到这个问题的一般答案，如果你愿意的话，可以由浅入深地思考以下问题。

问题 1：如果有 n^n 辆车，每次比赛最多有 n 辆车，那么最少比赛多少次，才能保证找到冠军和亚军？

问题 2：如果有 n 辆车，每次比赛最多 m 辆车（$m<n$），那么至少比赛多少次，才能保证找到冠军和亚军？

问题 3：如果有 n 辆车，每次比赛最多 m 辆车（$m<n$），要确定前 k 辆车的排名（$k<n$），至少要比赛多少次？

我要说明的是，这些是非常困难的问题，除了第一个问题，后面两个问题我至今还没有想出答案呢。如果你都想出来了，你至少达到了小学三年级水平。

不走回头路的公园

我的家乡在吉林省的吉林市，城市里有一座公园，叫作北山公园，公园里有许多数百年的老建筑。对我们吉林人来说，这座公园承载了许多童年的回忆。如图 6.2–1，公园里有两座门：东门和西门，你能从东门进入公园，不重复地走遍所有的游览道路，再从西门走出公园吗？

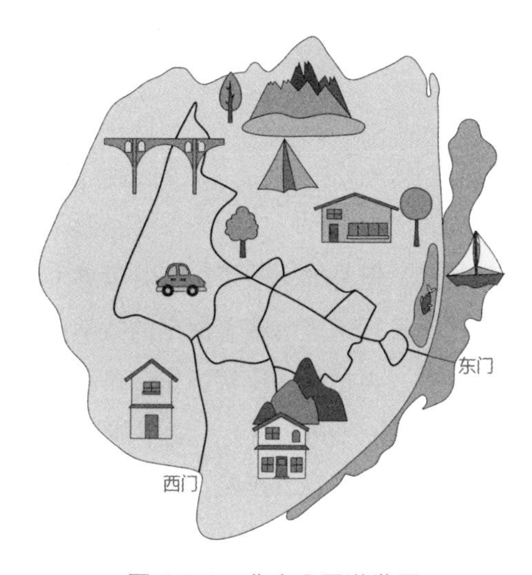

图 6.2-1　北山公园游览图

这个问题，其实是历史上著名的哥尼斯堡七桥问题。

一、哥尼斯堡七桥问题

哥尼斯堡在历史上曾经是普鲁士的领土，在第二次世界大战后并入苏联，现在是俄罗斯在波罗的海沿岸的飞地加里宁格勒。这是一座伟大的城市，曾经诞生了康德、希尔伯特这样伟大的哲学家、数学家和科学家。

在 18 世纪时，在哥尼斯堡有一条河穿城而过，河中间有座小岛。在岛和岸之间，一共有七座桥（图 6.2–2）。周末的时候，当地居民经常来这些桥上散步。居民还发起了一项挑战：看谁能不重复地一次走完七座桥。

图 6.2-2

有许多人进行了尝试，但是都失败了。当时世界上最伟大的数学家欧拉刚好在这里，他敏锐地发现这里蕴藏着深刻的数学内涵。欧拉把每一块陆地或者小岛看作一个点，再把每一座桥画作一条线段，这样地图就能转化成一个由点和线构成的图（图6.2–3）。能不能一次走完七座桥，就变成了这张图能否一笔画出来的问题。于是，哥尼斯堡七桥问题，又被称为“一笔画问题”。

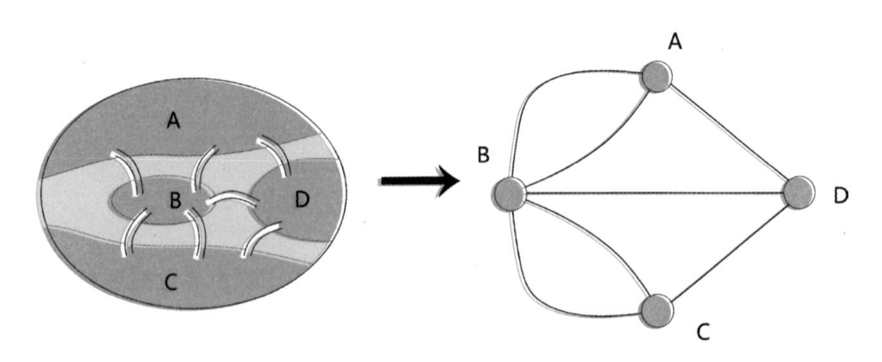

图 6.2-3

二、奇点和偶点

什么样的图形才能一笔画呢？

首先，欧拉把图中的点分为两种：奇点和偶点。如果从这个点引出的线段是奇数条，就叫作奇点；如果引出的线段是偶数条，就叫作偶点。

你可以在纸上随意画几个一笔图形，你会发现：如果图形的起点和终点不在一起，那么起点和终点都是奇点，除此之外其他的点都是偶点。这是因为如果一个点既不是起点也不是终点，那么笔尖经过该点时必然会一进一出，线段成对出现，一定是偶点。如果笔尖在某个点只出不进，或者只进不出，线段就会是奇数条，是奇点，这刚好对应了起点或者终点（图6.2–4）。

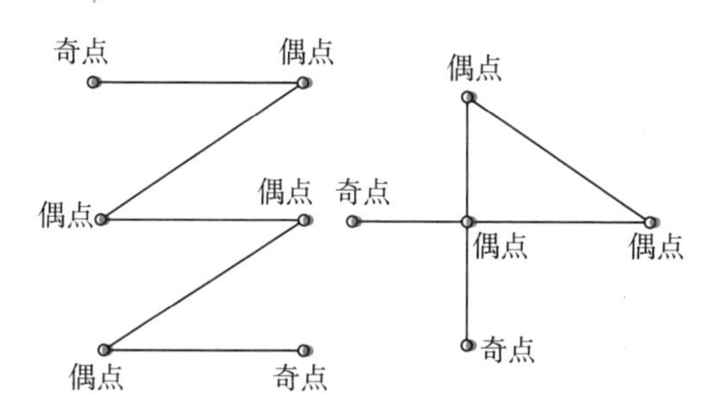

图 6.2-4　奇点只能出现在落笔和抬笔处

如果起点和终点在一起呢？那么落笔画出的第一条线段和抬笔前画出的最后一条线段刚好配对，这样一来奇点就消失了，于是整个图形上全都是偶点（图6.2–5）。

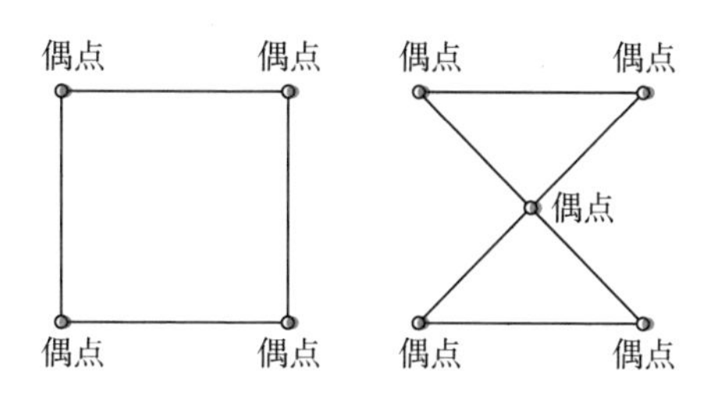

图 6.2-5　起点和终点在一起，图形中没有奇点

综上，欧拉得出结论：如果图形能够一笔画，它的奇点个数只能是0个或者2个。如果奇点个数是0个，笔尖可以从任意一点出发，一笔画完整个图形后回到起点，这个闭合的回路叫作欧拉回路。如果奇点个数是两个，笔尖只能从一个奇点画到另一个奇点，这叫作欧拉路径。

根据欧拉的描述，七桥问题中的A，B，C，D四个点都是奇点，一定不能一笔画，所以居民也不可能一次不重复地走完七座桥。七桥问题解决了。

读者朋友们也可以根据规则，研究一下图6.2–6中的图形，哪些可以一笔画？哪些不能一笔画？

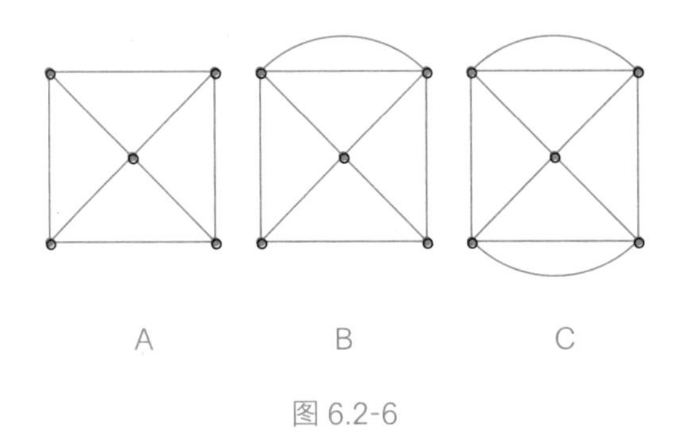

图6.2-6

显然，A图有4个奇点，不能一笔画。B图有两个奇点，存在欧拉路径，可以一笔画。C图没有奇点，存在欧拉回路，也可以一笔画。

而且，我们还可以轻易地知道：不能一笔画的图形，需要几笔才能画出。大家想一想：无论什么样的图形，其实都可以由几个能够一笔画的图形组成，或者说由几条欧拉路径构成。每条欧拉路径都有两个奇点，所以，对于不能一笔画的图形，我们只要把图形中的奇点个数除以2，就能知道至少需要几笔才能将图形画出。例如刚才的A图，它有4个奇点，因此至少需要两笔才能画出（图6.2–7）。注意：每一次落笔和提笔，都必须在奇点处。

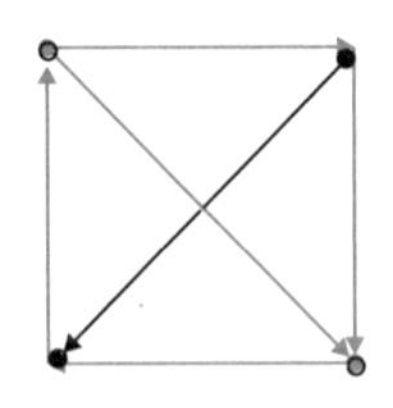

图6.2-7　A图有4个奇点，需要2笔才能画出

如果我们在图上添加线条，连接奇点，那么每添加一条线，就能减少两个奇点。你看，B 图相比 A 图多了一条线，少了两个奇点，所以可以一笔画，但是必须从一个奇点落笔，到另一个奇点抬笔。C 图相比 A 图多了两条线，减少了 4 个奇点，不光可以一笔画，而且可以从任意点开始画，最终回到这个点结束（图 6.2–8）。

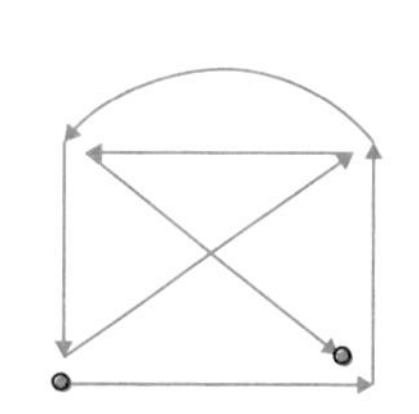

B 图只有两个奇点，一笔就能画出

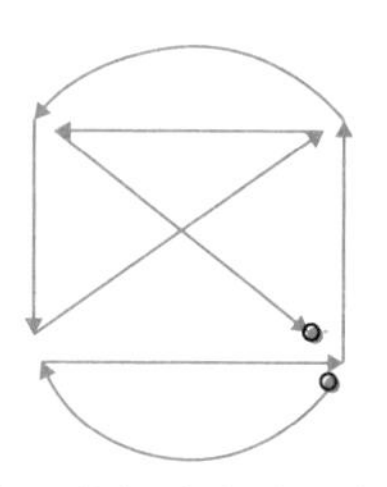

C 图没有奇点，从任意点出发都能一笔画出

图 6.2-8

回到最初北山公园的问题。北山公园的道路上有太多的奇点，所以想一次性走完是不可能的。但是，如果公园的管理方关注这个问题，可以在两个奇点之间增添道路，从而消灭奇点，让整个图形存在欧拉路径或者欧拉回路，那么我们一次走完全部道路的想法就可以实现了（图 6.2–9）。

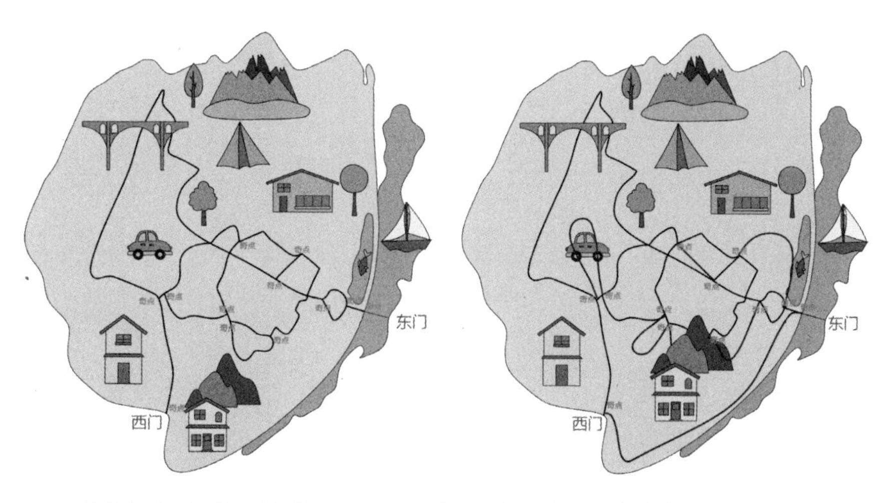

奇点太多，不能一笔画

增加道路，消灭所有奇点，可以一笔画

图 6.2-9

1736年，29岁的欧拉解决了哥尼斯堡七桥问题，从而开拓了一个新的数学分支——图论。图论研究的就是点和线的连接问题，看似简单，但其实奥妙无穷。《赛车问题》中用的方法也是图论的方法。此外，图论的著名问题还包括哈密尔顿环游世界问题、中国邮递员问题、旅行者推销问题、四色问题等。这些问题在现实中芯片、道路、物流网络的设计等方面，都有很重要的应用。

最后给大家留一个思考题：五间相邻的房间，房间之间和房间与外界之间都有门。如图6.2-10，能否从某个房间出发，穿越所有的门，而且每个门只走一次呢？如果可以，请你设计出这样一条路径来。

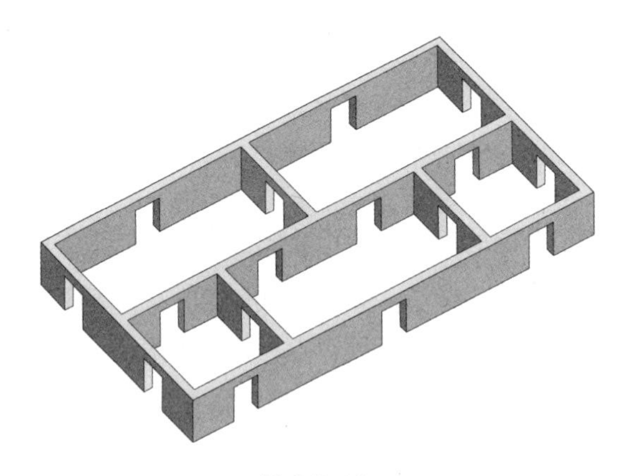

图 6.2-10

马能走遍棋盘上的所有位置吗？

如果中国象棋的棋盘上只有一匹马，按照“马走日”的规则，这匹马能够走遍棋盘上的所有位置吗？

这个问题叫作骑士巡游问题，说得更专业一点，叫作“哈密尔顿问题”。你知道这个问题的答案吗？如果你家里恰好有中国象棋，可以用马试试看。

一、哈密尔顿问题

哈密尔顿是爱尔兰著名的数学家和物理学家。1857 年，他提出了一个问题，我们称为哈密尔顿周游世界问题。

假如世界存在于一个正十二面体上，它有 12 个面，每个面都是一个正五边形。假设正十二面体的 20 个顶点就是 20 座城市，而它的 30 条棱就是 30 条道路。请问：通过这些道路，能否从一个城市出发，不重复地走完所有的城市，最后回到出发的城市呢？

如果有一个正十二面体，通过尝试，我们很容易发现这个问题是有解的，而且解法还不止一种。我们还可以把正十二面体的所有顶点铺在一个平面内，问题研究起来就更加方便了（图 6.3–1）。

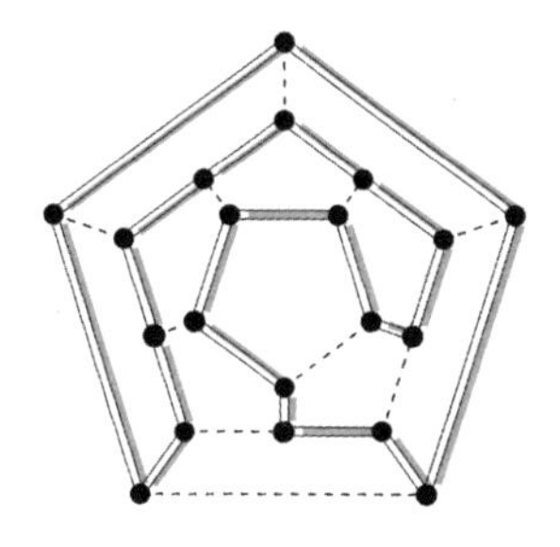

图 6.3-1

后来，人们拓展了环游世界问题，使之变成：对于一个给定的图（由点和线构成），是否存在一条路径，能够不重复地通过每一个点？如果最后能够回到出发点，这条路径就叫作哈密尔顿回路；如果最后不能回到出发点，这条路径就叫作哈密尔顿路径。

如图 6.3–2，这张图中有 4 个点、6 条路径，显然存在一个哈密尔顿回路。而且，这张图上任何一个点都与其余所有点连接，这样的图叫作完全图。完全图一定存在哈密尔顿回路。

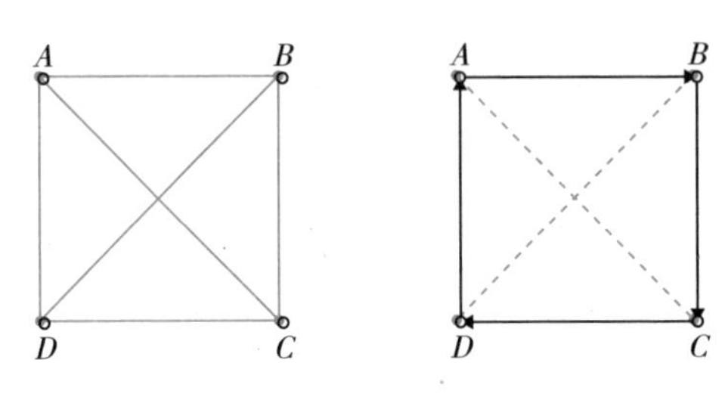

图 6.3-2　存在哈密尔顿回路

再比如图 6.3–3 就只存在哈密尔顿路径，但是不存在哈密尔顿回路。

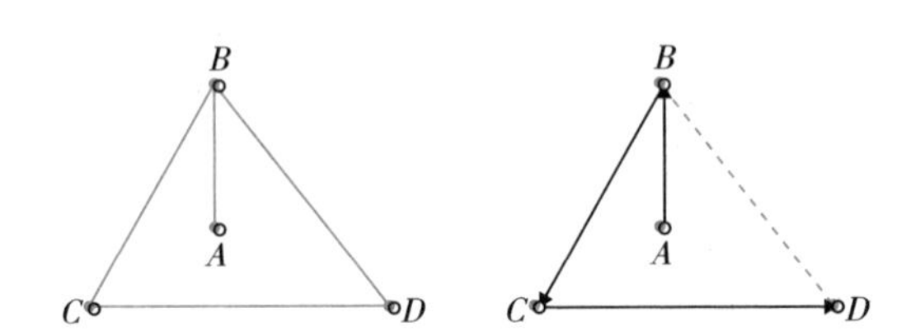

图 6.3-3　不存在哈密尔顿回路，但是存在哈密尔顿路径

而有些图，如图 6.3–4，就既没有哈密尔顿回路，也没有哈密尔顿路径，因为它不能不重复地一次性通过所有的点。

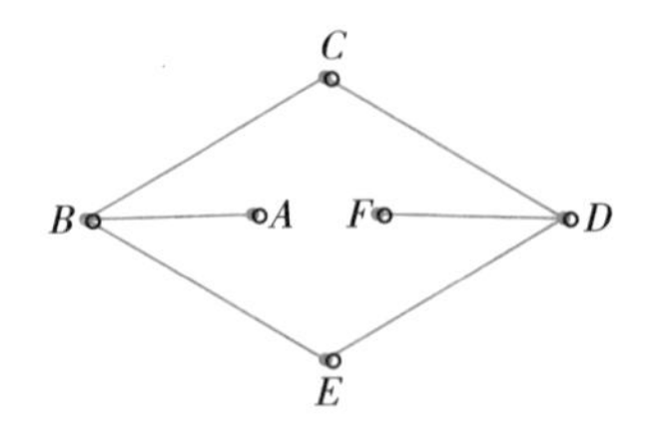

图 6.3-4　既没有哈密尔顿回路，也没有哈密尔顿路径

那么，哈密尔顿问题与一笔画问题有什么区别呢？它们都是图论的问题，但是一笔画问题要求不重复地通过所有的“边”，但是可以多次通过任意的“点”，而哈密尔顿问题不要求通过所有的“边”，但是要求每个“点”都只通过一次。

而且，一笔画问题解决起来很简单——只要奇点是 0 个或者 2 个，就能一笔画，否则就不能一笔画。而哈密尔顿问题则复杂得多，人们至今没有完全解决这个问题。

不过，人们在研究过程中，也获得了一些成果。例如，人们找到了一些一定不存在哈密尔顿回路的图：如果图中存在“悬挂”，就一定没有哈密尔顿回路。例如图 6.3–4 的 AB、FD 就都是“悬挂”。

人们也找到了一些一定存在哈密尔顿回路的图。例如，任意两个点之间都有连线的“完全图”一定存在哈密尔顿回路。另外，对于任意两个点，如果与之相连的边的条数之和都大于总共的点数，这样的图也一定存在哈密尔顿回路。

大家看图 6.3–5：A，B，C，D，E 五个顶点连接的边数分别是 3，4，3，3，3，任意两个点连接的边数之和大于点的总数（5 个），所以这样的图一定存在哈密尔顿回路。你能把这个回路画出来吗？

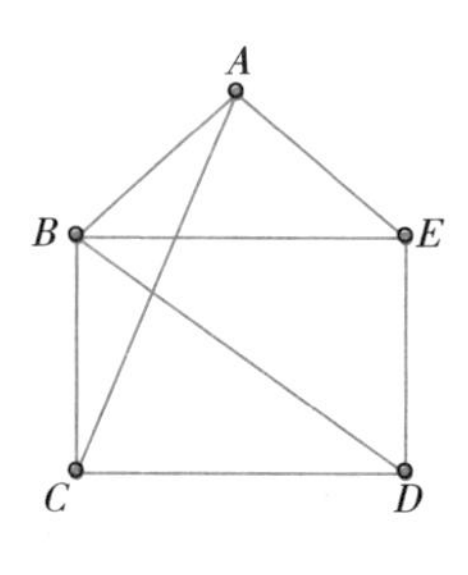

图 6.3-5

二、吃饭排座位问题

现实生活中有哪些哈密尔顿问题呢？

例如：我们和朋友一起吃饭的时候，朋友又会叫他的朋友，这样大家不一定都认识。如果不认识的人相邻，气氛就会比较尴尬。能不能巧妙地安排座位，让大家围坐在一个圆桌上，相邻的人都认识呢？

其实，每个人可以看作一个点，“认识”的关系可以看作两个点的连线，这样一起吃饭的朋友的关系就形成了一张图。能否存在一种排座的方法，让相邻的人都认识，其实等价于图中是否存在一条哈密尔顿回路。

如图 6.3–6，A，B，C 三个人彼此都认识，而 D 只和 C 认识，这样一来，图中就存在了“悬挂”，因此不可能存在哈密尔顿回路，也自然无法存在合适的安排方法。但是，如果再找一位朋友 E，他同时认识 A 和 D，就可以存在一条哈密尔顿回路了。顺着回路安排座位，就能保证相邻的人都相识。

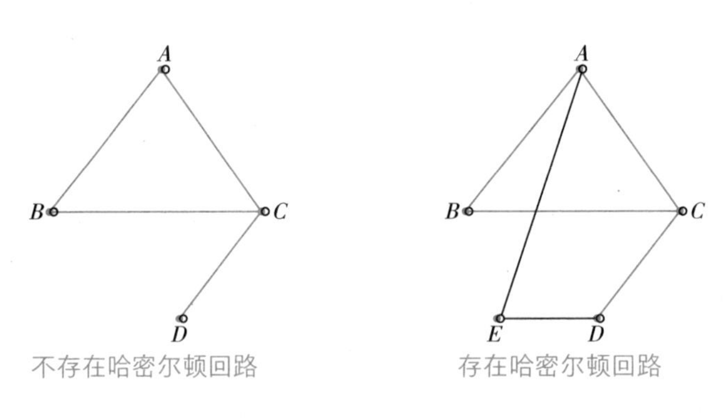

图 6.3-6

正如前文所说，到底什么时候存在哈密尔顿回路，什么时候不存在，是个非常复杂的问题，但是我们至少有一些充分条件。例如：任意两个人都认识，这对应了一张“完全图”，此时自然可以围成一圈，让相邻的人都相识。或者，如果任意两个人认识的人数之和超过总人数，也一定存在一种围坐的方法。

三、骑士巡游问题

在国际象棋中，马叫作“骑士”。有趣的是：无论是中国象棋，还是国际象棋，马都是走“日”的，这可能是因为它们都和古印度的游戏“恰图兰卡”有关系。骑士巡游问题是：马在国际象棋的棋盘上，能否不重复地走完所有的格子？

这个问题如何研究？国际象棋的棋盘是一张8×8的网格，我们可以把每一个格子看作一个点，再把满足“马走日”的两个点用线段连接起来，这就构成了图6.3–7。我在这张图中用数标出了每个点连接的线段条数。骑士巡游问题就等价于这张图是否存在哈密尔顿回路或者哈密尔顿路径的问题了。

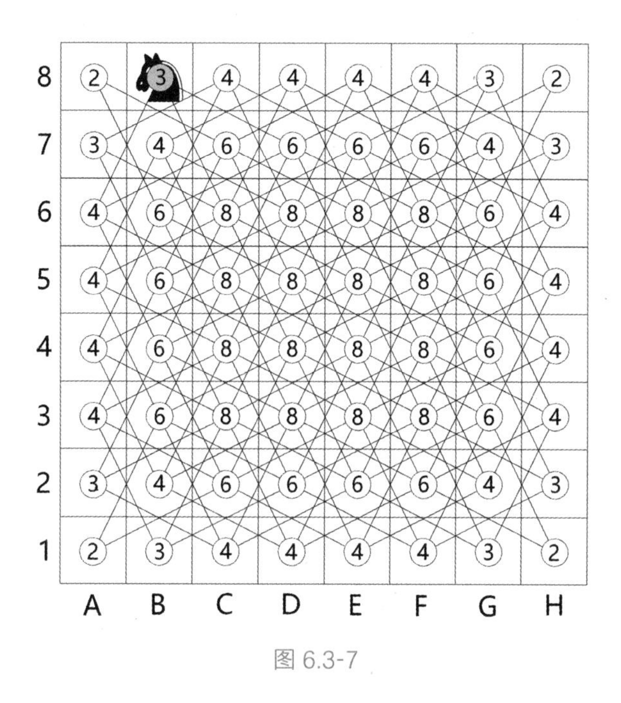

图 6.3-7

国际象棋的骑士巡游问题不光是有解的，而且解的数量非常多，大约有 2 万亿个。这个问题经常被计算机系的老师用来考察学生的编程能力。比如，图 6.3–8 就是一种骑士巡游的路径。

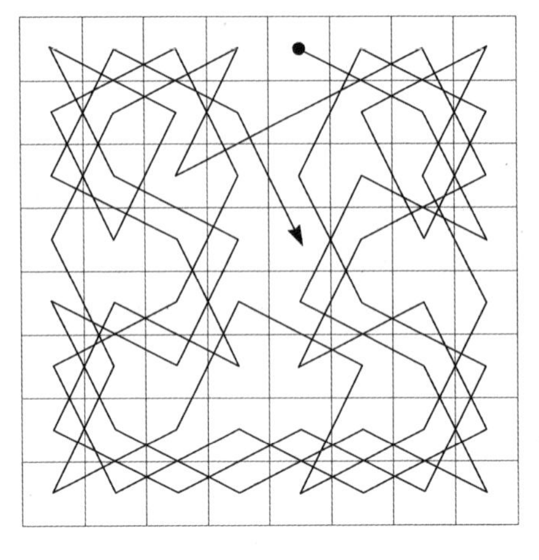

图 6.3-8

如图 6.3–9，中国象棋的棋盘是 9×10 的格点（中国象棋下在格点上），同样可以转化成一张图，马依然能够不重不漏地走遍每一个角落。并且这个路径让马回到了出发点，这是哈密尔顿回路。

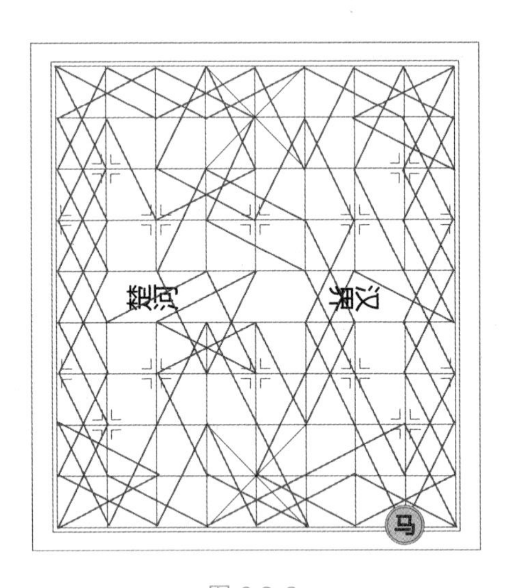

图 6.3-9

到底什么样的棋盘骑士巡游问题有解呢？这个问题依然没有完全解决。你不妨在纸上画一个 $m\times n$ 的格子，然后试试看，用马能不能走遍每一个角落吧！

香蕉皮和橘子皮，谁能展成平面？

大家都吃过香蕉和橘子，吃的时候要剥皮。你有没有仔细观察过香蕉皮和橘子皮，它们可能摊平在一个平面上吗？

看起来，这是个很简单的数学问题，但是真的要解释清楚，必须使用非常高级的数学知识——微分几何。而且，这个问题有个好听的名字：高斯绝妙定理。

一、曲率半径和曲率

微分几何起源于数学家们对曲线和曲面的研究，如今已经成为广义相对论的基础，与拓扑学和理论物理密切相关。这个理论特别复杂，普通人很难理解它的全貌。不过高斯绝妙定理的内容倒没有那么复杂，它就是告诉我们什么样的曲面可以展开成平面。

我们首先来介绍一下曲率半径和曲率的概念。生活中有各种各样的曲线，每一种曲线在每一个点上的弯曲程度都可能不同。如何衡量每个点的弯曲程度呢？

数学家们想到了一个方法：用一个与曲线密切贴合的圆来代表这一小段曲线。数学上可以证明：对于一个平滑曲线，在每一个点这样的圆都是唯一的，这样的圆叫作曲率圆，曲率圆的半径叫作曲率半径。人们又把曲率半径的倒数叫作曲率，它用来描述曲线弯曲的程度（如图 6.4–1）。

$$k=\frac{1}{\rho}.$$

其中 ρ 表示曲率半径，k 表示曲率。

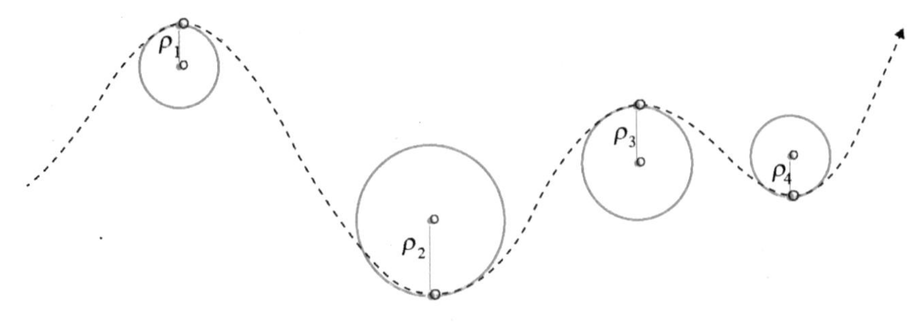

图 6.4-1　曲率圆和曲率半径

一个曲线的不同位置，曲率半径可能是不同的：曲线越平缓的地方，曲率半径越大，曲率就越小。对于一条直线，与它密接的圆无限大，即曲率半径 ρ 无限大，曲率 k 就是 0。越弯曲的地方，曲率半径越小，曲率就越大。如果一个地点特别弯，曲率半径就接近 0，曲率就趋于无穷大。

而且，我们还可以对曲线规定一个正方向，如果曲线的弯曲方向和规定的方向一致，我们就说曲率是正的；如果弯曲方向与规定方向相反，就说曲率是负的。比如图 6.4–2 中曲线上的各个点，曲率就会在正、负、零之间切换。

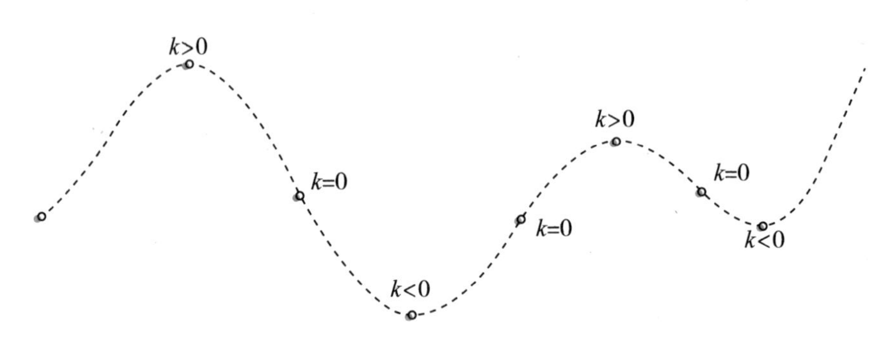

图 6.4-2　曲率的大小、正负变化

二、主曲率

现在，我们从曲线升级到曲面。对一个曲面来讲，不同方向会有不同的弯曲程度。如图 6.4–3，我们来看一个香蕉的内侧：它沿着某个方向，是突起的（曲率半径是正的），沿着另一个方向却是凹陷的（曲率半径是负的），而且二者弯曲的程度也不一样。

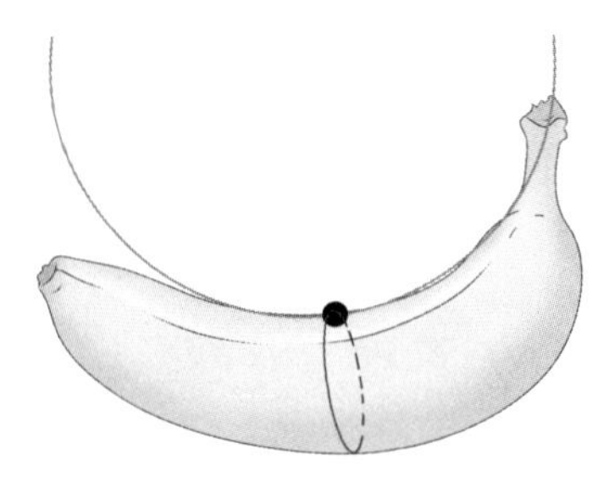

图 6.4-3

用一个平面去切割曲面，就会得到一条相交线，这条相交线在这一点就存在曲率。当我们旋转这个平面的时候，就会获得很多条切割线。比如一个烟囱，我们横着切，会切出一个圆形；竖着切，会切出类似于双曲线的形状（图 6.4–4）。

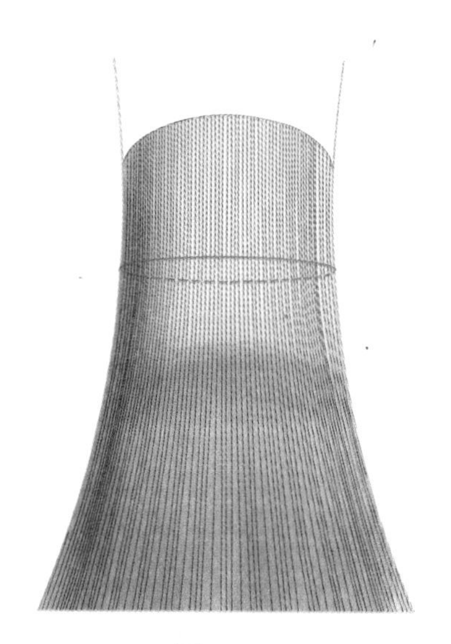

图 6.4-4

在 1760 年，微分几何的奠基人之一、著名的数学家欧拉证明了一个定理：过一个曲面上的某个点作不同的切割面，可以获得很多条切割曲线，这些曲线中曲率最大的和曲率最小的两条曲线的曲率叫作主曲率。主曲率对应的平面叫作主平面，主平面一定是互相垂直的，主平面的方向称为主方向（图 6.4–5）。

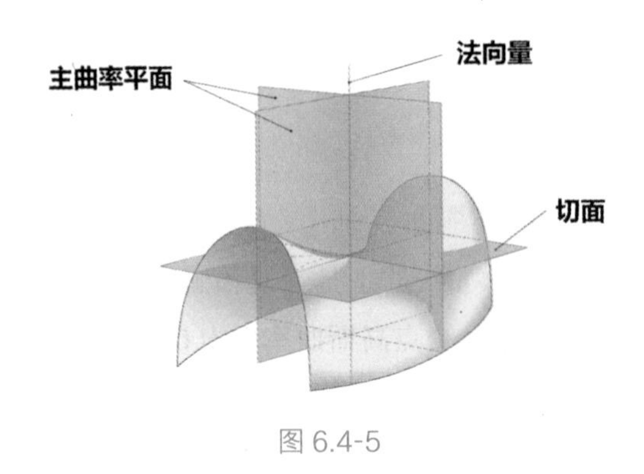

图 6.4-5

比如刚刚的香蕉和烟囱，主曲率都是一正一负，两个主方向也是互相垂直的。

大家能看出平面的主曲率有多大吗？因为无论如何切割，用平面切割平面得到的都是直线，所以平面上的各个方向曲率都是 0。

三、高斯绝妙定理

下面，我们继续升级。在二维平面上，直线可以弯曲成曲线。同样，在三维空间中，平面也可以弯曲成曲面。我们会发现：在直线变成曲线，或者平面变成曲面，再或者曲面变成更弯曲的曲面时，曲率和主曲率都会发生变化。

不过，并非所有的几何量都发生变化了。一条直的线段弯曲时，或者线段所在平面在三维空间中发生弯曲时，线段变成一条弧线，但是弧线的长度却不会发生变化。类似于弯曲这样的变换，叫作等距变换。

有了以上的知识，我们就可以理解高斯绝妙定理了。1827 年，微分几何的奠基者之一、史上最伟大的数学家高斯发现：如果曲面上某个点的主曲率分别是 k_1 和 k_2，当曲面在高维空间发生弯曲时，主曲率的值可能会变化，但是它们的乘积 $K=k_1k_2$ 却保持不变。这个不变的乘积 K 叫作高斯曲率。

用数学语言说就是：在局部等距变换下高斯曲率保持不变。

我们来举个例子：一个比萨，放在盒子里的时候是平面，主曲率处处为 0，高斯曲率也是处处为 0。当我们吃比萨的时候，比萨可以弯曲，两个主曲率发生了变化，但是高斯曲率为 0 是不会发生变化的。也就是说：在它发生弯曲时，一定有一个曲率为 0 的方向——在这个方向上，比萨上的点构成一条直线。

比如，我们可以拿着比萨的后部，比萨前方就会下垂，比萨中央这个点有两个主方向，对应的曲线分别是红线和黑线。你会发现：红色的线是直线，曲率为零，于是这个点高斯曲率也为 0，与最初的平面相同（图 6.4–6）。

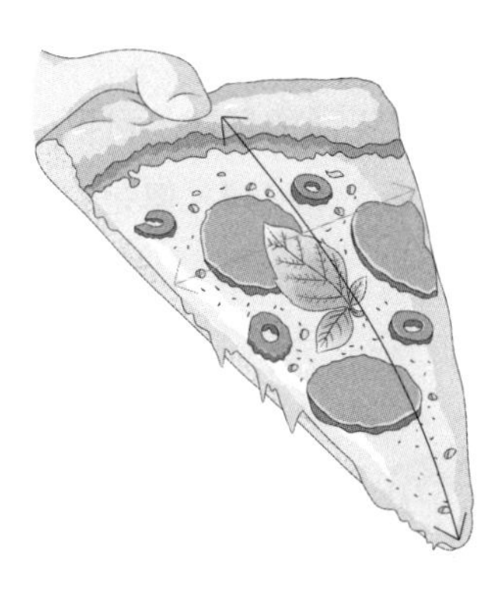

图 6.4-6　比萨的一种拿法

我们也可以用力掐比萨后部的一点，让比萨凹进去，刚才的曲线变成了直线、直线变成了曲线，但这个点的高斯曲率还是为 0，不变化（图 6.4–7）。

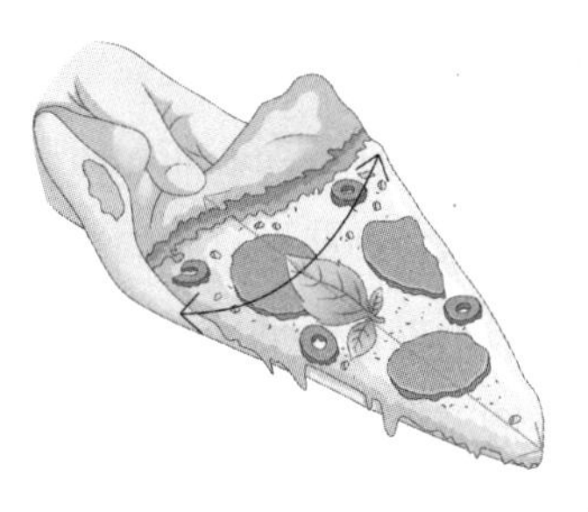

图 6.4-7　比萨的另一种拿法

我们再来看看薯片。如图 6.4–8，薯片中央的一点的两个主曲率方向完全相反，符号相反，所以这个点的高斯曲率是负的。在三维空间中，貌似很难将薯片进行弯曲，因为无论如何弯曲都会造成一部分的挤压或者另一部分的断裂。

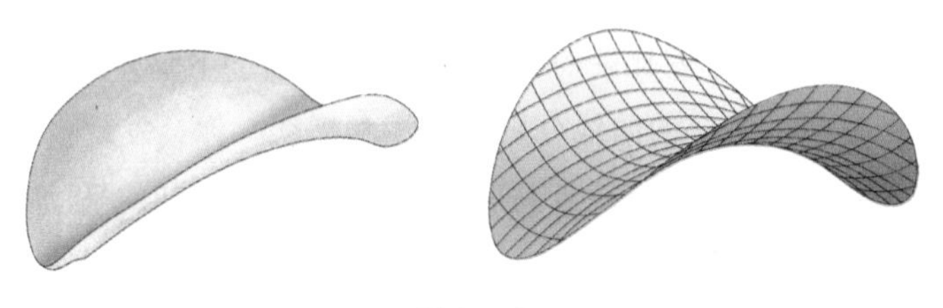

图 6.4-8

不过，数学上的曲面具有无限的韧性，可以发生意想不到的弯曲。比如螺旋曲面和悬链曲面看起来完全不同，但是它们是可以通过弯曲变换出来的（图 6.4–9）。

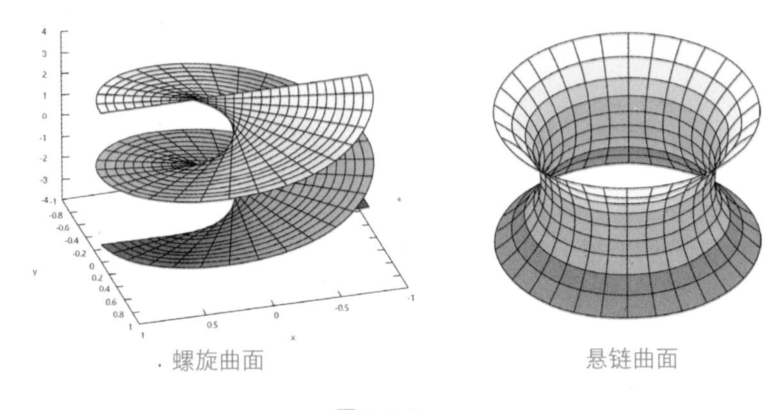

螺旋曲面　　悬链曲面

图 6.4-9

假如在数学上我们可以将薯片进行弯曲变换，薯片的形状可能变得面目全非，主方向和主曲率也与我们的测量不同。不过，如果我们去计算这一点的高斯曲率的话，它的结果会和最初的一样。这简直太神奇了！高斯当年发现这个规律的时候情不自禁，就自己起了个“绝妙定理”的名字。

多说一句：高斯的得意门生黎曼将高斯的曲面理论发扬光大，创立了黎曼几何。爱因斯坦在创立广义相对论的过程中，他敏锐地发现我们的时空其实是弯曲的，不能用通常的欧几里得几何解释，但是又苦于找不到更好的工具。他向自己的同学、几何学家格罗斯曼求助，格罗斯曼把黎曼几何介绍给了爱因斯坦。利用这个数学工具，爱因斯坦终于创立了广义相对论。爱因斯坦自己都说，他没想到宇宙的真理居然存在于数学中。

四、什么样的曲面才能展成平面

高斯绝妙定理可以解释许多有关曲面的问题。比如：最初人们发现无论如何也不能将地图准确画在平面上，这是为什么呢？

原因是：平面的高斯曲率是 0。根据高斯绝妙定理，如果一个曲面可以展开成平面，曲面上任何一个点高斯曲率必须是 0。也就是说：过曲面上每个点都至少有一条直线，曲面才有可能展开成平面。

如图 6.4-10，圆柱、圆锥的侧面都可以展开成平面，因为它们的母线是直线、曲率是 0，而且母线沿着主曲率方向，所以高斯曲率也是 0。球面不能展开成平面，因为球面上任何一个点主曲率都是同号的，高斯曲率是正的。单叶双曲面也不能展开成平面，因为尽管它的每一条母线都是直线、曲率为 0，但是母线曲率却不是它的主曲率，它的两个主曲率其实是一正一负的，高斯曲率是负的。

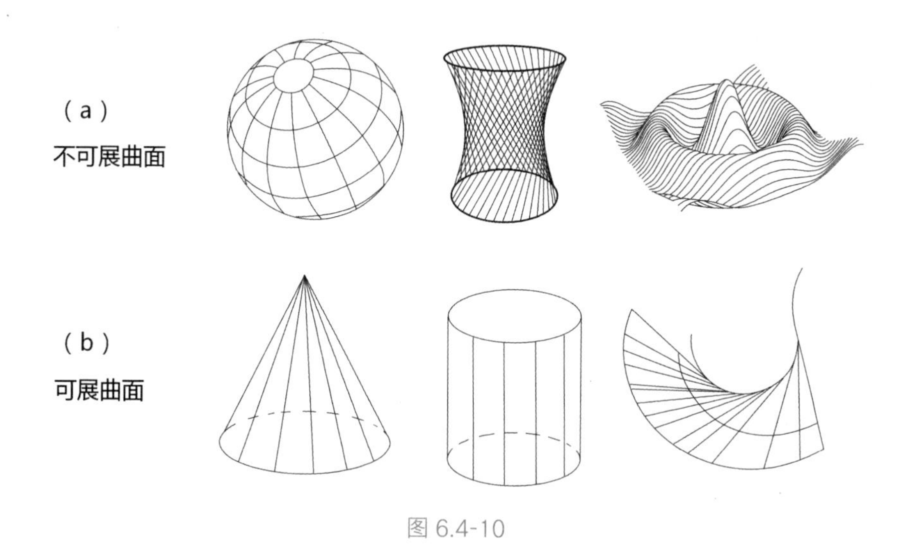

图 6.4-10

所以理论上讲，没有办法在一个平面上画出世界地图，因为地球是球体，不能展开成平面。人们采用各种各样的投影法画出地图的近似情况，比如墨卡托投影法，就是把地球投影到一个圆柱上，然后再把圆柱展开。这样做的结果就是两极地区的面积会变得很大，看起来格陵兰岛比非洲还要大，南极洲更是跟整个亚欧大陆差不多大。

如果你观察橘子皮和香蕉皮，就会发现任意一点都不存在直线，所以无论是橘子皮还是香蕉皮，都不可能展开成平面。如果你用力把它掰成平面，那么在不考虑弹性的时候，它一定会碎裂成无限多块——就像薯片一样。

最速降线问题

1630 年，“近代科学之父”伽利略提出了一个问题：

一个小球在重力作用下，从一个给定点 A 运动到不在它垂直下方的另一点 B，如果不计摩擦力，沿着什么曲线滑下所需时间最短？

显然，从 A 点到 B 点的直线轨道是路程最短的，但是并不一定是时间最短。伽利略认为这个最短时间的路线是一个圆弧，但是很快，他的观点就被否定了。你知道这个最短的路线是什么吗？

一、伯努利家族

在科学史上，遗传基因很重要，许多科学家的后代也是科学家，例如发现电子和电子衍射的汤姆孙父子，发现晶体衍射的布拉格父子，在放射性方面颇有研究的居里夫妇、小居里夫妇等。但是要论史上第一科学天团，非伯努利家族莫属。

伯努利家族是一个商人和学者家族，来自瑞士巴塞尔。16世纪，莱昂·伯努利为避免宗教迫害，从比利时安特卫普移民到巴塞尔。很多艺术家和科学家出自伯努利家族，在历史上被人追溯的有120位之多。尤其在18世纪，伯努利家族出现了数位世界顶级的数学家和科学家，又以雅各布·伯努利、约翰·伯努利和丹尼尔·伯努利最为著名。

作为世界顶级数学家，约翰·伯努利的一生却过得不是那么舒心，他总把自己的悲惨归咎于他哥哥——雅各布·伯努利。约翰自认为是当时的世界第一数学家，但是他的风头却总是被哥哥雅各布·伯努利压着，他急需一个契机来证明自己的能力。

一个偶然的机会，约翰了解了最速降线问题，并且花了几个星期的时间解决了它。他如获至宝，决心要用这个问题树立自己在数学界的权威地位。1696年，约翰在他的老师莱布尼茨主管的杂志《教师学报》上发表了一篇文章，公开征集最速降线问题的答案，并宣称：

> 不要草率地做出判断，虽然直线 AB 的确是连接 A，B 两点的最短线路，但它却不是所用时间最短的路线。而时间最短的曲线则是几何学家所熟知的一条曲线。如果在年底（指1696年）之前还没有其他人能够发现这一曲线，我将公布这条曲线。

结果到了1697年年初，他只收到了一份答案，来自他的老师莱布尼茨，其他人似乎对此毫无兴趣，这让约翰感到很没面子。

莱布尼茨安慰失望的约翰，建议他把公布答案的日期推后到当年的复活节。约翰遵从了老师的建议，为了让这个问题不被错过，他特意把问题写信寄给几个对手，包括自己的哥哥雅各布·伯努利和老师莱布尼茨的死对头——英国的艾萨克·牛顿。

当时，牛顿和莱布尼茨正在争夺微积分的发明权。莱布尼茨最早提出了微积分，现在微积分所使用的符号也是莱布尼茨提出的。但是牛顿宣称自己早在20年前就已经提出了“流数法”，在与莱布尼茨交流的过程中，莱布尼茨窃取了自己的成果。约翰·伯努利为了维护师门尊严，亲自写了一封信寄给了牛顿，并且挑衅地说：

> 很少有人能解出我们的独特的问题，即使是那些自称有着特殊方法的人。这些人自以为他们的伟大定理无人知晓，其实早已有人将它们发表过了。

牛顿当年已经 54 岁了，脑子已经不像 20 多岁时候那么机敏了，而且是英国皇家铸币院的主管。牛顿外甥女的日记记载：牛顿接到约翰的信的那天，在铸币院忙到很晚才回家。牛顿的愤怒让他不能上床睡觉，直到几个小时后，牛顿解决了这个问题，当时是凌晨 4 点。牛顿不愧为历史上四大数学家之一（另外三位是阿基米德、欧拉和高斯）。牛顿说：我从不喜欢在数学问题上被外国人戏弄。他把答案装在信封里，匿名寄给了约翰。

到 1697 年复活节，约翰·伯努利一共接到了 4 份答案，分别来自自己的老师莱布尼茨、英国的牛顿、自己的学生洛必达、自己的哥哥雅各布，包括自己的答案一共有 5 份。1697 年 5 月，这些答案被发表在《博学通报》上，他们虽然方法不同，但是都指向了一个共同的结论——摆线。

二、什么是摆线

摆线也叫悬轮线，最早是伽利略研究的曲线。比如有一个车轮在地面上滚动，车轮边缘有一只蚂蚁，那么车轮滚动的过程中蚂蚁的轨迹就是一条摆线（图 6.5–1）。

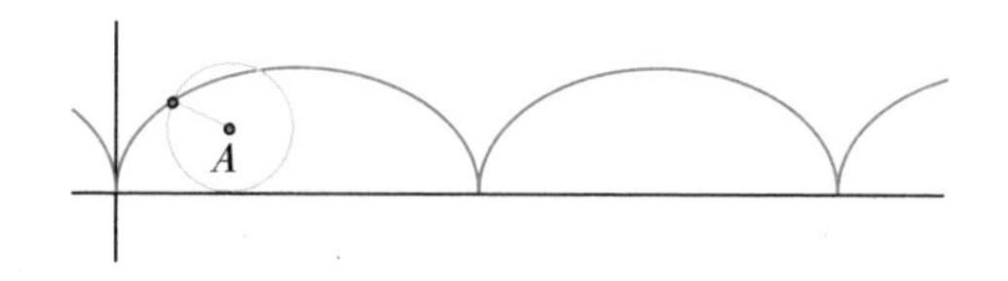

图 6.5-1

伽利略不仅研究过摆线，甚至得出了摆线每一个弧形下方的面积等于圆形面积的 3 倍的结论。当时还没有微积分，伽利略使用了一种非常流氓的办法：他用一块圆形的铁片在同样厚度的铁板上滚出了一条摆线，然后用剪刀把一个“扇形”剪下来，用秤称量了这个“扇形”的质量，发现“扇形”的质量是铁片质量的 3 倍，于是得出结论：一段弧下方的面积是圆形面积的 3 倍。

摆线有许多神奇的性质，例如我们在摆线的不同位置放置小球，同时释放，并让小球在重力作用下下滑，这些小球将会同时到达最低点（图 6.5–2）。

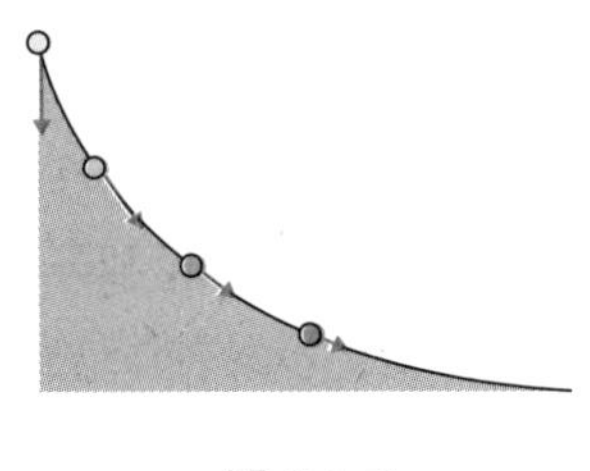

图 6.5-2

在最速降线问题中，5 位数学家都得到了摆线这个相同的答案，但是他们的方法各不相同。莱布尼茨、牛顿和洛必达的方法都是使用微积分，约翰的方法最为巧妙，他类比了费马原理：光总是走时间最短的路径。当光从一种介质射入另一种介质的时候，因为两种介质中的光速不同，光线就会发生折射（图 6.5–3）。

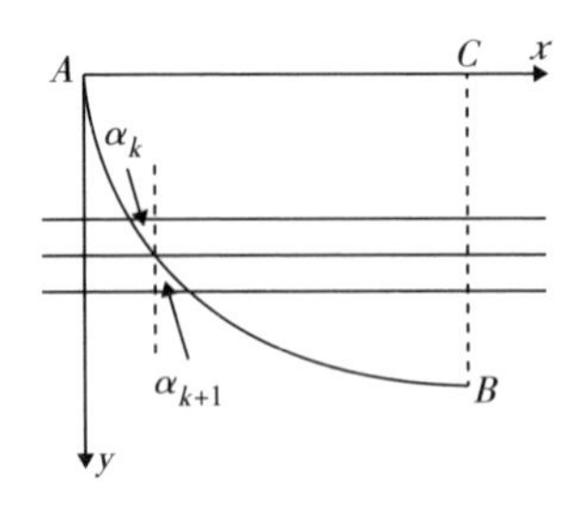

图 6.5-3　约翰的方法

于是，约翰假设从 A 到 B 存在着一层层的连续介质，每层介质的折射

学号________ 线

班级________ 订

姓名________ 装

考 试 卷

1. 购买双色球，需要从 33 个红球中选中 6 个，16 个蓝球中选 1 个，如果所有球的号码都和开奖号码一致就中头奖，那么中头奖的概率大约是 （ ）

A. $\frac{1}{2\ 010\ 000}$　B. $\frac{1}{8\ 920\ 000}$　C. $\frac{1}{17\ 720\ 000}$　D. $\frac{1}{45\ 270\ 000}$

2. 如果有一对小兔子，第二个月长成大兔子，从第三个月起每个月都生下一对小兔子，而小兔子也要花一个月长大，两个月后开始生小兔子，假设兔子永远不死，那么在第 10 个月会有多少对兔子？ （ ）

A. 13　B. 21　C. 55　D. 89

3. 如果一座城市分为城区和郊区，某一年相比于前一年，城区的平均房价上涨了，郊区的平均房价也上涨了，那么整个城市的平均房价 （ ）

A. 一定上涨　B. 一定下跌　C. 可能上涨也可能下跌　D. 保持不变

4. 有三个不透明的盒子，其中一个盒子里装有两个红球，一个盒子里装有两个蓝球，一个盒子里装有一个红球和一个蓝球。现在有一个人，闭着眼睛从其中一个盒子中摸出一个球，睁眼一看这个球是个红球。那么请问，他选择的这个盒子里另外一个球也是红球的概率有多大？ （ ）

A. $\frac{1}{2}$　B. $\frac{2}{3}$　C. $\frac{3}{4}$　D. $\frac{5}{6}$

5. 四只鸭子在一个圆形的水池里，每只鸭子的位置都是随机的。请问这四只鸭子在同一个半圆里的概率有多大？ （ ）

A. 50%　B. 75%　C. 25%　D. 100%

6. 一架次飞机发生空难的概率是 $\frac{1}{2\ 010\ 000}$，那么 10 000 000 架次飞机都安全抵达的概率大约是 （ ）

A. 90%　B. 50%　C. 20%　D. 不到 1%

7. 假如有一个公平的赌博游戏，在每一局里，赌徒都有 50% 的可能赢 1 元，也有 50% 的可能输 1 元。赌徒原来有 100 元，他会在两种情况下退出：要么输光所有的钱，要么赢到 200 元。请问，他最终输光本金而离开的概率有多大？ （ ）

A. 25%　B. 50%　C. 75%　D. 100%

8. 有 100 瓶水，其中有一瓶水中有毒药。如果老鼠喝了有毒药的水，1 周之后就会死亡。现在问：至少用多少只小鼠，才能在一周之后知道哪瓶水里有毒？ （ ）

A. 6　B. 7　C. 8　D. 9

9. 10^9 和 9^{10} 哪个大？ （ ）

A. 10^9 大　B. 9^{10} 大　C. 一样大

10. 选一个正整数，如果这个数是奇数，就把它乘 3 再加 1；如果这个数是偶数，就把它除以 2，然后重复进行。要最后得到 4—2—1—4—2—1 循环，我们可以从哪个正数开始？ （ ）

A. 157　B. 247　C. 1667　D. 前面三个都可以

11. 一个圆饼切 4 刀，最多会有多少块？ （ ）

A. 7 块　B. 9 块　C. 11 块　D. 13 块

12. 12 个外表相同的小球中有一个次品，次品小球的重量与其他小球不同。用一个没有砝码的天平最少称量几次，就能找到这个次品小球，并且判断出它是轻一些还是重一些呢？ （ ）

A. 2 次　B. 3 次　C. 4 次　D. 5 次

13. 你手里有两个鸡蛋，这两个鸡蛋从低处掉落都不会碎，从某一高度以上掉落都一定会碎。但是，你不知道到底多高开始鸡蛋才会碎掉。现在有一座 100 层高的楼，你希望通过一种方法，即使在最不利的情况下也能知道鸡蛋从多少层楼掉下刚好碎掉，那么你最少需要扔几次鸡蛋呢？ （ ）

A. 100　B. 50　C. 19　D. 14

14. 41 个人围成一个圈，1 号杀掉 2 号，3 号杀掉 4 号……直到 39 号杀掉 40 号，41 号就会杀掉身边的 1 号，这样一轮一轮下去，直到剩下最后一个人，请问最后这个人是几号？ （ ）

A. 3 号　B. 19 号　C. 25 号　D. 41 号

15. A、B、C、D、E 五个海盗抢了 100 金币，但是在如何分配金币的问题上产生了分歧。最终，他们同意按照这样的方法：首先，A 提出分配方案，然后 5 人投票表决是否同意该方案。只有半数或者半数以上的海盗同意这个方案，方案才能通过，否则 A 将被扔入大海喂鲨鱼，然后由 B 来提分配方案，剩下的 4 个人投票表决，同样必须有半数或者半数以上的人同意这个方案，方案才能通过，否则 B 也会被扔进大海喂鲨鱼。依此类推，如果每个海盗都是贪婪而又理性的，在先保命再拿钱的前提下还想多杀人，那么最后的分配方案中每个海盗得到的金币数量将会是 （ ）

A. 0，0，0，0，100　B. 0，0，0，100，0　C. 100，0，0，0，0　D. 98，0，1，0，1

16. 甲、乙、丙三个火枪手在一起决斗，他们彼此向对方射击，但是命中率各不相同。甲的命中率最高，有 80%；乙其次，命中率 60%；丙的命中率最低，只有 40%。三人同时开枪，如果之后存活人数不止 1 人，那就继续齐射第二轮。假设他们三个都是自私且理性的，以自己最终生存为目标，那么第一轮射击后，谁的生存概率最大呢？ （ ）

A. 甲　B. 乙　C. 丙　D. 一样大

17. 9 辆赛车的速度各不相同，它们要比快慢，但没有计时工具，只能在赛道上比谁先谁后，而且每次最多只能有 3 辆赛车比赛。那么，最少比几次，能保证选出最快的 2 辆赛车？ （ ）

A. 3 次　B. 4 次　C. 5 次　D. 6 次

18. 以下三个图形哪些可以一笔画出？ （ ）

（1）　（2）　（3）

A. （1）（2）　B. （2）（3）　C. （1）（3）　D. （1）（2）（3）

19. 橘子皮和香蕉皮哪个能展开成平面？ （ ）

A. 橘子皮　B. 香蕉皮　C. 都可以　D. 都不可以

20. 利用尺规作图，不能作出的正多边形是： （ ）

A. 正六边形　B. 正七边形　C. 正八边形　D. 正十七边形

答案：1.C 2.C 3.C 4.B 5.A 6.D 7.B 8.B 9.B 10.D 11.C 12.B 13.D 14.B 15.D 16.C 17.C 18.B 19.D 20.B

率都不同，计算了光所通过的路径，这个路径也刚好是一条摆线。

不过，约翰的方法并不是一种数学证明，因为费马原理的一般性当时并没有得到证明。人们普遍认为，约翰的哥哥雅各布的方法是最优秀和一般的：他采用了变分法的思想。

所谓变分法，就是对路径求微小变化和极值。

如图 6.5–4，首先研究走直线轨道时从点 A 到点 B 的时间，然后让轨道变化一点点，再计算从点 A 到点 B 的时间，再让轨道变化一点点……这样一点点地变化下去，直到找到一个最短的时间。这种方法后来被约翰的学生——欧拉正式提出，并且成为数学和物理研究中的重要方法。

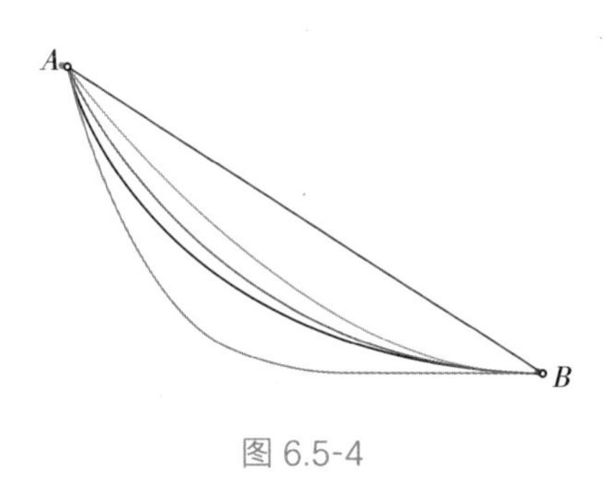

图 6.5-4

三、悲情的约翰

约翰本来想证明自己的优秀，但是却证明了其他人更优秀。他干这种搬起石头砸自己脚的事也不是一次两次了。

约翰和雅各布的爸爸叫作尼古拉·伯努利。伯努利家族非常富有，也很重视子女的教育，但是他们家的家训是孩子首选学习商科，如果不愿意学商科也可以学神学或者医学，千万不能学数学这种没用的学科。

哥哥雅各布遵从了父亲的愿望，学习了神学，并拿到了硕士学位。随后他像其他学者一样，骑着马在欧洲各国游历。在这个过程中，他爱上了数学，并且迅速成为世界顶级数学家之一，并回到了家乡的巴塞尔大学，成了一名数学教授。

老尼古拉又把希望寄托在小儿子约翰身上，约翰不负所托，拿到了医学硕士学位，然后也爱上了数学。

约翰比雅各布小 13 岁，当约翰在巴塞尔大学学习时，雅各布已经是声望很高的数学系教授了。在哥哥的光环下，约翰过得很不舒服，他总想找个机会证明自己比哥哥强。

他第一次向哥哥发难是通过悬链线问题，这个问题也是伽利略提出的：将一根质量均匀的软绳的两端固定在天花板上，绳子的形状是什么曲线？

伽利略最初认为是抛物线，雅各布也这样认为。可是约翰证明了这条曲线是双曲余弦曲线，可以表示成函数

$$y=\frac{e^{x}+e^{-x}}{2}.$$

约翰借此狠狠地嘲笑了哥哥一番，并信心满满地找到巴塞尔大学的领导，表达了自己希望进入巴塞尔大学数学系工作的愿望。不料，学校的回答是：数学系已经有雅各布了，不需要其他数学教授了。

从此之后，约翰对自己的哥哥深恶痛绝，经常通过各种方式诋毁自己的哥哥。

在牛顿和莱布尼茨论战最火热的日子里，约翰当仁不让地充当了自己老师莱布尼茨的急先锋，他设计了几个问题，使用牛顿的流数法不好解决，但是很容易用莱布尼茨的方法解决，并以此向莱布尼茨邀功。他问莱布尼茨：“这个世界上除了您以外，还有谁最懂微积分？”

莱布尼茨淡淡地说：“雅各布。”

不过，雅各布在 50 岁的时候就去世了，当时约翰只有 37 岁，他本以为这下天下再也没有人能和自己竞争了，不料他的儿子很快长大了。

约翰的儿子叫作丹尼尔·伯努利。

丹尼尔的人生轨迹与约翰一模一样，先拿到了医学硕士学位，然后转读数学和物理。最初约翰对儿子的成长很满意，并派自己的学生欧拉指导自己的儿子。找个家教都是大神级别的，这种事也只有伯努利家族做得到。就好像我们看几十年前的老电影，结果发现跑龙套的都是周润发一样。

1724年，法国科学院组织了一场科学论文竞赛，约翰和他的儿子丹尼尔同时获奖。在别人看来这是一件值得庆贺的事，但是约翰不这么想，他觉得自己不能和儿子平起平坐，于是他做了一件事：不让丹尼尔进家门。

父子关系破裂后，丹尼尔连续9次获得法国科学院大奖，而约翰活了80多岁，亲眼见证了儿子一次次获奖的过程，内心的煎熬可想而知。

晚年的约翰似乎已经承受不了这种打击，他急于找到一种方法证明自己比儿子优秀。1738年，丹尼尔写成了巨著《流体力学》，几百年来，这本书成为这一领域的标准教材，也是在这本书里，丹尼尔提出了著名的伯努利原理，这为帆船、飞机等交通工具的发展做出了巨大贡献。

然而，约翰瞄准了这个机会，他抄袭了丹尼尔的书，并命名为《水力学》提前发表。为了证明自己的优先权，他还把成书时间改为1732年。

可是很快，他的伎俩就被人揭穿了，因为丹尼尔在写书的过程中一直在与其他科学家交流，现在约翰的这本书“横空出世”，不能不让人惊诧。丹尼尔的朋友纷纷拿出自己与丹尼尔的信件，证明约翰剽窃了儿子的学术成就。这恐怕是伯努利家族史上最大的笑柄了。

尽管心胸狭隘，但是这并不影响约翰依然是伯努利家族最优秀的科学家之一，同时也是那个时代欧洲最伟大的数学家之一。约翰的学生有欧拉、洛必达、丹尼尔，这些光辉的名字注定让约翰名垂青史。也许约翰只不过是过于看重伯努利家族的家训：

我乐于共享知识，但分摊荣耀却万万不可。

如何用尺规作出正十七边形？

古希腊时期，数学家们认为直线和圆是最基本的图形，利用直线和圆应该能够画出各种各样的几何图形，这就是尺规作图问题。在 2000 多年的时间里，有些尺规作图问题却一直困扰着数学家，直到 18、19 世纪，这些问题才一一被人们攻克。

比如其中有一个问题是：如何用圆规和没有刻度的直尺作出正十七边形？这个问题困扰了无数数学家，直到 18 世纪末，“数学王子”高斯横空出世，在 19 岁的时候解决了这个问题。正十七边形的尺规作图，成了高斯的传奇之一。

一、尺规作图的基本操作

首先，我们来介绍一下尺规作图的基本操作（图 6.6–1），利用直尺和圆规，你可以：

· 经过两点画一条直线；

· 以某点为圆心，圆心和另一点之间的距离为半径，画一个圆；

· 取直线—直线，直线—圆，圆—圆的交点。

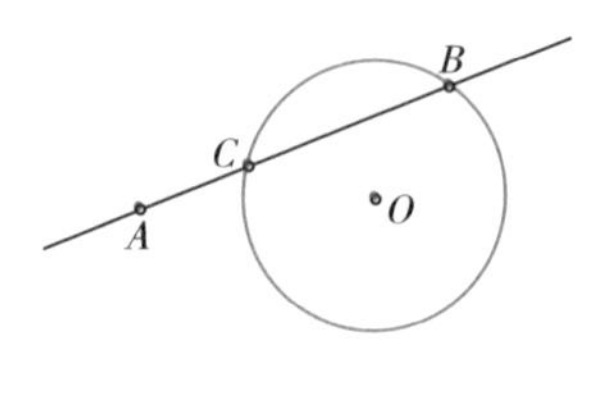

图 6.6-1

当然，我们也可以在平面上任取一点，结合基本操作辅助我们作图。

直尺是无限长的，圆规的半径也可以无限大，但是要注意：直尺上不能有刻度，也不能在直尺上画刻度，而且所有图形的操作次数必须是有限次。

在这样的规则下，我们可以很方便地画出一些基本图形。以下内容是尺规作图的典型例子，如果你还记得初中学过的内容，或者你对复杂的数学操作感到抵触，那也完全可以跳过，直接阅读第二部分就好。

我们可以作线段 AB 的垂直平分线：只要分别以点 A，B 为圆心，以大于 AB 一半的长度为半径作两个等大的圆，两个圆相交于点 C 和点 D，再把点 C，D 连接起来即可（图 6.6–2）。

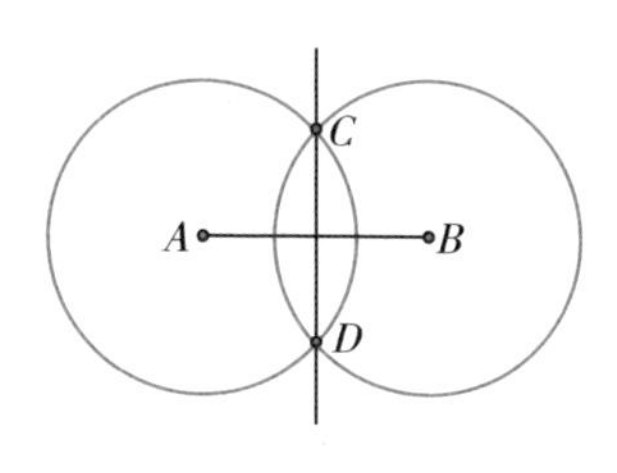

图 6.6-2

我们可以平分任意角：只需要以角的顶点 O 为圆心，任意半径作圆，交角的两边于点 A, B, 再分别以点 A, B 为圆心作两个等大的圆相交于点 C, 连接点 O，C 即可（图 6.6–3）。

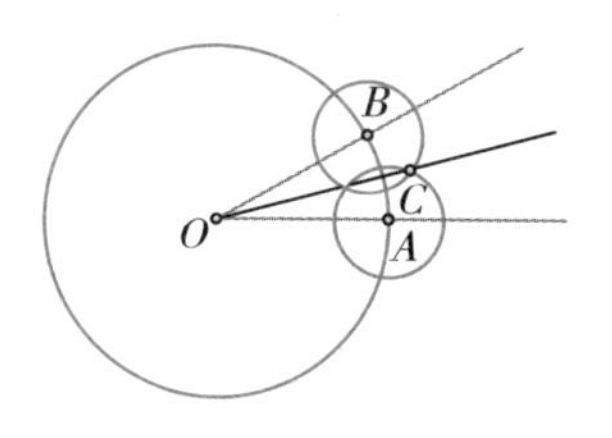

图 6.6-3

我们再来说个复杂一点的情况：通过尺规作图复制一个角。这需要利用三角形全等的知识：当一个三角形的三条边长度分别等于另一个三角形的三条边时，两个三角形全等，它们对应的角也相等。

具体步骤是：以原来的角顶点 O 为圆心，任意长度为半径作圆，交角的两边于点 A，B；任作一条射线，以射线的端点 O' 为圆心，OA 为半径作

圆交射线于点 A'。再以点 A' 为圆心，AB 为半径作圆交圆 O' 于点 B'，连接 $O'B'$，就获得了等角（图 6.6–4）。

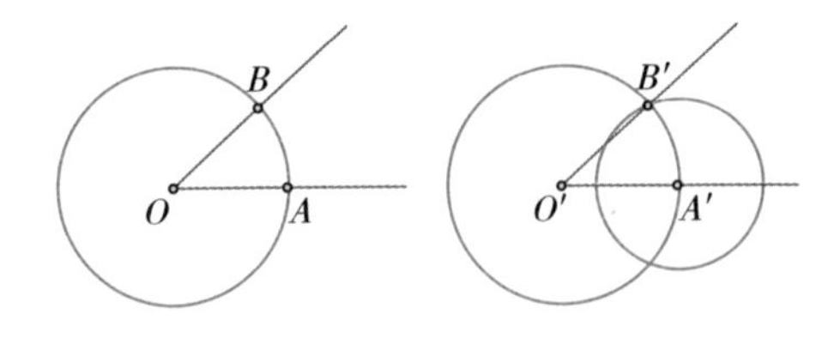

图 6.6-4

有了等角，我们可以利用"同位角相等，两直线平行"的知识作出平行线。具体来讲：要过直线外一点 A 作已知直线 L 的平行线，只要过点 A 任意作一条直线 AB 交直线 L 于点 B，获得一个角 α，再过点 A 作等角，就获得了平行线 L'（图 6.6–5）。

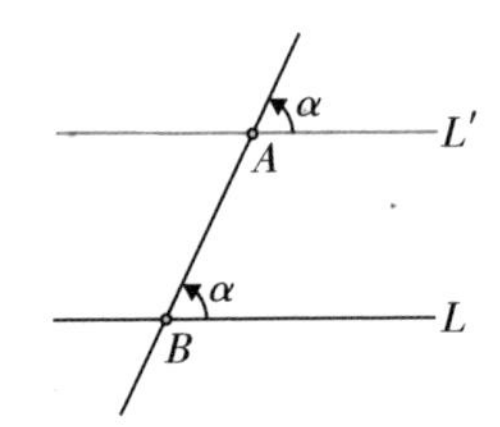

图 6.6-5

二、尺规作图的代数应用

也许有同学很奇怪：能作这些有什么了不起？我们为什么要学习尺规作图呢？其实，使用尺规作图，可以方便地计算加法、减法、乘法、除法，甚至可以计算开平方根。这样，几何就与代数联系到一起了。

首先，利用尺规作图可以计算任意两个数的和与差。这里的两个数需要用几何方式表现为两条线段的长度，只要把两条线段画在一起就可以了（图 6.6–6）。

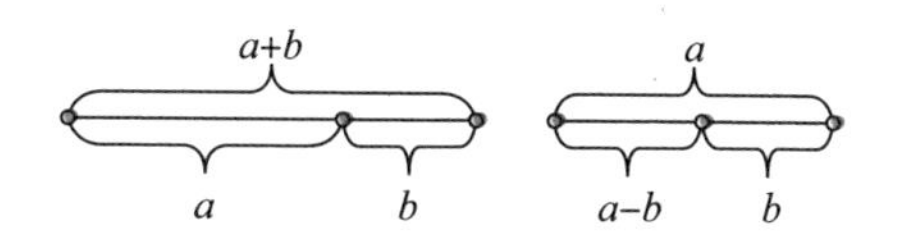

图 6.6-6　求线段的和与差

有了和与差，我们从一个单位线段 1 开始，就能作出所有的整数长度。

同时，尺规作图还可以计算乘法。例如我们想计算两个数 a 和 b 相乘，只需要按照图 6.6–7 中的方法：在一个角的两边上分别作线段 $OA=a$，$OB=1$，$BC=b$，连接点 A，B。过 C 作 AB 的平行线交 OA 延长线于点 D。

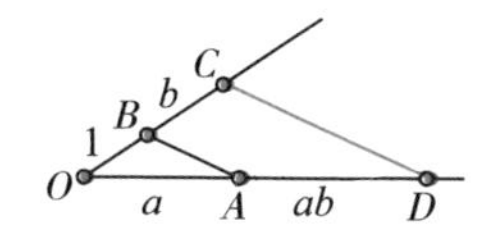

图 6.6-7

根据平行线分线段成比例定理，

$$\frac{AD}{OA}=\frac{CB}{OB},$$

所以

$$AD=\frac{CB}{OB}\times OA=\frac{b}{1}\times a=ab.$$

这就获得了两段长度的乘积。

如果要计算除法，只需要求出一个数的倒数，再利用乘法计算即可。取倒数的方法与乘法类似，只是各段长度略有不同，如图 6.6–8 所示。作出 $AB//CD$，则有

$$\frac{OA}{AD}=\frac{OB}{BC},\ BC=\frac{AD}{OA}\times OB=\frac{1}{a}\times 1=\frac{1}{a}.$$

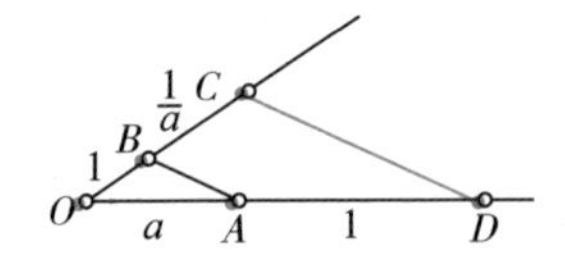

图 6.6-8　取倒数的方法

有了加减乘除，我们就可以从单位长度 1 开始，获得所有长度为有理数的线段，因为所有的有理数都能写作两个整数的比。

尺规作图最神奇的地方在于：它能够计算一个数的开平方。方法是：在直线上连续取 $AB=1$，$BC=a$，以 AC 为直径作圆。同时过点 B 作 AC 的垂线，与圆相交于点 D，则 BD 的长度就是 $\sqrt{a}$（图 6.6–9）。这个证明需要使用相似形，对上过初中的读者来说难度都不大，留给大家自己练习。

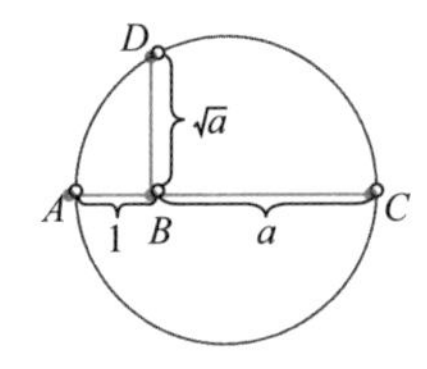

图 6.6-9　作一个数的平方根

综上所述，利用尺规作图，可以从一个基础线段“1”出发，通过加、减、乘、除获得所有有理数，还可以计算一个数的算术平方根以及算术平方根的算术平方根……所以，尺规作图不光是一个几何问题，它也同代数有着千丝万缕的联系。

三、正十七边形的尺规作图

关于正十七边形的作法，有一个流传甚广的故事。1796 年的一天，哥廷根大学有一名 19 岁的大二学生，他在放学后拿到了老师留的三道习题。前两道题他很快就做完了，第三题却让他百思不得其解。这个题目是：如何用尺规方法作出正十七边形？

不过，越是困难的问题，越能激发这个年轻学生的斗志。他反复演算、思考，在一次次的失败之后，终于看到了胜利的曙光。在第二天的第一缕晨光出现时，他终于完成了这道习题。

在上课时，他把自己的解答交给了老师，并向老师惭愧地说：我数学的功底不够扎实，昨天的第三个习题我花了一个晚上才做完。

老师简直不敢相信自己的耳朵，他连忙说自己昨天错把研究课题当作作业留下去了。正十七边形的尺规作图是流传了 2000 年的数学难题，柏拉图、阿基米德、欧几里得、牛顿都没有解决，他不相信一个大二的学生能花一个晚上的时间解决。

可是当他看到了学生交上来的证明时，不得不接受了这令人震惊的事实：这个年轻人是一个真正的数学天才，他就是后来被誉为“数学王子”的高斯。

关于高斯的传说还有很多，例如高斯 9 岁的时候，就曾经得到过 $1+2+3+\cdots+100$ 的快速算法。这些细节到底是真是假，其实已不重要。千真万确的是，高斯的确在自己 19 岁的时候就发表了论文——《正十七边形尺规作图之理论与方法》，成为第一个解决这一千古难题的人。

高斯的思路是：首先作一个半径为 1 的圆，作它的内接正十七边形。设点 A 是正十七边形的一个顶点，只要找到相邻的顶点 B，就可以利用点 A，B 之间的距离作出正十七边形。

那么，如何寻找点 B 呢？只要找到了点 B 在 OA 上的投影点 C，就可以通过作垂线的方法找到点 B，问题解决了（图 6.6–10）。

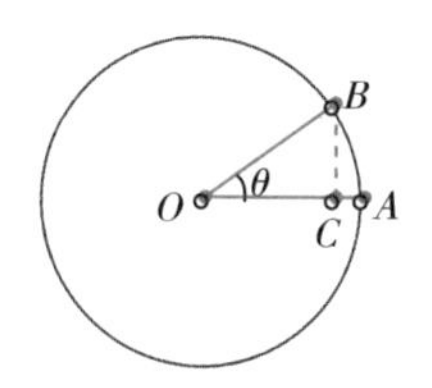

图 6.6-10　寻找邻点的投影

那么，如何找到点 C 呢？要找到点 C，就要确定 OC 的长度。由于这个圆心角大小很容易得到：

$$\angle AOB = \frac{360^\circ}{17},$$

根据三角函数关系有

$$OC = OB \times \cos\theta = \cos\frac{360^\circ}{17}.$$

于是，问题就转化为如何计算这个三角函数 $\cos\frac{360^\circ}{17}$ 了。

高斯采用了十分巧妙的方法，求出了这个三角函数值。至于具体方法是什么？由于篇幅问题，就不在这里详述。高斯得到了

$$\cos\frac{360^\circ}{17} = \frac{-1+\sqrt{17}+\sqrt{34-2\sqrt{17}}+2\sqrt{17+3\sqrt{17}-\sqrt{34-2\sqrt{17}}-2\sqrt{34+2\sqrt{17}}}}{16}.$$

尽管这个表达式非常地复杂，但是我们会发现它都是由有理数加减乘除以及开平方组成的。由于这些计算都是尺规作图可以完成的，所以正十七边形可作。

其实，最初高斯并没有真的给出作图方法，也许在高斯看来，相比于证明可行性，提出一种简单有效的作图方法无关紧要，这不过是一种重复性的劳动而已。高斯的工作相比于后来作出正十七边形的数学家，就像一个伟大的建筑设计师相比于一个优秀的建筑工人一样。

虽然高斯一生有许许多多伟大的成就，但是他一直对正十七边形情有独钟，甚至希望自己的墓碑上能够雕刻正十七边形的图案。

四、什么样的正多边形可以尺规作图?

1801 年，24 岁的高斯出版了著作《算数研究》，这部书在数学史上的地位宛如牛顿的《自然哲学的数学原理》那样崇高。在这本书的最后一章，高斯隆重推出了正十七边形问题，并给出了正 n 边形可尺规作图的条件：

如果一个正 n 边形的边数进行质因数分解，因子只有 2 以及互不相同的费马素数，那么这个正 n 边形是可尺规作图的。

我们首先回顾一下什么是费马素数。法国数学家费马曾经提出过一个猜想，形如 $p = 2^{2^i}+1$ 的数，在 i 取 0，1，2 等非负整数时，都是素数。而

实际上，只有在 i=0，1，2，3，4 这五种情况时，p 才是素数，如表 6.6–1 所示：

表 6.6-1

i	0	1	2	3	4
p	3	5	17	257	65 537

可是，从 i=5 开始，费马数连续都是合数。人们猜测，也许费马素数就只有 5 个。这个猜想至今没有得到证明。

回到高斯的结论，如果正 n 边形的边数 n 满足

$$n=2^k p_1 p_2 \cdots p_m,$$

其中 k 是非负整数，p_i 是不同的费马素数，那么这个正 n 边形就是可作的。

后人完善了高斯的结论，指出这一条件是充要的，即不满足这个条件的正 n 边形一定不可作。

这样，我们就可以判断一个正 n 边形是不是尺规可作的了。方法是：把边数 n 进行质因数分解，如果因子不是 2，就是费马素数，而且费马素数彼此不同，那么这个正 n 边形就一定是可作的。如果除了 2 和费马素数有其他质因数，或者有相同的费马素数因子，那就是不可作的（表 6.6–2）。

表 6.6-2

边数	3	4	5	6	7	8	9
质因数	3	2^2	5	2×3	7	2^3	3^2
是否可作	可作	可作	可作	可作	不可	可作	不可

具体来说：

· 正三角形是可作的，因为 n=3，3 是费马素数。

· 正四边形是可作的，因为 n=4=2^2，因子只有 2。

· 正六边形是可作的，因为 $n=6=2\times3$， 一个因子是 2，一个因子 3 是费马素数。

· 正七边形是不可作的，因为 $n=7$，没有因子 2，7 也不是费马素数。

· 正九边形是不可作的，因为 $n=9=3^2$， 因子是相同的费马素数。

· ……

高斯作出了正十七边形后，1832 年，数学家们作出了正 257 边形。1894 年，数学家们完成了正 65 537 边形的尺规作图。整个草稿有 200 多页，装满了一个手提箱。

在历史上有许许多多的数学家，比如毕达哥拉斯、欧几里得、柏拉图、莱布尼茨、柯西、勒让德、希尔伯特……这些数学家犹如黑夜中的繁星，点亮了人类前进的道路。但是如果把以上数学家比作繁星，高斯就应该被比作皓月——他是前无古人后无来者的数学家，他的贡献不仅仅在数学领域，在物理学、天文学、测地学领域，他都有独特的建树。纵观历史，也只有牛顿和阿基米德能与之媲美。

其实，历史上还有一个人和高斯很像，在十几岁的时候就解决了历史上几千年无法解决的难题。可惜的是，他在 21 岁的时候就死于一场决斗。这个人就是伽罗瓦——他也许是最悲情的数学家了，这将是我们接下来要讲的故事。

如何三等分任意角？

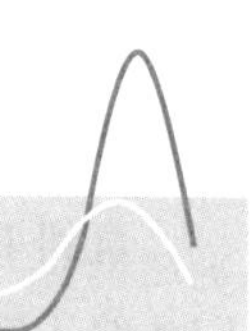

你听说过古希腊三大几何难题吗？它们分别是：立方倍积问题、化圆为方问题、三等分任意角问题（图 6.7–1）。

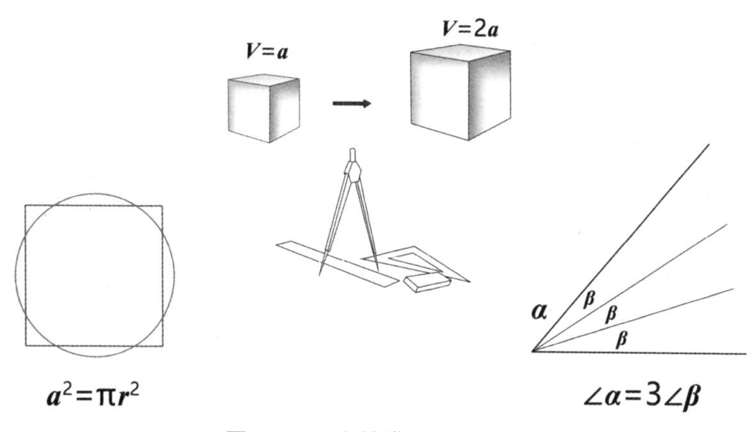

图 6.7-1　古希腊三大几何问题

立方倍积问题是说：如何利用尺规把一个正方体的体积扩大为原来的两倍？它起源于一个传说：有一年雅典城瘟疫肆虐，民众来到祭坛询问太阳神阿波罗。阿波罗说：只要你们把祭坛的体积增大为原来的两倍，瘟疫就结束了。

祭坛是个立方体，如果边长变为两倍，体积会变成八倍。如果只把长变为两倍，宽和高不变，祭坛体积是变成两倍了，可是形状不再是正方体了。人们去请教当时希腊最伟大的智者柏拉图，柏拉图原本以为这是个很简单的问题，但是经过苦苦思索依然失败了。

除此之外，还有两个作图难题。比如三等分任意角问题，它是说：对于一个给定的角，如何利用尺规将它三等分。还有化圆为方问题，它是说：如何把一个圆形转化成一个正方形，让正方形的面积与圆形相等。这三个问题从公元前 400 年开始，2000 余年的时间里一直都没有解决。

直到 19 世纪初，随着阿贝尔和伽罗瓦这两个超级天才的横空出世，人们才终于解决了这三个难题，与此同时，又诞生了全新的数学分支——域论和群论。

一、规矩数

证明一个问题可以尺规作图，只要找到一种方法就好。证明一个问题不可尺规作图，我们该怎么做呢？这里我们要谈到一种数学工具——域。

什么是域呢？如果一个数的集合，对加、减、乘、除四则运算封闭，也就是集合中的任何两个数进行加减乘除（除数非 0），结果依然在集合中，那么这个集合就构成了一个域。

例如：有理数就构成了一个域，因为有理数对加减乘除都是封闭的（除数不能为 0），我们称为有理数域 **Q**。比有理数域更大的是实数域 **R**，因为实数对加减乘除也是封闭的。比实数域更大的叫作复数域 **C**，它们三者之间是包含的关系（图 6.7–2）。

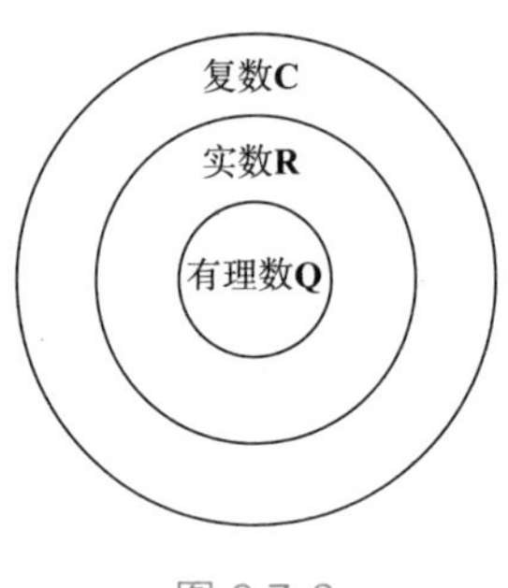

图 6.7-2

但是，无理数就不构成一个数域，因为无理数经过加减乘除，可能变成一个有理数。

大家还记得吗？前面我们讲过：可尺规作图的数一定要么是有理数，要么是有理数经过数次加减乘除和开方之后得到的数，例如1，2，$\sqrt{3}$，$\sqrt{5}+1$，$\sqrt{\sqrt{6}+\sqrt{2}}$……

显然，这些数比有理数更多，但是并没有达到全体实数的范围。可尺规作图的数也可以表示成一个数域，这个数域包含所有的有理数，以及有理数经过数次加减乘除和开平方运算得到的数，我们可以叫它规矩数域。只有规矩数域里面的数，才是可以尺规作图的。

也许上面的话太拗口了，我们有一个更加简单的判断方法：一个数可以尺规作图的前提是，它可以写作一个不可约方程的根，即

$$a_n x^n + a_{n-1} x^{n-1} + a_{n-2} x^{n-2} + \cdots + a_0 = 0.$$

其中各项的系数 a_i 都是有理数，并且最高次数 n 是 2 的整数幂，即 $n = 2^m$，$m \in \mathbf{Z}$。

大家注意，这是一个必要条件，也就是可以尺规作图的数，必须满足这个条件，但是满足这个条件的数也不一定可以尺规作图。我们举个例子：

$\sqrt{3}$ 是方程 $x^2 - 3 = 0$ 的根，方程最高次是 2，事实上 $\sqrt{3}$ 可以尺规作图；

$\sqrt[3]{2}$ 是方程 $x^3 - 2 = 0$ 的根，方程最高次是 3，所以 $\sqrt[3]{2}$ 不可能尺规作图；

π 不是任何代数方程 $a_n x^n + a_{n-1} x^{n-1} + a_{n-2} x^{n-2} + \cdots + a_0 = 0$ 的根（这个原因比较复杂，大家姑且接受这个结论），因此 π 不可能尺规作图。

二、古希腊三大几何难题

利用域论，解决古希腊三大几何难题就易如反掌了。

例如立方倍积问题，如果把原来的立方体边长设为 1，那么新的立方体边长应该为 $\sqrt[3]{2}$，根据刚才的结论，$\sqrt[3]{2}$ 不是规矩数，所以不可以尺规作图，立方倍积问题无解。持续 2000 多年的古希腊难题，在新的理论下只要一句话就解决了。

再比如化圆为方问题：已知一个圆形，设圆形的半径为 1，那么圆形的面积就是 π，和圆形面积相等的正方形边长应该是 $\sqrt{\pi}$。由于尺规作图很容易开根号，所以能否化圆为方，等价于 π 能否尺规作图。因为 π 是超越数，不可尺规作图，所以化圆为方问题无解。

我们再来说说三等分任意角吧！我们可以把角放在一个单位圆中，按照上一回我们说的观点：已知一个角 α，等价于已知这个角的余弦值 $\cos\alpha$。

要把这个角三等分，也等价于求作 $\cos\frac{1}{3}\alpha$。如果对于任意的 $\cos\alpha$，我们都能作出 $\cos\frac{1}{3}\alpha$，那么三等分任意角就是可以尺规作图的（图 6.7–3）。

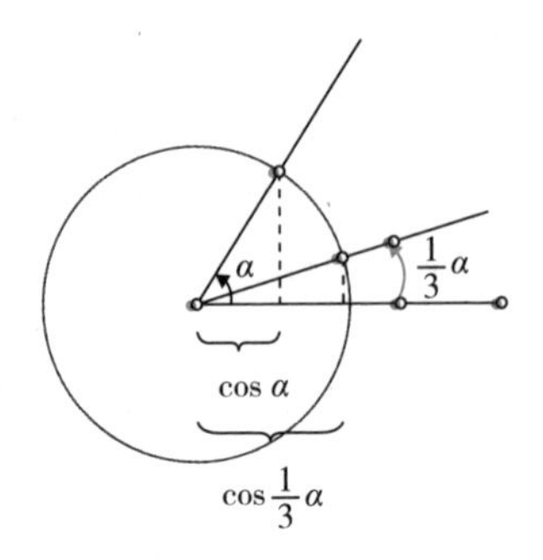

图 6.7-3

那么，这有可能吗？首先根据三角函数之间的关系，很容易推导出公式

$$\cos\alpha = 4\cos^3\frac{1}{3}\alpha - 3\cos\frac{1}{3}\alpha.$$

我们可以把 $\cos\frac{1}{3}\alpha$ 写作 x，把 $\cos\alpha$ 当作一个参数，那么方程可以转化为

$$4x^3 - 3x - \cos\alpha = 0.$$

这个方程中的 x 是规矩数吗？这取决于 $\cos\alpha$ 的取值。

例如：$\alpha = 90^\circ$ 时，$\cos\alpha = 0$，方程变为

$$4x^3 - 3x = 0.$$

这个方程是可约的，显然 $x = \cos\frac{1}{3}\alpha \neq 0$，所以

$$4x^2 - 3 = 0.$$

至此，我们知道：当 $\alpha = 90^\circ$ 时，$\cos\frac{1}{3}\alpha$ 满足代数方程 $4x^2 - 3 = 0$，它的最高次是 2，因此是规矩数，即 90° 是可以三等分的。

但是，并非所有的角度都有这么好的性质。

例如：$\alpha=60^{\circ}$ 时，$\cos\alpha=\frac{1}{2}$，方程变为

$$8x^{3}-6x-1=0.$$

这已经是一个不可约方程了，而且最高次是 3 次，不是 2 的整数次幂，因此它的根也不是规矩数。60° 是不可以尺规三等分的。

既然存在一些不可三等分的角度，我们就知道：三等分任意角的尺规作图方法是不存在的。

三、天妒英才

也许是天妒英才，提出域论和群论的科学家阿贝尔和伽罗瓦的命运都非常悲惨。

阿贝尔在 21 岁的时候写成了一篇论文《为什么五次方程没有求根公式》，他把论文寄给了高斯，但是高斯压根没看。也许是因为高斯每天都会收到大量的信件，他的精力不足以让他认真阅读一个 21 岁年轻人的来信。阿贝尔又把论文寄给了法国著名数学家勒让德，勒让德的评价是：字迹太潦草，看不懂。后来，阿贝尔又把论文寄给了柯西，柯西居然在不经意间把论文弄丢了。

阿贝尔

失望的阿贝尔只好自己印刷论文。为了节约版面费，他把自己的论文压缩成 6 页纸，这样一来就更没多少人能看得懂了。

27 岁时，阿贝尔因为肺病而去世了。去世后，法国科学院终于发现了这位天才伟大的贡献。柯西费了好大力气，终于从废纸堆里找到了阿贝尔寄给自己的论文，但是在印刷过程中论文再次丢失。直到 100 年后，论文才在意大利重见天日。

伽罗瓦的命运比阿贝尔还要悲惨。他 12 岁的时候进入中学，15 岁才开始正式学习数学，但是他天赋异禀。他的几何教材是勒让德的《几何学原理》，这是一本两年的教材，但是伽罗瓦只花了两天就学懂了。

伽罗瓦

18 岁的时候，伽罗瓦也写成了一篇关于五次方程求根公式的论文，寄给了法国科学院。法国科学院再次指定柯西审阅这篇论文，伽罗瓦比阿贝尔还要年轻一岁，结果也是可想而知。后来，法国科学院又指定傅立叶审阅这篇论文，没想到傅立叶在拿到论文后没几天就突然去世了。科学院无奈，又把论文传给了泊松。泊松看了几个月，给出了评审意见：论文太难，没看懂。伽罗瓦的贡献因此被埋没了。

年轻的伽罗瓦非常热衷于政治。当时正值法国大革命，伽罗瓦站在共和派一边，被抓进监狱里好几次。出狱后，为了一个心仪的女孩，伽罗瓦决定和一个军官决斗。伽罗瓦清楚，自己根本不可能战胜这个军官，但是年轻人的自尊心不允许他临阵脱逃。在决斗的前一天晚上，伽罗瓦一夜未眠，用一支笔写下了自己多年来对数学的思考，旁边还夹杂着他焦虑的话：我要快一点，我没有时间了。这就是著名的《伽罗瓦手稿》。

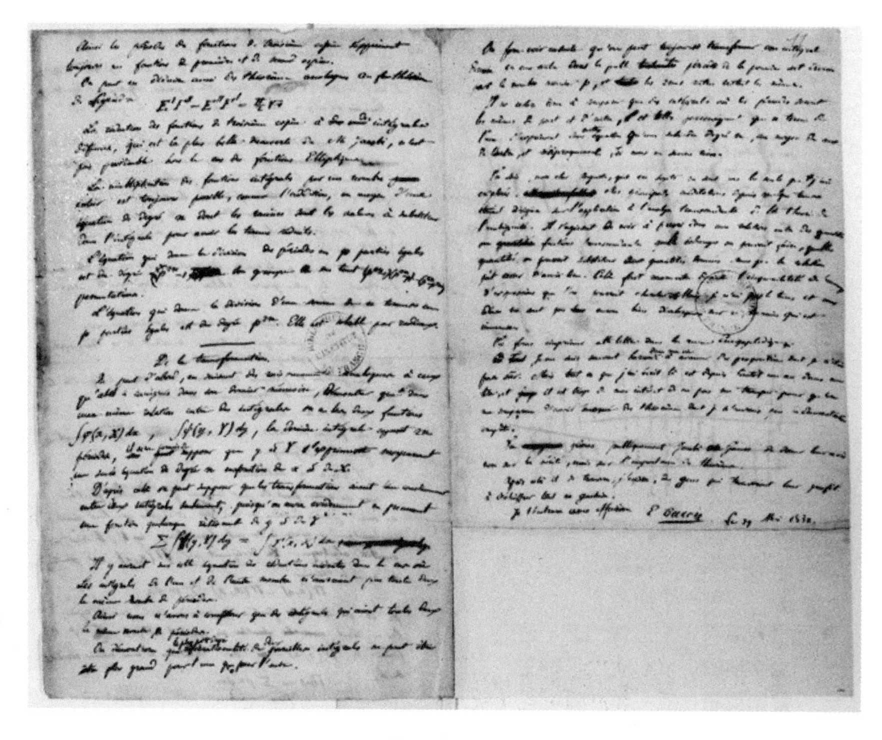

伽罗瓦手稿

第二天，伽罗瓦被对手打穿了肚子，几天后就去世了。多年后，法国数学家刘维尔发现了伽罗瓦手稿，才把这些内容公之于众。又过了几年，德国和法国的高等学校，就开始开设伽罗瓦理论的课程。伽罗瓦去世的时候，还不到 21 岁。

图书在版编目（CIP）数据

神奇的数学 / 李永乐著 . -- 长沙 : 湖南科学技术出版社 , 2025. 1（2025.2 重印）. -- ISBN 978-7-5710-3246-3

Ⅰ . 01-49

中国国家版本馆 CIP 数据核字第 20243TD317 号

上架建议：畅销 · 数学

SHENQI DE SHUXUE

神奇的数学

著　　者：李永乐
出 版 人：潘晓山
责任编辑：刘　竞
特约编辑：鲁泠溪
监　　制：于向勇
策划编辑：王远哲　王子超
文字编辑：罗　钦　张妍文
营销编辑：罗　洋　陈可垚　秋　天　黄璐璐　时宇飞
封面设计：利　锐
版式设计：利　锐　李　洁
内文排版：谢　彬
出　　版：湖南科学技术出版社
（湖南省长沙市芙蓉中路 416 号　邮编：410008）
网　　址：www.hnstp.com
印　　刷：三河市中晟雅豪印务有限公司
经　　销：新华书店
开　　本：700 mm × 980 mm　1/16
字　　数：339 千字
印　　张：19.5
版　　次：2025 年 1 月第 1 版
印　　次：2025 年 2 月第 2 次印刷
书　　号：ISBN 978-7-5710-3246-3
定　　价：65.00 元

若有质量问题，请致电质量监督电话：010-59096394
团购电话：010-59320018